MANUEL

ÉLÉMENTAIRE ET CLASSIQUE

D'AGRICULTURE

D'ARBORICULTURE ET DE JARDINAGE

PAR

M. Louis GOSSIN

ANCIEN ÉLÈVE DE GRIGNON
CHEVALIER DE LA LÉGION D'HONNEUR
CULTIVATEUR
PROFESSEUR D'AGRICULTURE A L'INSTITUT NORMAL AGRICOLE DE BEAUVAIS

NOUVELLE ÉDITION, CORRIGÉE ET AUGMENTÉE

PARIS

LIBRAIRIE CLASSIQUE

DE CH. FOURAUT

47, RUE SAINT-ANDRÉ-DES-ARTS, 47

MANUEL

ÉLÉMENTAIRE ET CLASSIQUE

D'AGRICULTURE

D'ARBORICULTURE ET DE JARDINAGE

PARIS. — J. CLAYE, IMPRIMEUR, 7, RUE SAINT-BENOIT. — [737]

MANUEL

ÉLÉMENTAIRE ET CLASSIQUE

D'AGRICULTURE

D'ARBORICULTURE ET DE JARDINAGE

PAR

M. Louis GOSSIN

ANCIEN ÉLÈVE DE GRIGNON, CHEVALIER DE LA LÉGION D'HONNEUR,
CULTIVATEUR, PROFESSEUR D'AGRICULTURE
A L'INSTITUT NORMAL AGRICOLE DE BEAUVAIS.

> « Le fruit de l'agriculture étant commun
> et salutaire à toutes sortes de personnes,
> aussi de tous hommes cette belle science
> doit être entendue. »
> OLIVIER DE SERRES.

CINQUIÈME ÉDITION, CORRIGÉE ET AUGMENTÉE.

PARIS

LIBRAIRIE CLASSIQUE DE CH. FOURAUT
RUE SAINT-ANDRÉ-DES-ARTS, N° 47

—

1868

PRÉFACE

« Le fruit de l'agriculture étant commun
et salutaire à toutes sortes de personnes,
aussi de tous hommes cette belle science
doit être entendue. »

OLIVIER DE SERRES.

A MES ÉLÈVES

Vous m'avez demandé, chers élèves, un Manuel classique d'agriculture : je suis heureux de vous l'offrir comme gage de ma profonde affection.

Vous pouvez vous souvenir que je vous ai souvent entretenus de ma participation personnelle au travail des champs. Si, après avoir fini mes études, j'ai mis ainsi résolûment la main à la charrue, c'est que, dans le cours de mes classes, il s'était développé en moi un goût profond pour l'agriculture. Dès mes plus jeunes années, une douce et puissante influence l'avait fait naître : mon père, de chère et vénérable mémoire, se plaisait à m'entretenir des utiles travaux du laboureur, et il ne laissait échapper aucune occasion d'arrêter mes regards sur les magnificences de la nature.

Plus tard, je fus ainsi naturellement amené à me demander s'il ne conviendrait pas de fixer sur les productions de la terre l'attention des jeunes gens, pendant le temps de leur éducation, et si la même cause dont j'avais éprouvé les bienfaisants effets, ne serait pas capable de déterminer beaucoup de vocations semblables à la mienne. Je me demandai surtout si elle n'aurait pas au moins pour résultat de maintenir fidèles à la profession paternelle la plupart des fils de cultivateurs qui, après avoir fréquenté les établissements d'instruction publique, se laissent entraîner par l'amour de l'inconnu vers des carrières trop encombrées, consumant leurs forces à s'y faire une place qui ne vaut point celle qu'ils ont dédaignée au lieu même de leur berceau.

Je me disais encore : A d'autres égards, les éléments de la science agricole ne sont-ils pas nécessaires à tous, et chacun, quoique à des degrés différents, n'a-t-il pas besoin d'y être initié :

L'enfant de village, parce qu'il s'agit de ce qui touche de plus près son bien-être et son existence entière?

Le fils du propriétaire de biens-fonds, parce que, privé de connaissances rurales, il ne saurait convenablement administrer ses domaines, et que même il pourrait un jour, involontairement, entraver leur prospérité?

L'élève de l'école normale ou du séminaire, parce que l'instituteur et le prêtre doivent être, dans chaque commune, les principaux apôtres du progrès, et qu'ils ont, l'un et l'autre, mission d'enseigner tout ce qui peut rendre l'homme meilleur et plus heureux?

Celui qui est appelé à devenir homme public, sous quelque titre que ce soit, parce que les intérêts agricoles sont les premiers intérêts sociaux?

J'en vins à conclure que les principes raisonnés de la science agricole devraient, dans une juste mesure, faire partie de l'enseignement public à tous les degrés, et que ce serait rendre un service réel que de provoquer l'introduction des leçons d'agriculture dans tous les établissements d'éducation.

Cette pensée, du reste, ne m'est point exclusivement personnelle, et je ne suis ici que le faible écho d'illustres contemporains : François de Neufchâteau, Mathieu de Dombasle, Blanqui et Dumas, de l'Institut, Mgr Dupanloup, Alexis de Tocqueville, etc. A des époques antérieures, on trouve la même opinion exprimée par La Bruyère, l'abbé Fleury, Rollin, Fénelon, Olivier de Serres, Milton, et tant d'autres génies de premier ordre.

Telle est l'inspiration sous laquelle a été conçu, chers élèves, le plan des leçons d'agriculture que vous m'avez vu donner, depuis quinze ans, sur divers points du département de l'Oise, sous le haut patronage du vénérable président de la Société d'agriculture de Compiègne, M. Édouard de Tocqueville, de M. Randouin et de M. Léon Chevreau, préfet de l'Oise, de Mgr Gignoux, évêque de Beauvais, et avec le concours des ministres de l'agriculture et de l'instruction publique.

C'est à vos constants efforts, qui m'ont si heureusement secondé, que je dois de n'avoir pas échoué, dès le début, dans une tâche aussi difficile.

Sans parler de l'attention la plus persévérante que vous avez apportée à mes leçons, vous avez voulu, une fois sortis du collége et dispersés dans la société, continuer notre œuvre commune, soit en propageant nos instructions, soit en prouvant leur utilité par des applications favorables aux intérêts du sol. Bon nombre d'entre vous ont eu le sage esprit de retourner au village qui les avait vus naître, et ils y exercent dignement la profession de leurs ancêtres. D'autres, devenus instituteurs ou curés dans des communes rurales, mettent toute leur influence au service de la noble cause du progrès agricole. Quelques-uns enseignent l'agriculture sur divers points de la France aux élèves des colléges et à ceux des écoles normales.

A vous, chers élèves, qui êtes déjà ou qui deviendrez les propagateurs de l'enseignement classique agricole, appartient donc l'hommage d'un Traité dont le but est de populariser cet enseignement.

Sans entrer dans des détails qui seraient ou trop longs ou insuffisants pour vous donner une idée exacte de mon livre, je vous dirai seulement qu'afin de le rendre véritablement classique, j'ai dû, au moyen de distinctions importantes sur le climat de nos diverses régions, en approprier les principes à toutes les parties de la France, et en généraliser ainsi, sans exclusion, l'utilité pratique.

Au milieu des sujets prodigieusement variés que comporte l'agriculture, ce n'était pas une mince difficulté que de choisir et de présenter sous une forme simple et concise les questions réellement de nature à entrer dans l'enseignement classique.

Si j'ai réussi, chers élèves, peut-être le petit livre de votre professeur obtiendra-t-il un jour que vous l'appeliez *le Lhomond de l'agriculture* ; trop heureux, si vous me comparez, même de loin, à ce modeste et vertueux patron de nos études.

Louis GOSSIN.

AGRICULTURE CLASSIQUE

MANUEL ÉLÉMENTAIRE

INTRODUCTION.

ORIGINE ET DIGNITÉ DE L'AGRICULTURE.

1. *Dieu*, dit la Genèse, *plaça l'homme dans le paradis de plaisir, afin qu'il le cultivât et le gardât.*

Dieu dit à Adam, devenu coupable : *Tu mangeras ton pain à la sueur de ton front; puis, il le chassa du paradis, afin qu'il cultivât la terre dont il était sorti.*

Quand bien même les textes sacrés n'expliqueraient pas, en termes aussi explicites, que l'état de cultivateur est la *profession par excellence,* il suffirait du plus simple bon sens pour l'apercevoir.

D'abord la vie de famille, qu'il faut considérer comme étant l'existence naturelle de l'homme, se trouve le fondement de l'agriculture. N'y a-t-il pas dans la ferme deux directions entièrement distinctes : d'une part, surveillance des travaux extérieurs; de l'autre, soin du ménage, de la basse-cour, des étables? Or, ces deux directions, auxquelles répondent justement les spécialités d'aptitudes propres à l'homme et à la femme, ne peuvent, dans la plupart des cas, être bien remplies, si l'homme et la femme, unis par le mariage, ne mettent en commun intérêts, volonté, esprit, avenir. Quelle aide les époux agriculteurs ne trou

1

vent-ils pas ensuite dans le concours de leurs enfants! Dès les premiers rayons du jour, l'un fait mouvoir la herse, un autre, la charrue; un troisième répand la semence; celle-ci soigne le jardin, celle-là les étables.

Loin des champs, ils se croiraient appauvris par le nombre; mais à la ferme, ils sentent que le nombre multiplie leurs forces et les enrichit, sentiment qui tend à maintenir parmi ces frères une union plus rare ailleurs.

Quant à l'obéissance filiale, la nécessité l'affermit, attendu que, sans elle, il n'y aurait que désordre et misère pour tous.

Parvenus à l'âge où l'on exerce des droits civils, les membres de la famille agricole ne voient dans le respect dû à l'autorité publique qu'une suite de leurs habitudes d'enfance. Ce devoir, ils le comprennent donc et l'observent mieux que ne font les habitants des villes. Essentiellement pacifiques, ils s'arment cependant avec courage, si le pays l'exige, et, grâce à leur constitution robuste, ils supportent parfaitement les fatigues de la guerre. Ainsi, c'est aux champs que naissent les meilleurs citoyens et les plus intrépides défenseurs de la patrie.

Le ciel, patrie mille fois plus belle encore que la France, le laboureur l'aperçoit le matin, à midi, le soir. Le roi des demeures éternelles participe sans cesse aux travaux des champs; il réchauffe la terre que la charrue vient d'ouvrir; il répand sur la semence une pluie germinatrice; il couvre de rosée la jeune plante; il l'agite et la fortifie par le souffle aérien; il lui envoie la lumière qui fait verdir le feuillage, et la chaleur qui mûrit les fruits.

Si l'action du céleste agriculteur se ralentissait un instant, que deviendraient les richesses de la campagne? Et quel malheur lorsque, au lieu de deux épis, le blé n'en produit qu'un seul! On aperçoit trop clairement, dans ces jours de deuil, qu'à la rigueur on se passerait des arts, du commerce et de l'industrie, mais que l'agriculture est le fondement indispensable de l'existence humaine et de la vie sociale.

Tandis que l'agriculture satisfait avec abondance à nos premiers besoins, elle porte ceux qui l'exercent à une heureuse simplicité : elle détourne l'ennui par la variété des occupations ; elle amortit les passions par la fatigue corporelle, et nourrit le sentiment religieux par le spectacle continuel des œuvres de la création.

Dépendant de Dieu et de ses bras plus que des hommes, l'agriculteur jouit de la plus grande liberté possible. Rarement les pertes qu'il éprouve compromettent sa fortune, et, comme il y reconnaît l'effet direct de causes supérieures avec lesquelles il ne peut lutter, elles ne laissent pas en lui cette amertume qui, dans d'autres carrières, résulte souvent de l'injustice des hommes.

A la ferme, l'exercice, l'air pur, un travail régulier, rendent la vie plus longue qu'elle n'est partout ailleurs. Sans le secours du médecin, on y trouve le profond sommeil et l'appétit. Le cultivateur connaît aussi mieux que personne les douceurs de la propriété. Tout l'intéresse, tout le charme dans cet empire modeste qu'il arrose chaque jour de ses sueurs.

Habitants du village, ne vous laissez donc pas éblouir par l'éclat trompeur des cités ; aimez et honorez votre profession ; attachez vos fils à la charrue comme à la foi de vos aïeux ; et si Bernard Palissy (philosophe du XVIe siècle) revenait au monde, qu'il ne dise plus :

« Je m'esmerveille d'un tas de fols laboureurs, que soudain qu'ils ont un peu de bien qu'ils auront gaigné avec grand labeur en leur jeunesse, ils auront après honte de faire leurs enfants de leur estat de labourage, ains les feront du premier jour plus grands qu'eux-mêmes, et ce que le pauvre homme aura gaigné à grand'peine, il en dépensera une grande partie à faire son fils *monsieur*, lequel monsieur aura enfin honte de se trouver en la compaignie de son père et sera déplaisant qu'on dira qu'il est fils de laboureur ; et cependant voilà qui cause que la terre est le plus souvent avortée et mal cultivée, parce que le malheur est tel qu'un chacun ne demande que vivre de son revenu et faire cultiver la terre par les plus ignorants. Chose malheureuse! »

2. Quant à nous, propriétaires, fonctionnaires, prêtres, magistrats, puisque c'est l'agriculture qui donne à tous le pain de chaque jour, empressons-nous de l'honorer, de l'encourager, d'en étudier même les principes, afin que, comprenant mieux les intérêts de la terre, nous puissions ensuite mieux les défendre.

Cette étude, qui doit entrer dans toute éducation libérale, comprend six parties :

1° Examen de la végétation, des terres, des climats ;
2° Opérations principales de la culture ;
3° Examen successif des végétaux cultivés ;
4° Animaux domestiques utiles à l'agriculture ;
5° Combinaisons et mœurs agricoles ;
6° Principes de la culture particulière au jardinage.

QUESTIONNAIRE.

1. Dites quelques mots de l'origine, de la dignité et des avantages de l'agriculture. — 2. Quels sont les devoirs de tous envers l'agriculture ?

PREMIÈRE PARTIE.

VÉGÉTATION, TERRES, CLIMATS.

CHAPITRE PREMIER.

Aperçu général sur la Végétation.

1. La vie qui dort dans la semence d'un végétal quelconque se réveille par l'action combinée de l'humidité, de l'air et d'un degré de chaleur variable suivant l'espèce. Sous l'influence de ces trois agents réunis, la graine se gonfle, s'ouvre et laisse échapper la jeune plante, qui se divise en deux parties, *tige* et *racine,* croissant chacun en sens opposé : c'est ce premier travail qu'on appelle *germination.*

Le point qui sépare la tige et la racine se nomme *collet* et se trouve à fleur de terre. La racine s'enfonce dans le sol et devient le fondement de la plante ; de plus, à l'aide d'innombrables suçoirs, elle tire de la terre les substances qui doivent nourrir le végétal. Quant à la tige, elle s'élève, s'étend et se couvre de feuilles. Celles-ci, dont la surface est criblée d'ouvertures imperceptibles, servent à la respiration des plantes. La séve pénètre dans le tissu vert des feuilles, y subit, sous l'action de l'air et de la lumière, certains changements ; puis elle se répand dans tous les organes et redescend en partie jusqu'aux racines pour leur nutrition.

Lorsque la plante a pris un certain développement, la fleur apparaît. Au centre, on remarque le fruit à l'état naissant. Cet embryon, qu'on nomme *pistil,* est fécondé par une poussière qui s'échappe de poches appelées *étamines,* tenant d'ordinaire à la fleur par des filets déliés.

Chez certaines espèces, blé, pois, trèfle, etc., les étamines et le pistil sont réunis dans la même fleur ; chez d'autres, ces deux organes se trouvent sur le même sujet, mais dans des fleurs différentes. A ce genre de végétaux appartient le maïs (*Voy.* page 7), dont la fleur

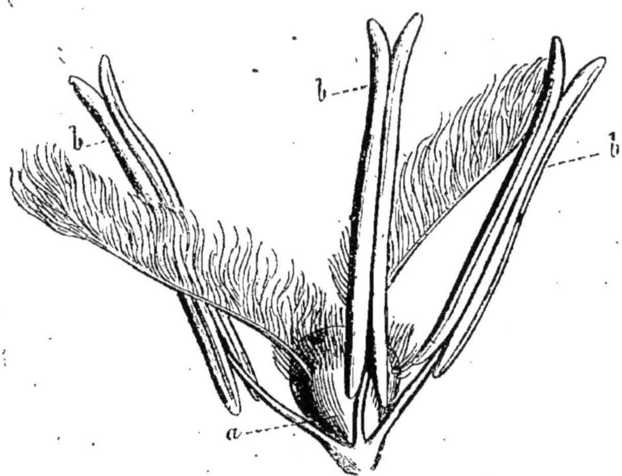

Étamines et pistil du blé vus au microscope.
a. Pistil. — *b b b.* Étamines.

mâle, pourvue de poussière fécondante, forme panache au sommet de la tige, tandis que les fleurs *femelles* destinées à produire graine présentent plus près de terre des épis serrés. Enfin, une troisième série de plantes, chanvre, houblon, etc. (*Voy.* page 8), produisent sur des sujets différents la fleur mâle et la fleur femelle. Les mouches et le vent portent d'une fleur à l'autre les poussières fécondantes.

2. Beaucoup d'espèces ne fleurissent et ne fructifient que dans le cours d'une seule saison d'été; elles meurent ensuite. D'autres peuvent fructifier plusieurs années. Parmi ces dernières, les unes, dites *herbacées* (luzerne, sainfoin, etc.), n'ont de vivace que la racine; les autres, appelées *ligneuses* (arbres et arbustes), présentent une tige qui subsiste tant que le végétal est vivant.

Parmi les plantes qui ne donnent fruit qu'une fois, il en est, comme la carotte et la betterave, qui, nées au printemps, se développent un premier été sans produire de fleur; ce n'est que l'année suivante qu'elles fructifient.

On les nomme *bisannuelles*, pour les distinguer des autres, qu'on dit *annuelles*.

Fleur mâle du maïs.

Semées en automne, un grand nombre de plantes an-

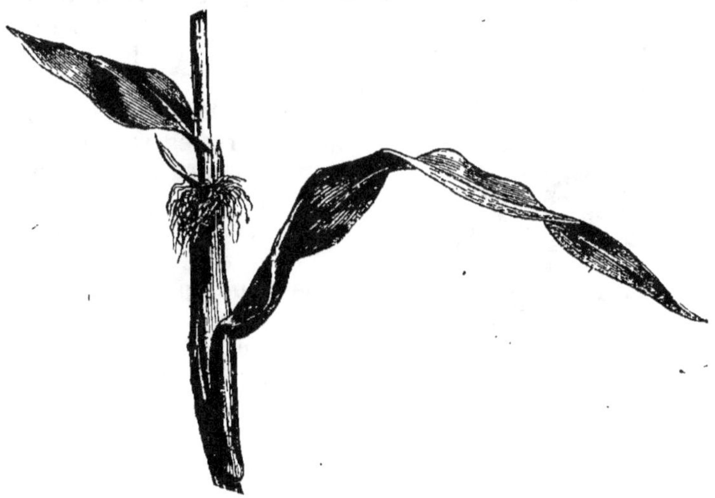

Fleur femelle du maïs.

nuelles suspendent leur végétation en hiver, la reprennent au printemps et fructifient après avoir vécu un peu moins d'un an. Si on les met en terre au sortir de l'hiver, elles fructifient l'année même. Celles de ces espèces

Fleur mâle du chanvre.

qu'on sème plusieurs années de suite à l'une de ces deux époques, avant l'hiver ou au printemps, prennent certaines habitudes végétatives appropriées à la durée de leur existence, habitudes qu'elles transmettent aux générations suivantes et qu'on ne peut, en général, contrarier impunément. C'est ainsi que le blé, l'avoine, etc., présentent des variétés automnales et des variétés printanières distinctes les unes des autres.

3. La plupart des espèces peuvent encore se modifier à d'autres égards. Placez une plante sauvage en terrain choisi, sarclez-la soigneusement; vous obtiendrez des racines et des fruits plus charnus, des graines plus grosses, des feuilles plus épaisses que si elle eût végété au

Fleur femelle du chanvre.

milieu des prés et des bois. Elle finira même, après plusieurs générations traitées de même, par donner des semences qui la feront se reproduire avec les améliorations qu'apporta dans ses organes l'art de la culture. C'est de cette manière que se forment les races perfectionnées, si précieuses au cultivateur.

Afin d'augmenter ce genre de richesse, on peut porter de la poussière fécondante d'une variété perfectionnée sur la fleur d'une autre, d'où résultent de véritables croisements analogues à ceux des animaux.

Parmi les variétés améliorées, le cultivateur doit toujours choisir celles qui sont le mieux appropriées à sa terre et à sa région. Exceptionnellement, s'il cultive une variété sujette à dégénérer dans la localité où il se trouve, il est forcé d'en renouveler souvent la semence là où cette variété se conserve.

Comme la faiblesse est particulièrement héréditaire, il faut prodiguer les soins aux récoltes dont on veut tirer graine; leur donner tout l'espace nécessaire à un parfait développement; les laisser arriver à maturité complète et rejeter pour la reproduction tous les grains mal formés; pour quelques plantes, choux, melons, etc., afin d'éviter les altérations qui résulteraient du mélange des poussières fécondantes, placer les porte-graines très-loin des sujets appartenant à d'autres variétés de même espèce.

4. Chez beaucoup de végétaux, on ne peut même éviter ce genre d'altération. Pour en multiplier les variétés perfectionnées, il faut donc recourir à des organes reproducteurs autres que les semences. Tels sont, pour la pomme de terre, certains renflements charnus appelés *tubercules*; pour le safran et plusieurs légumes, les *oignons*, sorte de gros boutons souterrains; pour l'artichaut, les *œilletons*, autre genre de pousses qui partent des racines ou du collet.

Pour les espèces qui ne présentent rien de semblable, on met en terre, dans certaines conditions favorables à l'enracinement, de simples portions d'un sujet appartenant à la variété qu'on désire multiplier; c'est ce qu'on nomme *marcotte* et *bouture*; ou bien on fixe, par la *greffe*, une portion de ce végétal sur un pied de même espèce ou d'espèce voisine, auquel on retranche la partie supérieure. La greffe se développe ensuite avec tous les caractères de la variété sur laquelle elle a été prise.

La plupart des variétés qui ont été longtemps repro-

1.

duites par ces trois derniers moyens, s'affaiblissent et perdent de leur qualité primitive. Pour les remplacer lorsqu'elles ont vieilli, il faut en reformer de nouvelles par graine, en choisissant les semences les plus belles sur les pieds les plus vigoureux des variétés les plus parfaites.

5. La chaleur est nécessaire à la végétation. Sans le secours de cet agent, germination, croissance, fructification sont impossibles. Ce dernier travail, qui se fait par une sorte de coction de sucs précédemment accumulés, exige une température particulièrement élevée, dont le degré n'est pas le même pour toutes les espèces.

Du reste, les effets de la chaleur diffèrent suivant la dose d'humidité qui l'accompagne : très-sèche, elle arrête l'accroissement des plantes; très-humide, elle favorise le développement des tiges et des feuilles et donne souvent naissance à une longue succession de fleurs stériles.

Si, en hiver, le froid devient excessif, les végétaux n'y résistent pas; mais c'est encore à des degrés divers que les espèces précieuses à l'agriculture et leurs variétés en ressentent les rigueurs. Toute plante dont la végétation est en pleine activité souffre d'un abaissement subit de température, et soit en hiver, soit au printemps, le froid est d'autant plus pernicieux que la séve, rendue plus aqueuse par l'humidité de l'air ou de la terre, a produit des tissus plus mous.

Beaucoup de végétaux peuvent être amenés peu à peu à réussir sous un climat différent de leur climat natal. Pour parvenir à ce résultat, on fait, dans des conditions d'abri applicables suivant l'espèce, des semis successifs de la plante dont on veut modifier les habitudes, et en diminuant à chaque génération la puissance de cet abri, on rapproche graduellement le végétal des lois sous lesquelles on veut le faire vivre. Des modifications analogues ont eu lieu, soit par hasard, soit par l'effet de soins habiles, sur la plupart des espèces précieuses au cultivateur. C'est ainsi que la vigne, le maïs, la pomme de terre, présentent des variétés si différentes les unes des autres pour la durée de la végétation et l'époque de la maturité de leurs produits.

6. La lumière n'est pas moins nécessaire à la végétation que la chaleur. La plante qui se trouve dans l'ombre ne

peut tirer de l'air par les feuilles les principes dont elle a besoin. La lumière n'est cependant pas encore indispensable au végétal naissant; il peut également s'en passer en hiver, lorsqu'il est dépouillé de feuillage. Mais à l'époque de la fructification, il faut qu'il en soit comme inondé.

Le cultivateur choisira donc, autant que possible, une exposition chaude et lumineuse pour les végétaux qui doivent lui procurer graines ou fruits. De plus, il leur donnera toujours assez d'espace pour qu'ils jouissent en tous sens des bienfaits du jour. Au contraire, s'il n'a en vue qu'une production de bois ou de feuilles, il effectuera des plantations serrées, des semis très-drus; les sujets, avides de lumière, pousseront en fuseau, et par la hauteur des tiges donneront un produit plus abondant que si, trouvant plus de place, ils se fussent fortement étendus en branches.

7. Les végétaux se composent d'un petit nombre de corps simples, parmi lesquels se trouvent toujours l'*oxygène*, l'*hydrogène*, le *carbone*, l'*azote*, le *phosphore*.

L'*oxygène* est un gaz, c'est-à-dire une substance légère et élastique de la nature de l'air. L'air atmosphérique en contient lui-même une certaine quantité, et c'est ce qui le rend vital pour les animaux.

L'*hydrogène* est ce gaz léger dont on se sert pour gonfler les ballons. Combiné avec l'oxygène, il constitue l'*eau*.

Le *carbone* est la substance du charbon. En brûlant, il se combine avec l'oxygène de l'air et forme un gaz invisible, l'*acide carbonique*.

L'*azote*, gaz impropre à la respiration lorsqu'il est pur, forme environ les trois quarts de l'air. De plus, toutes les substances animales en renferment une quantité notable.

Le *phosphore* est un corps tendre, lumineux, prompt à s'enflammer. Il se trouve dans les matières animales et dans certaines substances pierreuses, dont l'une, le *phosphate de chaux*, joue dans la nature un rôle capital, puisque les os doivent leur solidité à la grande quantité qu'ils en contiennent.

Les plantes enlèvent ces principes à diverses substances, parmi lesquelles l'*eau* tient le premier rang. Formé d'oxygène et d'hydrogène, ce liquide sert non-seulement d'aliment aux végétaux, mais encore de véhicule à tout ce que les racines puisent dans le sol.

Les végétaux tirent le carbone du gaz *acide carbonique*. Composé d'oxygène et de carbone, ce gaz est mortel lorsqu'on le respire à l'état pur; il résulte de la combustion du charbon et de toutes les décompositions tant végétales qu'animales. Il se produit aussi par la respiration des animaux, de sorte que l'atmosphère en contient toujours une petite quantité. Sous l'influence de la lumière, les plantes l'absorbent par la surface de leurs feuilles, le décomposent, s'approprient le carbone et rejettent l'oxygène.

L'azote nécessaire aux végétaux leur provient surtout des substances *ammoniacales* et *nitreuses*. L'*ammoniaque*, combinaison d'hydrogène et d'azote, est ce gaz d'odeur piquante qui s'échappe du fumier du mouton. Il se produit par la pourriture de presque tous les débris organisés, surtout par celle des débris animaux. Quant aux substances *nitreuses*, elles se forment sur les murs, ainsi que dans beaucoup de terres, et elles résultent presque toujours de la décomposition des engrais.

Les plantes tirent le phosphore de deux corps pierreux, les *phoshates de chaux* et de *magnésie*, que l'on découvre dans la composition minérale de beaucoup de terrains; ils le tirent aussi des débris animaux qui pourrissent dans le sol.

L'oxygène, l'hydrogène, le carbone, l'azote et le phosphore forment environ les 9/10ᵉˢ des principes dont se composent les plantes. Les autres substances que l'analyse y découvre sont le *soufre*, le *chlore*, le *silicium*, le *potassium*, le *sodium*, le *calcium*, le *magnésium*, le *fer*.

Le *soufre* existe en terre dans certains minéraux, tels que le *gypse* ou *pierre à plâtre*.

Le *chlore* est un gaz qui, combiné avec le sodium, forme le *sel commun*, si répandu dans l'eau de mer.

Le *silicium*, le *potassium*, le *sodium*, le *calcium*, le *magnésium*, sont des métaux qui, unis à l'oxygène, forment la *silice*, la *potasse*, la *soude*, la *chaux*, la *magnésie*. La *silice* est la substance des pierres à fusil, des grès et de la plupart des sables. La *potasse* et la *soude* forment le principe salin des cendres végétales et se trouvent aussi dans la plupart des terres. La *chaux,* combinée avec l'acide carbonique, constitue le *calcaire,* substance des *pierres à chaux* et l'un des principaux éléments du sol. La *magnésie,* unie à l'acide carbonique, ressemble au calcaire et entre avec lui dans la composition de beaucoup de terrains.

Le *fer,* uni à l'oxygène, forme une matière terreuse, qui, verte, rouge ou brune, colore en l'une ou l'autre de ces nuances la plupart des champs.

Le soufre, le chlore, le silicium, le potassium, le sodium, le calcium, le magnésium, le fer ne se trouvent pas tous dans toutes les plantes, et celles-ci se les approprient en proportions différentes suivant les espèces.

Du reste, les racines n'absorbent rien qui ne soit dissous par l'humidité de la terre, et cependant la stérilité des terrains fortement salés ou salpêtrés prouve qu'un excès de substances solubles nuit à la végétation. D'où il faut conclure qu'au lieu de se trouver tout formés dans le sol, les sels nécessaires à la végétation s'y préparent à mesure de l'absorption des plantes. Or, voici comment se fait cette préparation. Après avoir attaqué jusqu'aux pierres les plus dures et formé partout la couche ameublie qu'on appelle *terre végétale,* les agents atmosphériques continuent leur travail destructeur, et c'est ce travail qui détermine entre les éléments du sol les réactions chimiques dont le but providentiel est la production journalière des substances solubles destinées à nourrir les plantes.

8. La vigueur des récoltes résulte surtout de la nature des aliments ainsi formés. Certaines terres ont des hôtes favoris qui ne sauraient vivre ailleurs, tandis que la plupart des espèces trouvent leurs aliments dans plusieurs genres de sol. Cependant elles ont chacune leurs champs de prédilection où se conservent les variétés perfectionnées.

Tous les terrains peuvent nourrir des végétaux de plusieurs sortes, dont la réunion est plutôt favorable que contraire à l'abondance du produit total. Ainsi, telle terre qui ne porterait qu'un froment passable, s'il était semé seul, le produit beau en mélange de seigle.

Un autre fait non moins frappant, c'est la lassitude

que le sol éprouve pour la production d'une espèce, lorsque celle-ci l'a occupé pendant quelque temps. Peu de champs donnent deux années de suite des récoltes abondantes de blé.

Mais, comme dit Virgile, *le travail de l'agriculture devient facile par l'alternat des espèces. Les champs se reposent en changeant de produits, et la charrue peut les sillonner toujours ; toujours ils peuvent payer les fatigues du laboureur.*

QUESTIONNAIRE.

1. Donnez quelques détails sur la manière dont se fait la *germination* des graines et sur les fonctions des parties principales d'une plante : *tige, racine, collet, feuilles, fleur.* — 2. Comment classe-t-on les végétaux par rapport à la durée de leur vie? Qu'est-ce qu'un végétal *vivace, herbacé, ligneux, annuel, bisannuel?* Qu'appelle-t-on *variétés automnales* et *variétés printanières?* — 3. Comment peut-on former et conserver les *variétés perfectionnées?* — 4. Indiquez les moyens de multiplication autres que le semis. — 5. Quels sont les effets de la chaleur sur la végétation? — 6. Quelle est l'action de la lumière sur les végétaux? — 7. Dites quelques mots de la composition des végétaux et de la manière dont leurs aliments se forment dans le sol. — 8. Convient-il en général de cultiver toujours la même plante sur le même terrain?

CHAPITRE II.

Des Terres.

1. Les principales substances qui entrent dans la composition des terres, sont : le *calcaire*, l'*argile*, le *sable à grains plus ou moins grossiers*, la *silice à grains impalpables*, l'*humus*.

Substance des pierres à chaux, le *calcaire* n'existe pas dans tous les terrains ; mais ceux qui produisent les meilleurs grains, les fourrages les plus nourrissants et deux plantes des plus précieuses, la luzerne et le sainfoin, en contiennent au moins 2 pour 100.

Pour découvrir si un champ est pourvu de ce principe essentiel, on met quelques parcelles de terre dans un verre à moitié plein d'eau ; puis, on y verse quelques gouttes d'acide chlorhydrique, vulgairement appelé *esprit de sel*. La terre contient-elle du calcaire, aussitôt attaquée par l'acide, elle produit une effervescence qui n'a pas lieu dans le cas contraire. Le calcaire, en forte proportion, divise le sol et en maintient la surface friable.

L'*argile* est cette substance onctueuse avec laquelle se font les poteries. Simplement desséchée par le soleil, elle contient encore beaucoup d'eau, dont on ne peut la séparer qu'en la soumettant à un feu vif et soutenu ; alors, elle change de nature et prend la consistance pierreuse des briques. Il se trouve de l'argile dans toutes les terres. Les plus argileuses sont tenaces, lentes à se ressuyer après la pluie, promptes à se durcir et à se crevasser par la sécheresse. Labourées avant l'hiver, elles s'émiettent au dégel. Malgré cette propriété dont il importe de tirer parti, elles sont d'une culture difficile.

Indépendamment de l'argile, le sol contient toujours de ce *sable plus ou moins grossier* qui, lorsqu'il est pur, n'offre aucune consistance. Plus la terre en renferme, plus elle est friable, facile à cultiver, prompte à se ressuyer après la pluie.

Quant au *sable très-fin,* composé de silice impalpable, il donne au sol qui le contient en grande quantité une consistance très-prononcée. Les caractères agricoles de ces terrains, appelés *limons,* sont : consistance sans ténacité, douceur très-appréciable au toucher, nulle adhérence aux instruments de labour, pas de crevasses en temps de sécheresse ; surface boueuse lors du dégel, ferme après de fortes averses.

L'*humus* est la matière brune et poreuse qui résulte de la pourriture des corps organisés, et qui donne la nuance grise à la couche supérieure que l'on est convenu d'appeler *terre végétale.* L'humus est-il très-abondant, la terre se gonfle par l'humidité, puis s'affaisse en se desséchant, ce qui tourmente la plupart des récoltes. Si la terre n'en contient qu'une très-faible proportion, 1 à 2 pour 100, elle est généralement peu productive. Du reste, l'action de l'humus varie suivant la nature des détritus dont il est formé. Le moins fertile est produit par les bruyères et par les plantes aquatiques ; celui des terres de marais contient même presque toujours un acide nuisible, dont la présence est indiquée par la végétation abondante de certaines plantes, joncs, laîches, bruyères, petites oseilles, etc.

Petite oseille.   Bruyère.

2. En se basant sur ce qui précède, on divise les terres en deux classes : les unes pourvues, les autres privées de calcaire.

Chaque classe renferme elle-même plusieurs divisions, d'après les caractères que donne au sol la prédominance de telle ou telle des substances ci-dessus nommées :

1° *Prédominance du calcaire :* Friabilité, surface presque toujours meuble, très-boueuse après la pluie, prompte à se ressuyer sans rabattage. — Terre *calcaire*.

2° *Prédominance de l'argile :* Terre collante, tenace, lente à se ressuyer après la pluie, prompte à se durcir et à se crevasser par la sécheresse. — Terre *argileuse*.

3° *Prédominance du sable à grains d'une certaine grosseur :* Légèreté, friabilité, promptitude à se ressuyer après la pluie ; sable ou gravier facile à apercevoir. — Terre *sableuse*.

4° *Prédominance du sable très-fin* : Consistance sans ténacité; tendance de la terre à se rebattre par l'effet des pluies, à devenir molle et boueuse lors du dégel; peu ou pas de crevasses par la sécheresse.—*Limon* ou terre *limoneuse*.

5° *Prédominance de l'humus* : Nature spongieuse. — *Terre de marais, de bruyère, de bois,* suivant le genre de débris qui a produit l'humus.

Une terre principalement caractérisée par une substance peut l'être encore sensiblement, quoiqu'à un degré moindre, par une autre. Dans ce cas, on fait précéder le terme caractéristique principal par un mot indicatif de cette seconde particularité.

Classification des terres.

TERRES POURVUES DE CALCAIRE.	Prédominance du calcaire.	*Terre calcaire.* / argilo-calcaire. / sablo-calcaire. / Limon-calcaire.
	Prédominance de l'argile.	*Terre argileuse.* / calcaro-argileuse. / sablo-argileuse. / Limon-argileux.
	Prédominance du sable à grains d'une certaine grosseur.	*Terre sableuse.* / calcaro-sableuse. / argilo-sableuse. / Limon-sableux.
	Prédominance de la silice impalpable.	*Terre limoneuse ou limon.* / calcaro-limoneuse. / argilo-limoneuse. / sablo-limoneuse.
	Prédominance de l'humus.	*Terre de marais ou de bois.* / calcaire. / argileuse. / sableuse. / limoneuse.
TERRES PRIVÉES DE CALCAIRE.	Prédominance de l'argile.	*Terre argileuse.* / sablo-argileuse. / Limon-argileux.
	Prédominance du sable à grains d'une certaine grosseur.	*Terre sableuse.* / argilo-sableuse. / Limon-sableux.
	Prédominance de la silice impalpable.	*Terre limoneuse ou limon.* / argilo-limoneuse. / sablo-limoneuse.
	Prédominance de l'humus.	*Terre de marais ou de bois.* / argileuse. / sableuse. / limoneuse.

3. Les terrains agricoles doivent encore être sérieusement étudiés à plusieurs points de vue, savoir :

Profondeur du sol végétal. Plus elle est considérable, plus le champ a de qualité, toutes choses égales d'ailleurs.

Nature du sous-sol, c'est-à-dire des couches inférieures au sol. La qualité de la terre peut-être fortement modifiée par celle du sous-sol. Lorsque, par exemple, le *calcaire* manque au sol végétal, on considère avec raison cette circonstance comme un défaut; mais s'il se trouve en dessous, à peu de profondeur, une couche pourvue de cette précieuse substance, voilà, jusqu'à un certain point, le vice corrigé. Il faut toujours regarder comme un défaut grave l'humidité excessive résultant de l'imperméabilité d'un sous-sol compacte que les eaux pluviales ne peuvent traverser.

Inclinaison. Pour tout champ humide, le manque de pente est un défaut, parce que l'assainissement s'en trouve plus difficile. D'un autre côté, une pente rapide rend pénibles tous les travaux, et dispose la terre à se raviner, surtout si elle est sablonneuse.

Exposition. L'exposition du midi corrige les défauts d'un champ humide et froid, tandis qu'elle aggrave ceux des terrains brûlants et secs. L'exposition du nord a des effets opposés.

Couleur. Plus le champ est de nuance foncée, mieux il retient la chaleur du soleil; moins il se refroidit en hiver et plus vite il se réchauffe au printemps.

Présence de pierres. Arrondies en forme de cailloux, elles divisent et dessèchent le sol. Plates et minces, elles lui conservent une certaine fraîcheur, en le protégeant contre le soleil.

Proximité d'arbres. Ce voisinage est d'autant plus nuisible que le climat est plus humide, que les arbres sont plus touffus, et que, situés plus au midi par rapport à la terre, ils jettent plus d'ombre sur les récoltes. Le chêne, le noyer, les peupliers sont particulièrement pernicieux.

QUESTIONNAIRE.

1. Quelles sont les principales substances qui entrent dans la composition du sol? — 2. Établissez la classification des terres. — 3. Indiquez, en dehors de la composition, ce qui peut influer sur la nature des terres.

CHAPITRE III.

Climats agricoles.

1. La nature a doté chaque pays de plantes indigènes spéciales, qui trouvent dans l'état atmosphérique leur cause de végétation. Aussi, les agriculteurs de tous les siècles n'ont pas attaché moins d'importance à l'étude du climat qu'à celle du sol.

Personne n'ignore que plus on marche vers le Nord et que plus on s'élève dans les montagnes, plus le climat devient rigoureux.

En France, ces effets sont modifiés par la distance à laquelle on se trouve de l'Océan. De cette immense étendue d'eau s'élèvent des vapeurs qui, près du littoral, obscurcissent l'atmosphère. Plus on s'enfonce dans le continent, plus l'air devient pur. Il en résulte une grande différence de climats entre les départements riverains de l'Océan et ceux qui s'en éloignent. Les vapeurs atmosphériques ne forment-elles pas comme un voile qui affaiblit pendant le jour l'ardeur du soleil, et qui arrête pendant la nuit le refroidissement de la terre? Près de l'Océan, l'hiver est doux, l'été est frais et peu ardent. Plus on pénètre dans le continent, plus, au contraire, les différences de température entre l'été et l'hiver deviennent sensibles.

Les vents brûlants de l'Afrique frappent avec violence le Languedoc et la Provence. Un autre vent sec, le *mistral* du nord, désole les bords du Rhône. Quant aux régions de l'Ouest et du Nord, protégées du côté du Midi par les montagnes de l'Auvergne, des Cévennes et des Pyrénées, mais découvertes vers l'Océan, elles reçoivent de l'Atlantique des vents pluvieux, qui leur procurent une fraîcheur inconnue au Languedoc et à la Provence.

Un pays est-il marécageux et boisé, il en résulte un froid très-sensible. On y remarque plus de gelées et de neige en hiver; plus de givre, de brouillard et de pluie au printemps et en été.

Pour les contrées qui touchent à la mer, les brises marines sont une cause de fraîcheur toute spéciale.

Dans les montagnes on trouve, pour ainsi dire, tous les climats réunis: au sommet, d'éternels frimas; sur les flancs, d'admirables tapis de verdure; plus bas, d'imposantes forêts; au-dessous, des blés jaunissants. Les montagnes exercent en outre une grande influence sur le climat des pays de plaines qui les touchent. Si elles sont au sud par rapport à ces pays, elles en rafraîchissent la température, parce qu'elles s'opposent à l'action directe des vents chauds du Midi. Sont-elles au Nord, elles font abri contre les vents froids du Septentrion et adoucissent les hivers. C'est ce qui a lieu en France de la manière la plus remarquable, dans le pays de Nice et d'Hyères.

2. Nul système agricole ne peut se soutenir s'il n'est en rapport avec les conditions imposées par l'état habituel de l'atmosphère. Les antiques traditions culturales d'une contrée sont donc les plus sûrs indices du climat.

Pour peu qu'il y ait de gelées en hiver, nous n'apercevons pas l'oranger; pour peu que les gelées aient de force et de persistance, pas d'oliviers; quelques degrés de rigueur de plus empêchent la culture de l'avoine d'automne; quelques-uns de plus encore s'opposent à celle des variétés automnales de pois, de lentille et de vesce.

La chaleur de l'été est accusée par les cultures d'une manière non moins positive. Ainsi, nous ne voyons pas l'olive mûrir sous un ciel moins ardent que celui de la Provence. Quelques degrés de chaleur de moins, on n'aperçoit plus l'arbre de Minerve; mais le maïs et la vigne se cultivent sur une grande échelle. Si l'ardeur de l'été est encore un peu moindre, la culture du maïs cesse à son tour. Bientôt, le raisin lui-même ne mûrit plus, et tout vignoble disparaît.

Relativement à la fraîcheur, voici des indices certains. Si une grande sécheresse est habituelle, ce sont les cultures arbustives qui prédominent, comme étant celles qui résistent le mieux à l'aridité. Le climat peut encore être considéré comme très-sec, si la plupart des ensemencements se font en automne. En effet, nous devons en conclure que les semailles printanières sont souvent compromises par les sécheresses d'été. Autant de semailles printanières que de semis automnaux indiquent un climat tempéré sous le rapport de la fraîcheur. Enfin, dans une région tout à fait humide, on aperçoit des gazons d'une verdure perpétuelle et souvent des cultures étendues de sarrasin, de choux, de navets.

3. Classification climatérique agricole des diverses parties de la France.

	DÉSIGNATION DES RÉGIONS.	CARACTÈRES.	NOMS DES DÉPARTEMENTS.
PARTIE OCCIDENTALE. Comprenant tout le littoral de l'océan Atlantique.	Nord-ouest. . .	Absence de vignobles ; ensemencement de printemps et d'été très-étendus ; vastes pâturages.	Seine-Inférieure, Eure, Calvados, Orne, Manche, Ille-et-Vilaine, Mayenne, Sarthe, Morbihan, Côtes-du-Nord, Finistère.
	Ouest.	Vignobles sans maïs.	Loire-Inférieure, Maine-et-Loire, Vendée, Deux-Sèvres, Charente-Inférieure.
	Sud-ouest. . . .	Maïs.	Gironde, Landes.
PARTIE ORIENTALE. Comprenant tout le bassin du Rhône et une partie de celui du Rhin.	Nord-est. . . .	Semailles d'automne et de printemps également développées, vignes, maïs.	Haut-Rhin, Bas-Rhin.
	Est	Prédominance des ensemencements d'automne ; maïs ; extension des cultures de vigne et de mûrier.	Haute-Saône, Côte-d'Or, Doubs, Jura, Saône-et-Loire, Rhône, Ain, Haute-Savoie, Savoie, Isère.
	Sud-est.	Prédominance des cultures arbustives ; oliviers dans presque toute la région.	Ardèche, Drôme, Hautes-Alpes, Basses-Alpes, Alpes-Maritimes, Vaucluse, Gard, Var, Bouches-du-Rhône, Hérault, Aude, Pyrénées-Orientales.
PARTIE MOYENNE. Comprenant, depuis les Pyrénées jusqu'aux frontières de Belgique, tous les départements qui ne se trouvent pas dans les deux autres parties.	Nord	Vignobles sur coteaux dans presque toute l'étendue ; égalité entre les semailles d'automne et celles de printemps.	Moselle, Meurthe, Vosges, Nord, Ardennes, Meuse, Marne, Aisne, Pas-de-Calais, Somme, Oise, Seine-et-Oise, Seine, Seine-et-Marne, Haute-Marne, Aube, Yonne, Eure-et-Loir.
	Centre	Prédominance des ensemencements automnaux ; maïs sur quelques points.	Loiret, Loir-et-Cher, Indre-et-Loire, Vienne, Indre, Cher, Nièvre, Allier, Creuse, Haute-Vienne, Charente, Dordogne, Corrèze, Cantal, Puy-de-Dôme, Haute-Loire, Loire.
	Sud.	Prédominance des ensemencements d'automne ; vastes cultures de maïs et de vigne.	Lot, Lot-et-Garonne, Aveyron, Lozère, Tarn, Tarn-et-Garonne, Gers, Ariége, Haute-Garonne, Hautes-Pyrénées, Basses-Pyrénées.

QUESTIONNAIRE.

1. Quelles sont les causes qui influent sur le climat des diverses parties de la France? — 2. Quels sont, par rapport au climat, les indices que l'on peut tirer des anciens systèmes de culture? — 3. Établissez la classification agricole des diverses régions françaises.

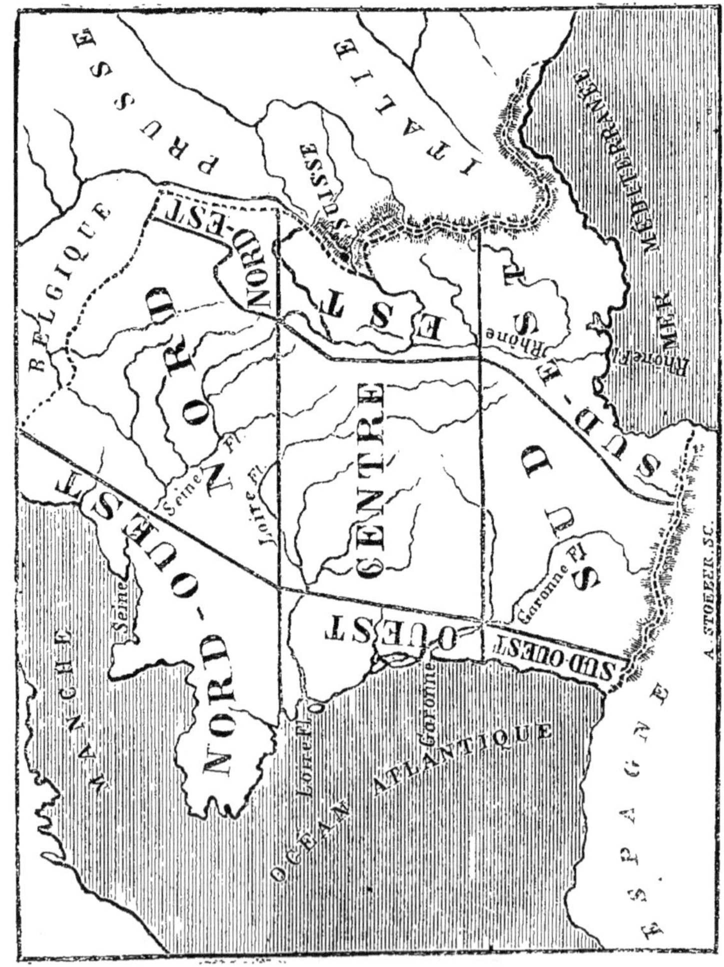

DEUXIÈME PARTIE.

CHAPITRE IV.

Substances fertilisantes. Écobuage.

1. Dans la terre, indépendamment du calcaire, de l'argile, des grains siliceux et de l'humus, la chimie découvre certains corps qui contiennent de la magnésie, de la potasse, de la soude, de l'azote, du soufre, du phosphore, du fer. C'est par la réaction de l'eau et des agents atmosphériques sur ces divers éléments constitutifs du sol que se produisent, ainsi que nous l'avons dit chapitre premier, les aliments solubles des plantes.

On en favorise la formation : 1° par l'apport des substances dites *fertilisantes*; 2° par des cultures énergiques qui exposent fortement la terre aux agents atmosphériques ; 3° par l'enlèvement de tout excès d'humidité; 4° par l'apport de l'eau nécessaire à l'entretien d'une fraîcheur modérée.

2. Classées relativement à leur origine, les substances fertilisantes sont de deux sortes : les unes, que l'on désigne sous le nom d'*engrais*, se composent de débris organisés, végétaux ou animaux; les autres sont formées de substances minérales. Les engrais présentent eux-mêmes deux séries : 1° *engrais végétaux*; 2° *engrais animaux*.

3. Les engrais produisent, pour la plupart, en se décomposant dans le sol, deux genres de substances utiles : 1° *sels solubles*, propres à une nutrition immédiate; 2° *humus*, qui se décompose lentement au profit des plantes.

Les engrais animaux sont riches en sels solubles, particulièrement en sels contenant de l'azote et du phosphore, substances des plus précieuses. Quant aux engrais végétaux, ils fournissent principalement de l'humus.

4. Le cultivateur considère avec raison le *fumier d'é-table* comme étant l'engrais par excellence. Végétal et animal, puisqu'il se compose de déjections animales et de litière végétale, il agit de suite avec force, et tout à la fois il améliore le sol.

Dans la cour de ferme, cet engrais précieux est exposé à deux genres de pertes : 1° écoulement de jus chargés de sels; 2° dégagement de vapeurs azotées qui résultent d'une fermentation excessive. Lorsque cette fermentation existe, le fumier devient brûlant, fume, moisit, diminue de volume et perd beaucoup en qualité.

Pour prévenir ce mal, il faut étendre le fumier par couches très-régulières, le faire piétiner par les animaux, ne pas donner au monceau plus de 1 mètre à 1 mètre 50 de hauteur, l'arroser avec les eaux noires qui en suintent.

La place doit former cuvette, et se trouver préservée de toute affluence d'eaux extérieures qui entraîneraient des jus précieux. On la divise en deux parties : l'une, où l'engrais est porté chaque jour; l'autre, où on le laisse fermenter pendant quelque temps. L'entre-deux des tas présente une cavité, d'où l'on rejette les jus sur le fumier au moyen d'une pelle creuse. Lorsqu'un tas se trouve à sa hauteur, on le couvre de boue.

Afin de mieux retenir les substances qui tendent à s'évaporer, on peut mêler utilement avec le fumier des matières charbonneuses ou sulfureuses, telles que tourbe, plâtre, charbons minéraux sulfureux.

Enfin, le fumier ne se fait jamais mieux que lorsqu'il est soustrait à l'ardeur du soleil par un ombrage épais ou par une couverture.

Dans les champs, pour prévenir toute nouvelle fermentation, il importe d'étendre le plus tôt possible les tas déposés par les voitures.

Les quantités qu'on met à l'hectare varient généralement de 30 à 60,000 kilog.

5. En Flandre, les urines du bétail (*purin*) sont recueillies dans des citernes où elles fermentent; puis on les porte sur les terres au moyen de tonneaux. En Suisse, on appelle *lizée* un engrais analogue, composé de déjections mélangées d'eau. Ces engrais liquides activent beaucoup la végétation, surtout celle des herbes de prairies;

maïs, comme ils ne produisent pas d'humus, ils n'amé-
liorent pas le sol pour plusieurs années.

Il en est de même du *parcage*, qui consiste à enfermer,
au moyen de claies, le bétail sur le champ même qu'on
veut fumer.

D'autres engrais d'effet analogue sont : la *poudrette*,
composée de matière fécale séchée et pulvérisée ; la *colombine* ou fiente de volailles ; la chair et le sang séchés
et mis en poudre ; les os broyés et réduits en farine ; les
rognures de corne et de cuir ; les débris de laine, de
bourre et de crin ; le *guano*, substance brune et friable
qu'on tire principalement des côtes du Pérou, et qu'on
croit composée de fientes d'oiseaux de mer. 400 kilog. de
guano non falsifié, 2,000 kilog. de poudrette ou de colombine contiennent autant de sels immédiatement solubles,
azotés et phosphorés, qu'il s'en trouve dans 30,000 kilog.
de fumier. On répand ces divers engrais, par un temps
humide, sur les plantes en végétation ou sur les champs
qu'on va ensemencer.

On emploie de la même manière les os calcinés ou *noir
animal*. Cette dernière substance, qui contient surtout du
phosphate de chaux, n'a toute sa plénitude d'action que
sur les terrains nouvellement défrichés et privés de calcaire. En Bretagne, où il s'en fait grand usage, on en met
8 à 10 hectolitres par hectare.

6. Moins précieux que les engrais animaux, les engrais
végétaux ont cependant encore beaucoup de valeur. Roseaux, tiges ligneuses foulées, gazons, terreaux de marais,
servent surtout à améliorer les terrains pauvres en humus. On active la décomposition et, par conséquent, l'effet
de ces engrais, en les arrosant avec une lessive qui contient des jus de fumier, de la matière fécale, du salpêtre,
de la suie, du sel, des cendres.

Une excellente méthode consiste à enfouir sur place
certaines plantes en fleur, faciles à obtenir de terrains
même médiocres : lupin, sarrasin, trèfle incarnat, spergule, navette d'été.

Sur le bord de la mer, il faut utiliser avec soin les
goëmons ou plantes marines.

Enfin, nous trouvons exceptionnellement parmi les engrais végétaux quelques substances très-riches en sels

actifs, notamment les *tourteaux* ou résidus d'huilerie, qu'on triture d'abord, puis qu'on répand, soit avec les semences, soit sur les plantes en végétation, à la quantité de 400 à 1,000 kilog. par hectare. L'effet des tourteaux se fait sentir rarement plus d'une année, et il n'est complet que sur les sols pourvus de calcaire.

7. Au premier rang des substances fertilisantes minérales se trouve la *marne*. « La *marne*, disait Palissy, est « un fumier naturel et divin, ennemi de toutes les plantes « qui viennent d'elles-mêmes, et génératrice de toutes les « semences qui ont été mises par les laboureurs. »

Composée de *calcaire* et d'*argile*, elle améliore puissamment, par l'apport du premier de ces deux principes, tous les sols qui en sont privés. De plus, elle fait disparaître l'acidité des champs nouvellement défrichés, et favorise la végétation des plantes fourragères les plus précieuses, trèfles, luzerne, sainfoin.

Parmi les substances connues sous le nom de *marne*, les unes sont terreuses; d'autres ont l'aspect de pierres compactes ou feuilletées. On en voit de toutes nuances. Au milieu de cette diversité, on reconnaît la marne proprement dite à deux caractères : 1° effervescence avec les acides; 2° tendance à se déliter par les alternatives de sec et d'humide. L'essai par lequel on détermine l'effervescence, est celui que nous avons décrit au chap. 2, paragr. 1. Pour vérifier le second caractère, on met dans l'eau et l'on fait sécher alternativement, à plusieurs reprises, un morceau de la substance essayée. S'il finit par se diviser, on reconnaît la marne à ce signe joint au premier.

Le calcaire et l'argile entrent en proportions variables dans la composition des marnes, dont la plupart contiennent en outre plus ou moins de sable. Les marnes *argileuses* sont particulièrement favorables aux terrains légers. Quant aux marnes *sablonneuses* et *calcaires*, elles donnent une heureuse friabilité aux terres compactes; mais à trop forte dose, elles nuiraient aux sols légers.

L'effet des marnes se fait sentir parfois pendant trente années. L'essentiel est de marner assez abondamment pour que cet effet soit immédiat. De plus, il faut incorporer de suite la substance avec la terre au moyen de cultures énergiques. La quantité à appliquer par hectare varie de 30 à 200 mètres cubes.

D'autres matières fertilisantes analogues, mais plus riches, parce que, indépendamment du calcaire, elles contiennent encore différents sels, ce sont les *coquilles d'huîtres*, les *faluns* ou coquillages fossiles, les *sables coquillers* déposés par l'Océan, les *vases* de mer, de rivière et d'étang.

La *chaux* est un amendement plus puissant encore : elle procure l'élément calcaire aux sols qui en sont dépourvus, et attaque l'humus acide avec beaucoup plus de force que ne le fait la marne. Comme, d'autre part, la chaux tend à diviser l'argile, elle est utile à tous les champs tenaces. Au contraire, elle nuit aux sables calcaires et aux terrains crayeux, dont elle augmente l'aridité.

Pour s'en servir, on la répartit sur l'espace à amender, par tas de 30 centimètres de haut, qu'on couvre de terre ; elle se fond bientôt par l'effet de l'humidité ; on l'étend alors le plus également possible, ou bien on l'entremêle de gazons, de feuilles ou autres débris végétaux, et l'on forme avec le tout des monceaux de 1 à 2 mètres de hauteur, qu'on brasse et qu'on répand lorsque la fermentation, qui ne tarde pas à se produire, a décomposé les détritus végétaux.

On met par hectare 50 à 200 hectolitres de chaux, suivant la nature du sol. Plus la terre contient d'argile et d'humus acide, plus il convient de forcer la dose. L'effet se fait sentir pendant plusieurs années et dépend des quantités employées, ainsi que de la nature du terrain.

Quelques substances sulfureuses sont utiles au cultivateur. Tel est, en première ligne, le *plâtre* (*sulfate de chaux*), qu'on répand en poudre fine au printemps sur certaines plantes en végétation, et dont 2 hectolitres suffisent souvent pour tripler le produit d'un hectare de trèfle. Telles sont encore les *cendres de tourbe*, ordinairement très-riches en plâtre ; les *argiles* et *charbons sulfureux*, connus sous le nom de *cendres sulfureuses*, qu'on emploie de la même manière, mais à dose plus forte. Ces matières n'agissent, ni sur tous les terrains ni sur toutes les plantes ; on les applique principalement aux prairies artificielles.

Comme tous les végétaux contiennent du potassium ou

du sodium, les substances qui possèdent ces deux principes, peuvent, dans bien des cas, servir à l'alimentation des récoltes. Nous citerons en particulier le *sel de mer* (*chlorure de sodium*), qui mêlé avec le fumier ou avec les engrais liquides, en augmente la valeur; — certains *granits* friables; — les *cendres volcaniques*; — des *argiles cuites* à un feu modéré.

Le phosphore, ce principe si actif des engrais animaux, se trouve dans quelques substances minérales très-utiles, telles que: — pierres arrondies, dites *coprolithes*, qu'on trouve en abondance dans certains lieux et qu'on réduit en poudre fine, pour la mêler, soit avec de l'acide sulfurique, soit avec des matières animales, ce qui en augmente beaucoup l'efficacité; — *charrée* ou cendre végétale lessivée, qu'on répand, en Bretagne, après la semaille du trèfle et du sarrasin, à la dose de 25 à 30 hectolitres par hectare. Ces matières, très-riches en phosphate de chaux, agissent principalement sur les terrains nouvellement défrichés et privés de calcaire.

8. Lorsqu'on soumet à la charrue des terres en friche, on peut, au moyen de l'*écobuage,* produire de la cendre sur place. Cette opération consiste à détacher les gazons, puis à les brûler. Le premier travail se fait au printemps, afin que les gazons, qu'on retourne ensuite une ou deux fois, soient secs au plus tard vers le milieu de l'été. Alors, on les allume par un beau temps, après les avoir réunis en tas de 50 centimètres de haut. Les mottes dont se compose chaque monticule, sont renversées, de sorte que l'herbe et les tiges ligneuses forment à l'intérieur un paquet de matière combustible. Dès que le feu est pris, on ferme avec soin toutes les ouvertures; car une combustion trop ardente ferait évaporer beaucoup de substances fécondantes. Les tas éteints sont étendus; ensuite, on laboure le champ et on l'ensemence.

Dans beaucoup de pays pauvres, après avoir tiré deux ou trois récoltes du champ écobué, on l'abandonne jusqu'à ce qu'il soit assez couvert de genêt, d'ajonc, de bruyère, pour pouvoir être brûlé de nouveau.

Si l'on peut se procurer de la marne ou de la chaux, le mieux n'est pas de brûler ainsi l'humus, mais de le conserver, en le bonifiant au moyen des substances calcaires.

9. Tableau récapitulatif des substances fertilisantes et de leur action.

NOMS DES SUBSTANCES FERTILISANTES.	MODE PRINCIPAL D'ACTION.	CIRCONSTANCES DANS LESQUELLES ON PEUT S'EN SERVIR AVEC AVANTAGE.
Marnes, falun, tangue, merle, coquillages, chaux.	Apport du principe calcaire.	A appliquer aux terrains privés de calcaire ; action d'autant plus efficace que le sol contient plus d'argile et d'humus acide.
Engrais végétaux, moins les tourteaux et quelques autres.	Apport d'humus.	Favorables aux champs pauvres en humus, principalement aux terres calcaires.
Cendres lessivées, noir animal, coprolithes.	Apport du principe phosphoré.	A répandre sur les terrains privés de calcaire et abondants en humus ; action puissante sur les champs acides nouvellement défrichés.
Plâtre, cendres de tourbe, acide sulfe, cendres sulfes.	Apport du principe sulfureux.	Favorables à certaines plantes et seulement dans certains sols ; à appliquer surtout aux prairies artificielles et aux gazons naturels.
Sel commun, roches granitiques désagrégées.	Apport de potasse et de soude.	A employer lorsque les terres sont pauvres en substances solubles à base de potasse et de soude. Nécessité d'expériences locales pour s'assurer si l'on doit en faire usage.
Guano, poudrette, colombine, tourteaux, purin, lizée, etc.	Apport de soude, de potasse, de chaux, de magnésie joints aux principes phosphoré et azoté.	Substances efficaces partout, suffisant pour entretenir longtemps la production des sols pourvus de calcaire et d'humus, agissant d'autant plus que la terre contient plus d'humus.
Fumier.	Apport de tous les principes ci-dessus nommés, moins le calcaire.	Action immédiate et prolongée ; engrais applicable à tout terrain, insuffisant cependant pour les champs dépourvus de calcaire.

QUESTIONNAIRE.

1. Comment favorise-t-on dans le sol la formation des aliments végétatifs?— 2. Combien distinguez-vous de genres de substances fertilisantes ? — 3. Comment agissent les engrais? — 4. Dites quelques mots du fumier, de son mode d'action, et de la manière de le traiter. — 5. Parlez du purin, de la lizée, du parcage, du guano, de la colombine, du noir animal et autres engrais animaux. — 6. Indiquez divers genres d'engrais végétaux. — 7. Quelles sont les principales substances fertilisantes appartenant au règne minéral, et comment les emploie-t-on? — 8. Qu'entend-on par écobuage? — 9. Classez les substances fertilisantes d'après leur nature et leur mode d'action.

CHAPITRE V

Culture du sol, instruments de culture.

1. L'importante opération de la culture du sol a des buts nombreux.

On soulève, on renverse la terre afin de l'exposer fortement aux influences de l'air.

On l'ameublit intérieurement pour favoriser le développement des fibres radiculaires, ces organes nourriciers de la végétation.

Par un temps sec, lorsque la surface du sol se durcit, c'est elle qu'on cherche surtout à diviser, afin d'exciter au profit des plantes l'ascension de cette fraîcheur interne et fécondante qui, des profondeurs du sous-sol, tend à s'exhaler sans cesse au travers de la couche végétale, pourvu que celle-ci soit poreuse.

On fait aux mauvaises herbes une guerre acharnée; et dans ce but, afin de les exposer, déracinées et meurtries, au soleil, au vent, à la gelée, on déchire le sol à peu de profondeur; d'autres fois, on cherche à étouffer les plantes nuisibles sous une forte épaisseur de terre.

On travaille encore la terre, soit pour incorporer en elle les amendements et les engrais, soit afin de couvrir les semences.

Souvent, après la semaille, on presse le sol, ce qui lui donne une consistance égale sans vide intérieur dans lequel pénétrerait un air desséchant contraire à la germination des graines.

On le presse aussi pour pulvériser les mottes et rendre le sol uni, facile à faucher plus tard.

On travaille fréquemment la terre autour des plantes en végétation, afin d'en re-chausser le collet et de les maintenir dans un milieu friable, net de mauvaises herbes.

En lieux humides, il faut enfin que, par une bonne disposition des surfaces, la culture prépare le sol à un assainissement parfait.

Pour exécuter ces divers travaux, le cultivateur emploie quatre genres d'instruments : 1° Au moyen de la bêche et de la charrue, il tranche la terre et la renverse sens dessus dessous. 2° Par les râteaux et les herses, il la déchire sans la retourner. 3° Par les houes, il coupe les mauvaises herbes et ameublit la surface du champ. 4° A l'aide des rouleaux, il écrase les mottes et resserre un sol trop soulevé.

2. La charrue consistait d'abord en un crochet de bois qu'on tirait à force de bras pour gratter la terre. L'homme, sentant bientôt son impuissance à supporter ce dur travail, appelle le bœuf à son aide et accouple deux de ces patients

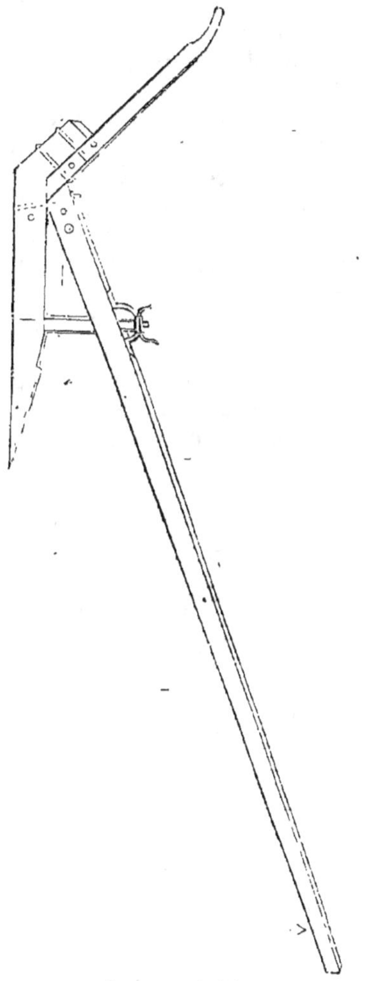

Charrue primitive.

animaux sous un joug, qu'il leur attache aux cornes ou au cou ; il fixe en travers sur ce joug le long manche du crochet primitif, en ferre la pointe et, tandis que les bœufs le tirent, il le maintient au moyen d'autres manches placés postérieurement. Cette charrue première, qu'on retrouve en Poitou, fut bientôt améliorée par l'addition d'une ou deux *oreilles* destinées à renverser la terre. Ce second progrès constitua l'ancienne charrue grecque et romaine, dont on se sert encore dans nos départements méridionaux.

Aujourd'hui, la plupart des charrues ont, indépendamment du soc et de l'oreille, un couteau de fer appelé *coutre*, qui coupe la terre dans le sens vertical en avant du soc.

On nomme *sep* la pièce de bois ou de fer dans laquelle s'emmanche le soc ; *haie*, cette autre pièce plus longue par laquelle la force des animaux est transmise ; *étançons*, les pièces verticales ou obliques qui rattachent la haie avec le sep.

Le soc doit être en demi fer de lance, d'une largeur à peu près égale à celle des tranches ordinaires du labour, c'est-à-dire d'environ 35 centimètres ; la pointe, garnie d'acier, fait légèrement saillie sur la ligne du sep, tant en dessous que du côté de la terre non labourée.

Solidement fixé à la haie, le coutre doit couper la terre sur une largeur qui dépasse un peu celle du soc. Quant à l'oreille, il convient qu'elle soit de forme elliptique, sans creux ni aspérité.

La haie s'appuie sur le joug de deux animaux accouplés

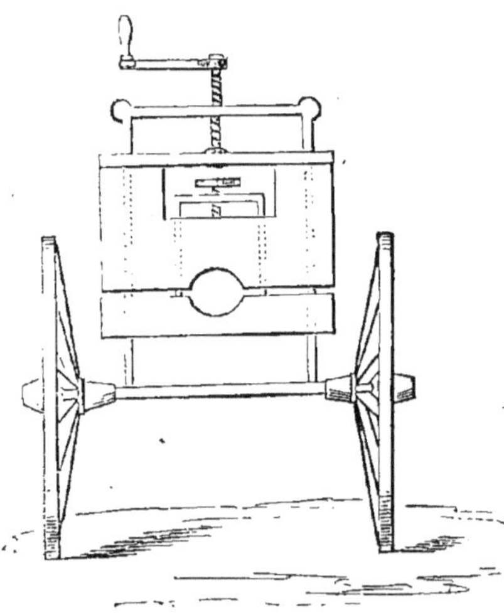

Avant-train vu de face.

(*Voy.* page 31 charrue primitive), ou sur un avant-train à deux roues ; ou bien, elle n'a pas de point d'appui apparent (*Voy.* page 33), et les animaux tirent l'instrument par un crochet fixé à l'extrémité antérieure. Ce crochet fait partie d'une pièce appelée *régulateur*, au moyen de laquelle il peut être élevé ou abaissé, être porté plus à droite ou plus à gauche ; ce qui détermine la profondeur et la largeur de la tranche.

Les charrues sans point d'appui sont les plus difficiles à tenir ; en revanche, elles conviennent particulièrement au labour des champs durcis et aux défoncements. Quant aux charrues à avant-train, elles offrent beaucoup de résistance toutes les fois que l'avant-train se compose de pièces grossières et mal ajustées ; mais s'il est léger, muni de roues étroites, de moyeux et d'essieux bien établis, l'augmentation de tirage est à peine sensible, et peut se trouver compensée par une plus grande facilité de maniement.

3. Lorsqu'on commence un labour, on renverse la première tranche sur une bande d'égale largeur, qui reste en dessous sans être cultivée. Ce premier sillon s'appelle · *enrayure*.

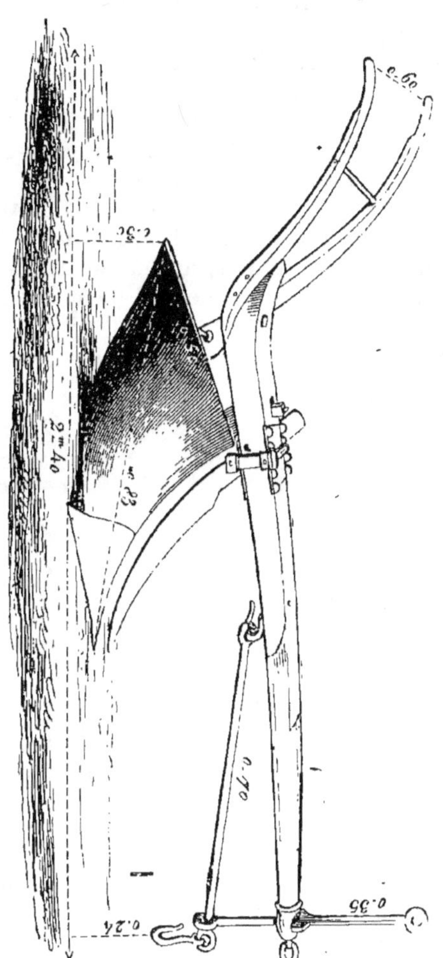

Charrue sans point d'appui antérieur.

2.

Si la charrue, par suite de sa construction, ne peut jeter la terre que d'un seul côté, il faut ouvrir cette première raie au milieu du champ, tracer la seconde à côté de la première, mais en sens inverse, ce qui s'appelle *adosser;* revenir au premier sillon en labourant dans l'autre, et toujours ainsi. Ou bien, il faut ouvrir deux raies, l'une à la limite droite du champ, l'autre à la limite gauche, et labourer en passant alternativement de l'une à l'autre de ces raies, jusqu'à ce qu'il reste au milieu de l'espace, à l'endroit des deux dernières tranches enlevées, un double sillon nommé *dérayure.* Dans le premier cas, on tourne autour du terrain cultivé, et dans le second, autour de ce qui n'est pas encore labouré. Une pièce étendue se divise par plusieurs enrayures en un certain nombre de compartiments.

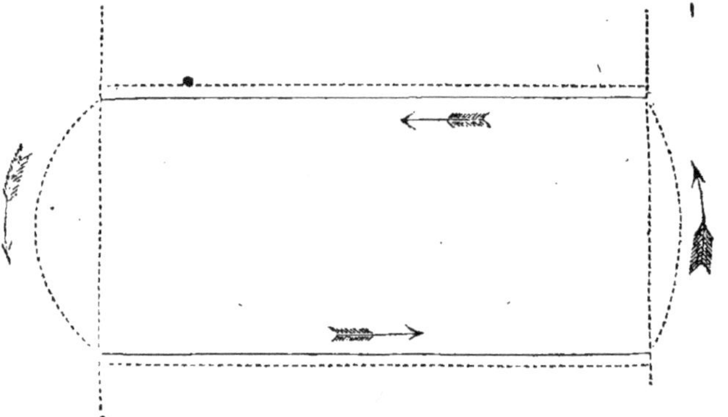

Lignes indiquant la marche d'une charrue qui tourne autour de l'espace non cultivé.

Certaines charrues sont construites de manière à pouvoir renverser la terre, tantôt à droite, tantôt à gauche. Lorsqu'on s'en sert, il n'est nécessaire d'ouvrir qu'un seul sillon. L'instrument, parvenu à l'extrémité de la pièce, revient sur ses pas sans discontinuer de labourer. Une fois terminé, le champ, quelle qu'en soit la largeur, ne présente, dans toute son étendue, ni enrayure ni dérayure. Malgré l'avantage d'une culture plus uniforme, ce genre de labour, qui se nomme *labour plat,* ne doit pas être appliqué aux terres humides: car les dérayures forment, pour ces terrains, des rigoles d'assainissement qu'il serait plus coûteux de creuser de toute autre manière.

L'une des meilleures charrues labourant à plat est la *charrue double* de Picardie, qui se compose de deux charrues superposées, jetant la terre, l'une à droite, l'autre à gauche ; de sorte que, pour labourer sans changer de sillon, il suffit de mettre à chaque extrémité l'instrument sens dessus dessous.

4. On appelle *binoirs* et *buteurs* les charrues qui, munies de deux oreilles, renversent la terre à la fois de deux côtés. On s'en sert pour rechausser la pomme de terre et autres plantes semées en ligne ; on s'en sert aussi quelquefois pour couvrir les semences et pour des demi-labours destinés à tourmenter les mauvaises herbes.

5. Des divers travaux de la culture, le labour est le seul par lequel on puisse enfouir les plantes nuisibles (moyen de destruction souvent indispensable), et soumettre toutes les parties du sol à l'action directe des agents atmosphériques. Aucune terre ne peut s'en passer, et, sauf quelques cas exceptionnels, il faut entamer le champ par la charrue, au moins une fois, entre une récolte et l'ensemencement suivant. Souvent, la préparation du sol exige encore un ou deux autres labours.

La profondeur à laquelle on pénètre varie de 10 jusqu'à 40 centimètres. Il faut prendre le moins de profondeur possible dans certaines circonstances, notamment lorsqu'on enterre des substances fertilisantes et lorsque, par la sécheresse, on entame, pour la destruction des mauvaises herbes, un terrain en friche ou un champ récemment récolté.

Le point auquel il convient de pénétrer par les labours profonds, dépend de la nature du sol. Si la couche végétale est très-épaisse, on doit la fouiller, tous les trois ou quatre ans, le plus avant possible. On fait périr ainsi, en les étouffant, quantité de mauvaises herbes, et, comme on soumet une grande masse de terre à l'influence des agents atmosphériques, la puissance nourricière du sol se trouve accrue. Enfin, le développement vertical des racines étant facilité, les récoltes sont plus épaisses, plus vigoureuses, plus résistantes à la sécheresse, à l'excès de fraîcheur et à toute espèce d'intempérie.

Malgré les avantages des labours profonds, on ne doit généralement pénétrer par la charrue au-dessous du sol végétal, que si l'on peut améliorer de suite, au moyen d'abondants engrais, la terre sans humus qui se trouve ramenée à la surface.

En règle de bonne culture, la terre devrait toujours être — ou engazonnée, — ou occupée par un ensemencement, — ou maintenue nette et friable par le travail aratoire. Ainsi, à peine un champ est-il récolté, qu'il faut, à moins d'autre travail très-pressé, chercher à l'entamer.

Si l'on n'a pu cultiver dès l'été les terres destinées à être ensemencées au printemps suivant, il ne faut pas attendre l'instant du semis pour donner le premier labour, mais l'effectuer avant ou pendant l'hiver, afin de tourmenter les chiendents, et pour exposer le sol à l'action des gelées.

Les champs argileux ne peuvent être trop remués par la charrue. Au contraire, il faut éviter de labourer très fréquemment les sables et les terres spongieuses de marais. En effet, la plupart des récoltes craignent un sol soulevé, une terre creuse, comme disent les laboureurs.

La consistance boueuse que prend un champ travaillé par un temps humide, est généralement plus nuisible encore, surtout si c'est au printemps qu'a lieu le labour. Pour peu qu'en cette saison le terrain tenace soit pétri, il devient ensuite d'une dureté extrême. Quant aux sols sablonneux et calcaires, ils ne sont presque jamais trop humides pour ne pouvoir être entamés. Il en est de même des terrains argilo-calcaires, pourvu que, attelés l'un derrière l'autre dans le sillon, les animaux ne pétrissent pas la terre. Grâce à la présence du calcaire, ce genre de sol, qui paraît d'abord très-compact, tombe ensuite en poussière par le seul effet des agents atmosphériques.

6. Véritables râteaux des campagnes, les *herses* se composent de pièces de fer ou de bois, armées de dents et assemblées suivant un plan parallèle au sol. Quelle que soit la forme adoptée, il faut que les dents tracent des lignes régulièrement espacées et que, au lieu d'être verticales, elles soient inclinées vers l'attelage, ce qui augmente leur puissance d'entrure.

La même exploitation doit réunir plusieurs herses, les

unes à dents de fer, les autres à dents de bois. Supposez qu'on désire émietter un champ couvert de mottes, on commence par employer des herses pesantes et à dents écartées; ensuite, on en prend de plus légères; enfin, pour terminer le travail, on se sert de châssis à dents serrées.

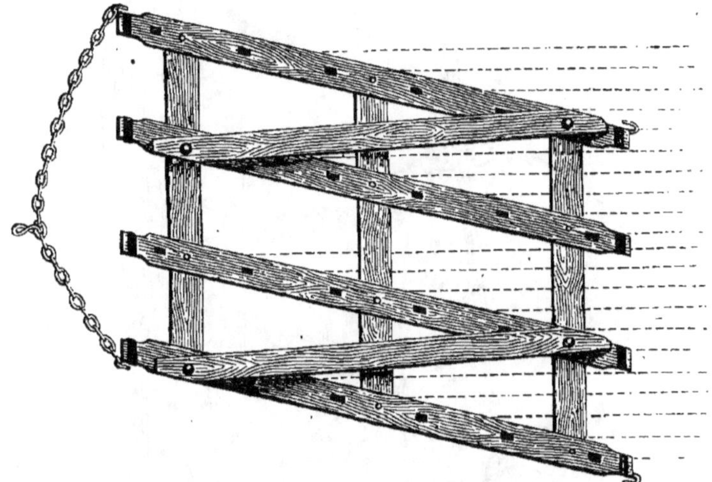

Herse en losange, vue à vol d'oiseau.

Si la herse dépasse un certain degré de pesanteur, on ne peut en régler convenablement l'entrure sans le secours de roues qui, au nombre de trois ou quatre, la soutiennent devant et derrière et peuvent s'élever ou s'abaisser plus ou moins. On appelle *scarificateurs* celles de ces herses qui ont des dents larges, aiguës et courbées en avant.

Il convient presque toujours d'employer la herse pour achever l'ameublissement du sol et pour enterrer les semences. Souvent aussi, on herse une terre labourée et qui doit l'être encore, afin d'arracher les chiendents et de favoriser le développement des graines nuisibles dont le germe sera détruit par les cultures ultérieures.

Après la moisson, on entame les champs avec le scarificateur, pour arracher les chiendents et pour empêcher le durcissement du sol.

On éclaircit avec la herse des semis trop épais. Enfin, un hersage est très-favorable, après l'hiver, aux plantes

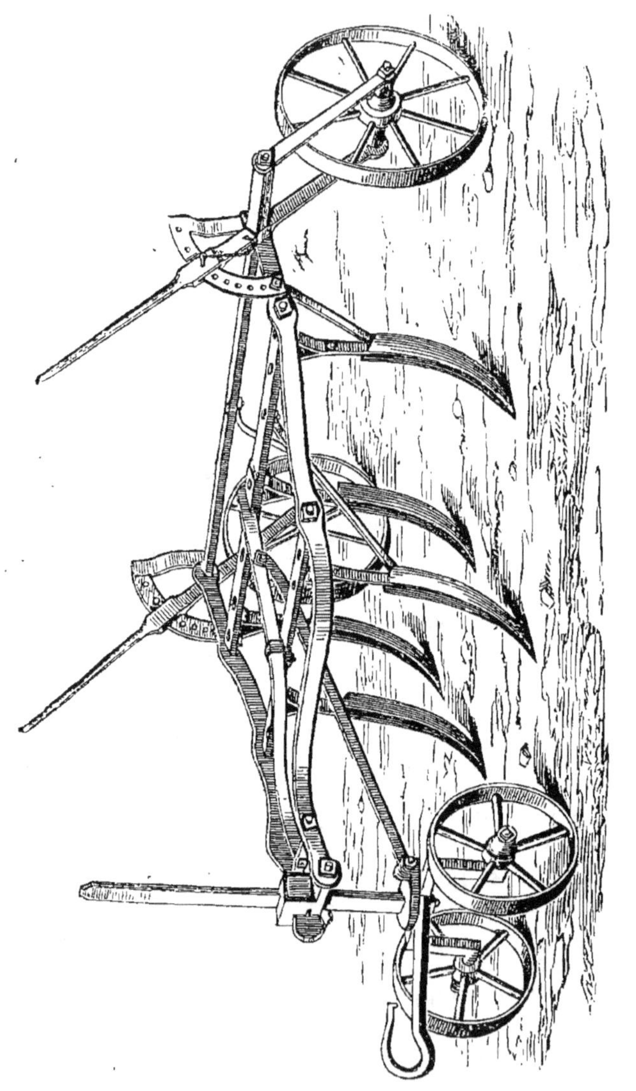

fortement enracinées, trèfles, luzerne, sainfoin, fèves, herbes de prairie, souvent même aux céréales.

Il faut ne herser la terre que ressuyée et bien disposée à s'ameublir; — ne pas laisser l'instrument s'embarrasser d'herbes ni de mottes; — accélérer le pas de l'attelage, car plus la herse marche vite, pourvu qu'elle ne sautille pas, mieux elle ameublit le sol; — si la largeur des champs le permet, exécuter les divers traits de herse suivant des directions différentes, dont l'une en sens croisé avec le labour.

7. Les *houes* sont destinées à détruire les mauvaises herbes et à ameublir le sol pendant la croissance des plantes.

On distingue les *houes à main* et les *houes à cheval*. La plus usitée de ces dernières présente un châssis triangulaire, de fer ou de bois, supportant plusieurs tiges de fer qui se terminent chacune par un couteau horizontal à lame d'acier. Avec cette houe, que l'on fait tirer par un ou deux animaux, on peut sarcler à peu de frais pommes de terre, betteraves, colzas, fèves et autres plantes qui se trouvent en lignes espacées de 50 centimètres au moins.

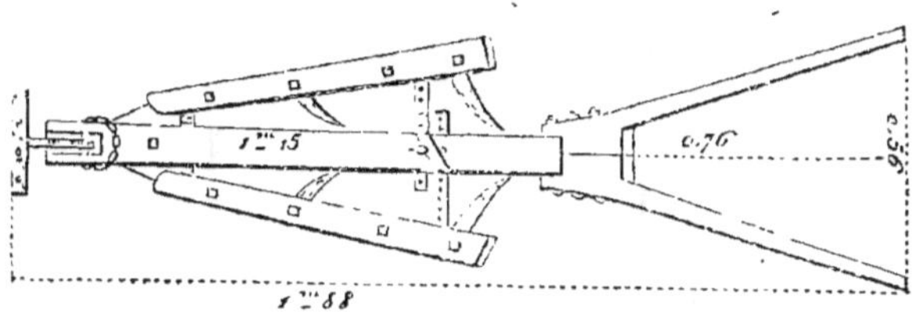

Houe à cheval vue à vol d'oiseau.

On ne doit travailler un champ par les houes que lorsqu'il est bien ressuyé. D'un autre côté, il ne faut pas attendre que la sécheresse ait durci la terre, ni que les mauvaises herbes se soient fortement développées. Enfin, cette culture doit être superficielle.

8. Les *rouleaux* sont, comme le nom l'indique, des cylindres qui roulent sur le sol. Le calibre en est très-varié.

Afin d'obtenir une forte pression, on fait des rouleaux de pierre ou de fonte, et au lieu de leur donner la forme ronde, on les construit de telle manière qu'ils ne touchent terre que par un petit nombre de points.

A longueur et à poids égaux, les rouleaux offrent d'autant plus de résistance que le diamètre en est moindre. Pour ce motif, les rouleaux de fonte doivent être creux. Il convient en outre que tous les rouleaux, au lieu de se composer d'une pièce unique, soient formés de plusieurs tronçons tournant autour d'un axe commun. Cette disposition permet à l'instrument de rouler, même lorsqu'on

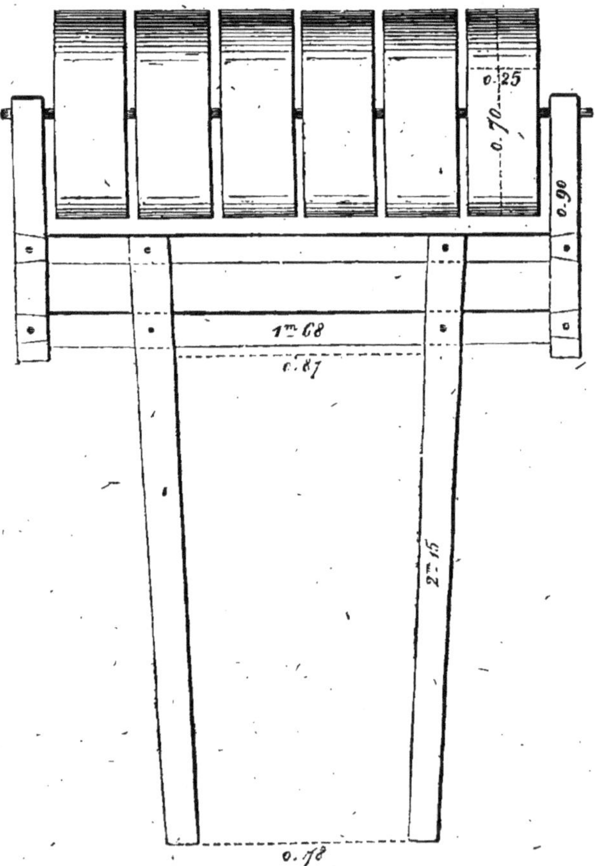

Rouleau composé de plusieurs pièces.

lui fait changer de direction, ce qui n'aurait pas lieu, s'il était d'une seule pièce.

La culture des terres argileuses exige des rouleaux très-puissants, dont on fait alterner le travail avec celui des herses. Celles-ci ramènent à la surface les blocs durcis, que le rouleau pulvérise ensuite.

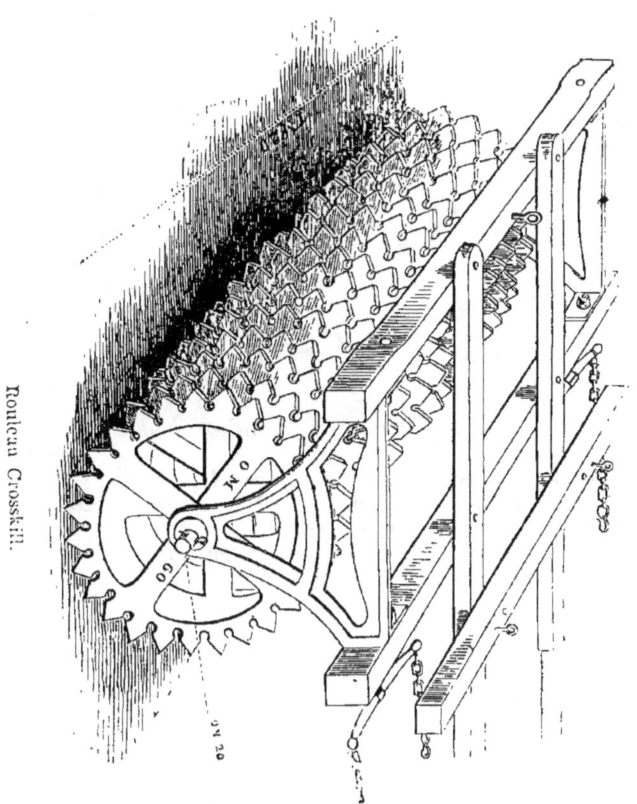

Par un temps sec, la germination des semences serait souvent compromise si l'on ne donnait au sol un certain tassement. Ce travail, qu'on obtient encore du rouleau, doit être d'autant plus énergique que le sol est plus léger, la saison plus aride et les graines moins enterrées.

En règle générale, il ne faut se servir du rouleau que lorsque la terre est bien ressuyée; autrement, elle se pétrit, puis se durcit de la manière la plus fâcheuse.

9. Tableau récapitulatif des instruments de culture.

1re CLASSE. Instruments qui renversent la terre sens dessus dessous.	Culture à bras... *Bêche.*		
	'Culture par attelage.	1re DIVISION. — *Charrues* qui renversent la terre d'un seul côté.	
		2e DIVISION. — *Charrues* qui renversent la terre à droite ou à gauche, suivant la volonté du laboureur.	
		3e DIVISION. — *Charrues binoirs* ou *buteurs* renversant la terre à droite et à gauche.	

2e CLASSE. Instruments qui déchirent la terre au moyen de dents obliques ou verticales.	Culture à bras... *Rateau.*	
	Culture par attelage.	1re DIVISION. — *Herses* sans roues.
		2e DIVISION. — *Herses* avec roues, *scarificateurs.*

3e CLASSE. Instruments qui coupent la terre horizontalement sans la renverser.	Culture à bras... *Houes, binettes, hoyaux.*	
	Culture par attelage.	1re DIVISION. — *Houes à cheval.*
		2e DIVISION. — *Extirpateurs, ratissoirs.*
		3e DIVISION. — *Niveleur des prairies.*

4e CLASSE. Instruments destinés à presser la terre.	Culture à bras... *Planche du jardinier.*	
	Culture par attelage.	1re DIVISION. — *Rouleaux* à surface unie.
		2e DIVISION. — *Rouleaux* à surface anguleuse.

QUESTIONNAIRE.

1. Quels sont les différents buts de la culture du sol, et quels sont les instruments qu'on y emploie? — 2. Dites quelques mots de la construction et des principales pièces de la charrue. — 3. Comment se fait le labour d'une pièce de terre? Qu'entend-on par *labour plat?* — 4. Qu'entend-on par *binoir* ou *buteur?* — 5. Indiquez les principales règles du labour. — 6. Dites quelques mots de la herse et des hersages. — 7. Parlez des houes et des sarclages. — 8. Parlez des rouleaux et de leur travail. — 9. Faites la récapitulation des divers instruments de culture.

CHAPITRE VI.

Enlèvement des eaux nuisibles à l'agriculture.

1. On distingue trois genres d'opérations qui ont pour but l'enlèvement des eaux nuisibles. L'une met à sec une terre marécageuse : c'est le *desséchement,* dont les travaux sortent des opérations ordinaires de l'agriculture ; la seconde, *assainissement,* purge d'humidité surabondante la couche labourée ; la troisième, *asséchement,* enlève l'excès de fraîcheur, non seulement au sol, mais encore au sous-sol.

2. Lorsque, sans assécher la terre, on se borne à assainir la couche arable, c'est par les dérayures du labour qu'on y parvient le plus facilement. Dans ce but, on les multiplie quelquefois à tel point qu'elles ne sont séparées les unes des autres que par quatre, six, huit ou dix tranches de labour. Chaque fois qu'on entame la terre par la charrue, on enraie dans les dérayures de la culture précédente. Cette disposition gêne le travail des instruments aratoires et nécessite souvent des perfectionnements à la bêche.

Aussi, dans beaucoup de pays, on met plus d'espace entre les dérayures, et, pour obtenir un assainissement suffisant, on élève le sol au-dessus de l'humidité par plusieurs enrayures successives, faites très-près les unes des autres. Les meilleurs ados formés par cette méthode ont

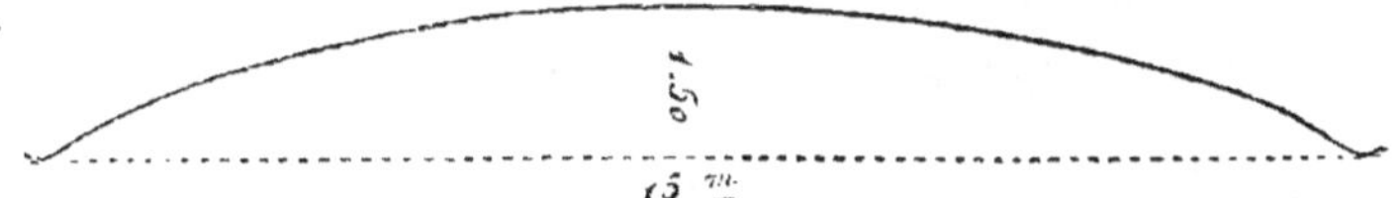

Ados large de la forme la plus convenable.

10 à 18 mètres de large, 1 mètre à 1 mèt. 50 de haut, et une surface convexe sans creux ni aspérité. Comme la terre végétale est plus épaisse au sommet de ces ados que sur les côtés, on égalise ensuite la fécondité par une judicieuse répartition des engrais.

Cette manière d'adosser ne convient pas aux pièces de terre qui ont une pente de plus de 5 centimètres par mètre. En effet, si l'on établit la bombure en travers de l'inclinaison, un côté de l'ados présente une pente excessive, tandis que l'autre côté n'en a aucune et se trouve mal assaini. Si, au contraire, l'ados suit le sens de l'inclinaison, l'écoulement des eaux devient trop rapide, le champ se ravine à certaines places et s'ensable à d'autres.

Pour l'assainissement d'une terre humide très-inclinée, il convient, sans faire d'ados, de la labourer obliquement par rapport au sens de la pente, en espaçant les dérayures de 8 à 15 mètres et en enrayant, à chaque labour, dans les dérayures de la culture précédente.

De quelque manière que le terrain humide soit labouré, on ne peut prendre trop de précautions pour l'assainissement des champs semés en automne.

3. Du reste, tout excès de fraîcheur disparaît par l'*asséchement*, qui consiste à établir des écoulements souterrains à une certaine profondeur.

L'asséchement le plus parfait se nomme *drainage*, et se fait de la manière suivante : on creuse des tranchées étroites, au fond desquelles on met au bout les uns des autres, des tuyaux de 30 centimètres de long, ce qui forme un tube continu appelé *drain;* ou bien, les tuyaux s'engagent par leurs extrémités dans des tuyaux plus courts appelés *manchons,* qui relient ensemble toutes les pièces du conduit.

Plus profondément les drains sont placés, plus grande est l'étendue de terre qu'ils assèchent. Concluons qu'il faut les mettre aussi bas que le permet le point d'écoulement extérieur et que le comporte la nature du sol, très-dur parfois à entamer au-delà d'un certain degré; 1 mèt. 20, est une profondeur moyenne qu'on a souvent grand intérêt à dépasser.

Drain avec manchon.

Une inclinaison très prononcée du terrain produit sur l'écoulement le même effet qu'une augmentation de profondeur, pourvu que les drains suivent la direction de la plus forte pente, condition très-essentielle d'un drainage parfait.

L'espacement le plus ordinaire des drains varie de 10 à 12 mètres pour des tuyaux enfoncés à 1 mèt. 20.

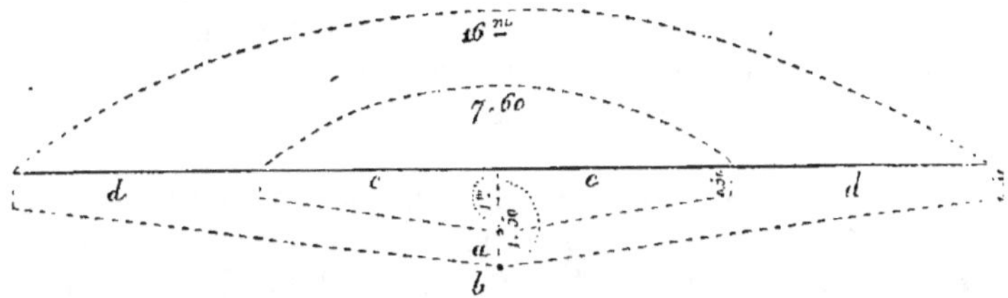

Coupe d'un terrain drainé.

a, drain à un 1 mètre de profondeur; *b*, drain à 1 mètre 50 de profondeur; *cc*, terre asséchée par le premier sur une largeur de 7 mètres 60; dd_t terre asséchée par le second sur une étendue de 16 mètres.

Une inclinaison de 1 à 2 millimètres par mètre suffit pour assurer l'opération. On emploie, pour les drains ordinaires, des tuyaux dont le diamètre intérieur varie de 25 à 45 millimètres. Lorsqu'on opère sur terrain mouvant, des manchons sont nécessaires, afin que toutes les parties du tube soient solidement maintenues.

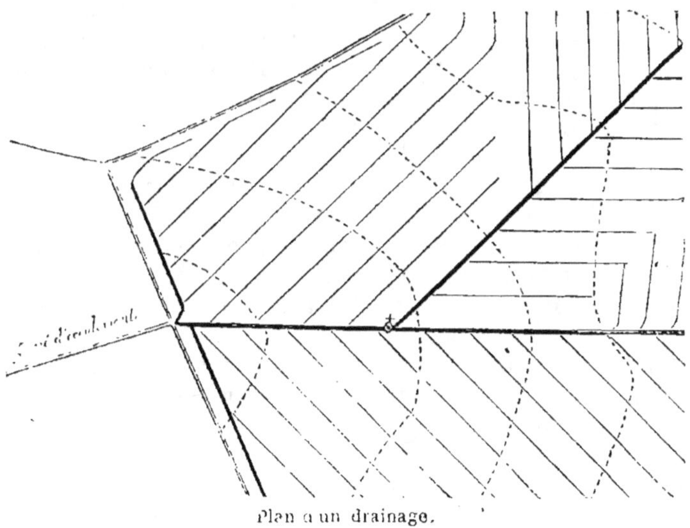

Plan d'un drainage.

D'après le principe, que les drains doivent suivre la

plus forte pente, une pièce de terre présente autant de systèmes de tubes que de surfaces différemment inclinées. Au fond de chaque pli, se trouve un *drain collecteur* auquel aboutissent les drains ordinaires. Quand il n'y aurait qu'une seule rangée de drains, ils doivent encore aboutir à un collecteur qui évacue les eaux par une seule bouche d'issue.

Les tranchées dans lesquelles se placent les tubes, ne doivent présenter que 40 à 50 centimètres d'ouverture sur une profondeur de 1 mèt. 20, et leur fond ne doit avoir juste, en largeur, que le diamètre des tubes.

La fouille se fait au moyen de bêches longues et étroites, dont l'une n'a pas plus de largeur que le tuyau n'en a lui-même. On nettoie le fond de la tranchée au moyen d'une drague dont le fer est également de la dimension du tuyau.

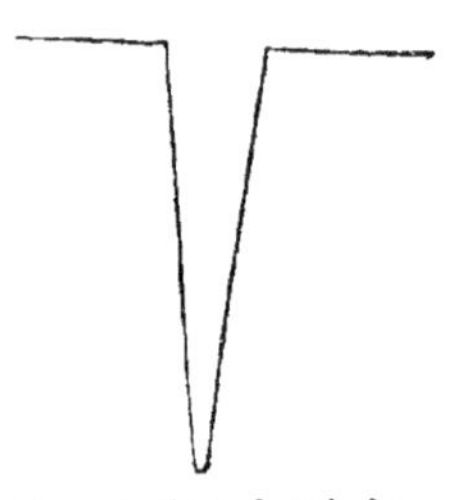

Coupe d'un fossé de drainage.

Aussitôt que la tranchée est creusée, on répartit les tuyaux le long du bord, et, si le projet le comporte, on munit chacun d'eux de son manchon. Un ouvrier adroit saisit successivement les pièces ainsi préparées et les pose au fond du fossé avec un instrument appelé *broche*. Il couvre ensuite chaque joint avec un demi-manchon ou avec des fragments de tube, afin de rendre moins directe l'infiltration aqueuse, et de prévenir ainsi l'introduction des particules terreuses. Lorsqu'on opère sur des terrains très-sablonneux, il faut envelopper le tesson ou le demi-manchon d'une pelote d'argile, comme si l'on voulait arrêter l'eau elle-même.

Lorsque les tubes sont placés, on dame fortement sur eux la terre la plus compacte et la plus mauvaise; — la plus compacte, pour empêcher les infiltrations sablonneuses; — la plus mauvaise, afin que les racines ne cherchent pas à s'y étendre pour, de là, se glisser, dans les tuyaux. D'un autre côté, pour qu'il ne puisse pénétrer dans les tubes aucun animal, on ferme les bouches d'issue par un grillage engagé dans une petite maçonnerie.

Lorsque le terrain est sourceux, la disposition des

drains doit se rapporter à celle des sources, et souvent il convient d'établir, jusqu'à une certaine profondeur, des tubes verticaux destinés à recueillir l'eau intérieure. Pour

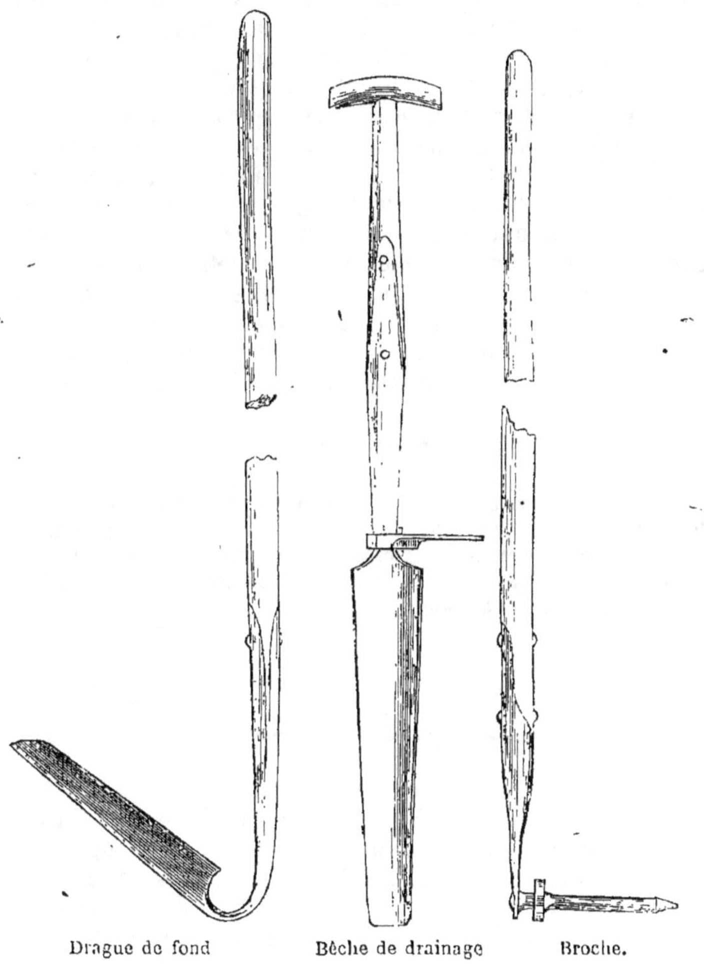

Drague de fond   Bêche de drainage   Broche.

les placer, on creuse des trous en enfonçant des pieux, qu'on retire ensuite.

Quelquefois, on se sert d'écoulements verticaux remplis de pierres cassées, afin de mettre les drains en communication avec une couche perméable située à peu de profondeur.

Le drainage d'un hectare, avec tranchées espacées de 10 mètres, coûte 808 fr. au plus, et 193 fr. au moins. En général, cette dépense est bientôt largement payée.

Une fois drainé, le terrain humide présente les qualités d'un champ perméable. Sans ados, sans fossés, sans dérayures, on peut y mettre la charrue presque en tout temps. La sécheresse le durcit aussi beaucoup moins qu'avant l'opération. Assécher le sol, c'est donc l'ameublir ; c'est aussi le réchauffer, l'humidité étant toujours une cause de froid. L'eau pluviale qui traverse la couche asséchée, se trouve sans cesse remplacée par de l'air, immense bienfait ! Car cette couche, précédemment infertile dans tout ce qui était inférieur au sol arable, se vivifie au contact atmosphérique. Quant au sol, mieux pénétré lui-même par les agents aériens, il gagne beaucoup en fécondité.

QUESTIONNAIRE.

1. Quelles sont les différentes opérations qui ont pour objet l'enlèvement des eaux nuisibles aux terres ? — 2. Dites quelques mots des dispositions qui ont pour objet l'*assainissement* pur et simple. — 3. Parlez de l'*assèchement* et en particulier du mode d'assèchement qu'on nomme *drainage*.

CHAPITRE VII.

Apport des eaux utiles.

1. Si l'eau nuit par excès, un arrosage réglé et modéré est le plus puissant élément de fécondité. Avant d'entreprendre un travail de ce genre, il faut apprécier la valeur des eaux dont on dispose. Quelques-unes sont mauvaises, notamment celles qui ont coulé longtemps dans les forêts. D'un autre côté, la meilleure eau devient nuisible partout où elle séjourne ; et, à force de couler sur une prairie, elle se dépouille de certaines propriétés fécondantes. En revanche, l'eau mauvaise ou épuisée prend de la qualité, en parcourant des fossés ou en séjournant dans des réservoirs. Afin d'accroître cette vivifica-

tion, on peut y mettre soit de la chaux, soit des débris végétaux ou animaux.

2. Pour amener l'eau à fleur de terre, de manière à pouvoir s'en servir, il suffit souvent de bien diriger les eaux de source ou de pluie. Si c'est d'une rivière que le liquide doit être dérivé, on creuse, latéralement à son lit, un fossé qui, ayant moins de pente que le cours d'eau n'en a lui-même, finit par amener l'eau à la surface du sol. Le plus souvent, il faut arrêter la rivière à l'endroit de la prise, au moyen soit d'une écluse, soit d'un barrage en maçonnerie, en charpente ou en pieux entrelacés de branches.

Pour obtenir plus de hauteur, on ferme quelquefois la vallée tout entière par une forte digue; il en résulte un réservoir, d'où l'eau est versée sur les terrains inférieurs.

Enfin, on élève quelquefois les eaux d'arrosage au moyen de machines, telles que roues de moulin garnies de pots dans leur pourtour, *norias* ou chapelets de pots plongeant dans le liquide, etc.

3. L'irrigation peut agir de deux manières : 1° *par apport du principe humide,* si nécessaire à la végétation ; 2° *par dépôt de substances fertilisantes* dont l'eau est le véhicule.

Les méthodes d'irrigation varient suivant que c'est l'un ou l'autre de ces deux buts qu'on a le plus en vue ; mais toujours est-il de règle absolue que le terrain irrigué doit pouvoir être mis à sec à volonté. En effet, l'eau, si bienfaisante lorsqu'on la donne avec mesure, devient un agent destructeur, dès qu'on ne peut en régler exactement la sortie de même que l'entrée.

4. L'irrigation qui a pour objet principal l'apport du principe humide, constitue l'arrosage d'été des terres arables en pays chauds, et celui des potagers ainsi que des prairies par le temps sec. Sans parler du transport de l'eau dans les arrosoirs à bras, on distingue deux manières de l'effectuer : 1° Si le sol a peu de pente ou s'il en manque tout à fait, on le divise, au moyen de rigoles horizontales, en compartiments de peu de largeur. L'eau qu'on introduit dans ces rigoles, ne déborde pas, mais pénètre par infiltration dans les planches intermédiaires. 2° Si le terrain a une pente de 3 à 4 centimètres au moins par mètre,

on le divise par des rigoles horizontales en compartiments plus larges ; mais au lieu de faire séjourner le liquide dans ces rigoles, on y introduit assez d'eau pour qu'elle coule promptement à la surface de la planche située en dessous.

Les arrosages d'été, soit par rigoles, soit par arrosoirs, ne doivent jamais se faire aux heures de soleil ardent, de peur de refroidissements nuisibles aux plantes. Bien combinés, ils procurent les plus belles récoltes; mais le sol se trouve d'autant plus épuisé que l'eau a mieux dissous les aliments végétatifs. Aussi, pour soutenir la fécondité du terrain, il faut lui donner ensuite d'abondants engrais.

5. Les arrosages qui ont pour objet principal l'amélioration du sol par un dépôt fécondant, présentent deux systèmes, suivant que l'eau contient principalement en *dissolution* ou en *suspension* les substances fertilisantes. Lorsqu'elles sont en dissolution et que, par conséquent, le liquide dont on se sert est plutôt limpide que trouble, on doit le faire courir rapidement sur le terrain ; en effet, c'est le mouvement, joint à l'action de l'air, qui favorise le mieux le dépôt de la plupart des matières dissoutes par l'eau. Ce genre d'irrigation n'est applicable qu'aux prairies; car le chevelu d'un gazon peut seul retenir ce que dépose un liquide en train de courir.

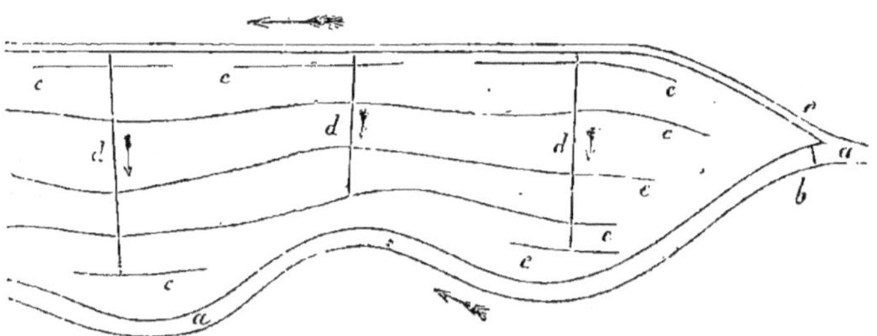

Irrigation par planches nclinées.

a. Cours d'eau. — b. Barrage. — c. Prise d'eau. — d. Canaux de distribution. — c c c, etc. Rigoles horizontales d'irrigation.

L'eau qui coule sur un gazon perd de ses principes fertilisants à mesure qu'elle s'éloigne de son point de départ, et l'étendue qu'elle peut améliorer est en rapport avec la vitesse de son courant; ce qui explique l'effet remarquable de ce genre d'irrigation sur les prairies en pente rapide.

Si le sol est très-irrégulier, c'est d'après les accidents de la surface qu'on trace les rigoles. S'il est presque plan, on peut avoir intérêt à le régulariser tout à fait, en adoptant une des deux dispositions que nous allons décrire.

La première convient aux terrains qui ont au moins 25 millimètres de pente par mètre, et consiste à les diviser en planches inclinées et unies au moyen de rigoles horizontales, dont chacune arrose la planche située au-dessous d'elle.

Applicable aux surfaces en pente très-faible, le second système consiste à former des ados avec rigole d'arrosage au sommet et rigole d'assainissement entre deux

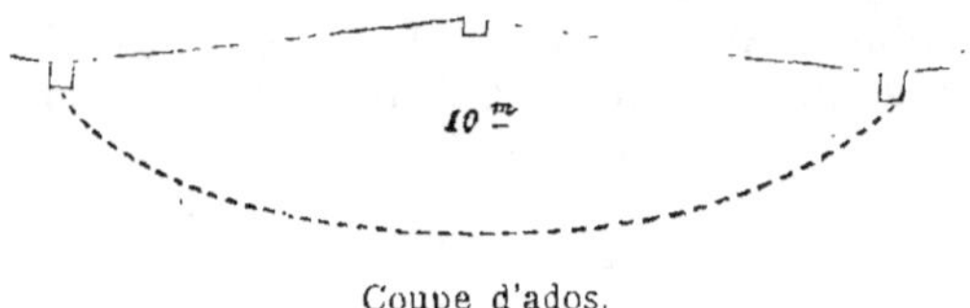

Coupe d'ados.

ados. Les eaux qui ont arrosé une série d'ados peuvent servir à l'irrigation d'une autre série, pourvu que cette reprise ne fasse pas refluer le liquide dans les rigoles d'assainissement de la première.

Les prés ainsi disposés sont arrosés d'après les règles suivantes :

En automne, irrigation abondante, prolongée de quinze jours à un mois, si la terre est perméable, interrompue tous les huit jours, si le sous-sol est compacte; — au moment des fortes gelées, pas d'arrosage, terrain parfaitement assaini ; — après les gelées, irrigations moins longues qu'en automne, terrain souvent mis à sec; — par la chaleur, irrigations de courte durée et faites la nuit, cessation dix jours avant chaque coupe.

Le dernier genre d'irrigation dont il nous reste à parler consiste à laisser séjourner une eau vaseuse, afin d'obtenir le dépôt des substances qui s'y trouvent en suspension.

C'est en hiver, lors des inondations, qu'on peut réaliser ainsi les améliorations les plus importantes, en faisant arriver directement sur les parties basses des vallées les eaux bourbeuses des rivières. On ouvre, à cet effet, de larges tranchées à travers l'espèce de digue que les cours d'eau se font à eux-mêmes, en déposant sur leurs bords plus de sable et de gravier qu'ailleurs.

Il est un genre de limonement, appelé *terrement*, qui s'opère avec des eaux artificiellement rendues bourbeuses au moyen de terres que l'on y jette.

6. Indépendamment de l'arrosage proprement dit, on peut en été procurer au sol une fraîcheur utile : 1° par l'ameublissement de la superficie (voyez paragr. 1, chap. 5); 2° par la mise en couverture, à la surface du terrain, de pailles, de roseaux, de mousse et même de tuiles ou de pierres plates, moyen fréquemment employé dans les jardins et appliqué avec succès, en pays sec, à l'entretien des vignobles et à plusieurs cultures de plein champ.

QUESTIONNAIRE.

1. Toutes les eaux sont-elles également bonnes pour l'irrigation? — 2. Dites quelques mots des principaux moyens employés pour amener l'eau sur le terrain à arroser. — 3. Distinguez deux genres d'effets qu'on peut obtenir de l'irrigation et indiquez une règle applicable à tout arrosage. — 4. Quelles sont les règles particulières relatives aux arrosages qui ont pour but principal l'apport du principe humide? — 5. Même question sur les arrosages qui ont pour objet principal un dépôt de substances fertilisantes. — 6. Indiquez, en dehors des arrosages, certaines opérations par lesquelles on procure au sol une fraîcheur utile.

CHAPITRE VIII.

Semailles et transplantations.

1. On ne doit confier au sol que des graines parfaites, très-mûres, exemptes de moisissure et de fermentations, entièrement nettes de semences nuisibles.

Beaucoup de graines conservent très-longtemps en terre la faculté de germer, tandis que, dans nos magasins, le germe s'affaiblit d'abord en se desséchant, puis ne tarde pas à périr. Aussi, sauf quelques exceptions, convient-il d'employer des semences de la dernière récolte.

Afin d'activer, par une nourriture choisie, le développement du germe, on peut appliquer aux semences un engrais actif, tel que poudrette, noir animal, etc. A cet effet, on rend d'abord la graine collante, en l'arrosant avec de l'eau où se trouve en dissolution 1/2 kilogramme de colle forte pour 20 litres de liquide; puis, on la mêle avec la substance fertilisante pulvérisée. Quelquefois, pour détruire un principe de maladie, on applique aux graines des matières caustiques, chaux, sulfate de cuivre ou de soude, etc. (Voyez paragr. 3, chap. 16.)

Souvent c'est après le semis que l'on répand sur le terrain un engrais actif favorable à la première croissance du végétal. Enfin, dans les jardins, on couvre très-utilement d'une mince couche de terreau le sol qui vient d'être ensemencé. L'intérieur en reste plus frais, tandis que la surface n'a plus la même tendance à se rebattre par l'effet des arrosages.

2. En terre humide et sous un climat froid, on doit attendre, pour faire les semailles printanières, que le sol soit fortement réchauffé par le soleil; et, pour les semis d'automne, il ne faut pas laisser se refroidir les champs encore pénétrés des feux de l'été. Au contraire, si la terre est sèche et le climat chaud, on doit se hâter d'effectuer les semailles de printemps avant que le champ soit desséché par le hâle de cette saison. D'un autre côté, il importe que les semis automnaux soient retardés jusqu'à ce que la terre, brûlée par la canicule, ait repris une certaine fraîcheur.

Pour les semis d'été, la sécheresse est particulièrement à craindre. Dès lors, le temps étant venu de les effectuer, s'il tombe une pluie bienfaisante, on doit, sans perdre un instant, s'empresser de semer.

Lorsque la terre contient beaucoup de graines nuisibles, le mieux, avant d'effectuer les semis de printemps et d'été, est d'attendre la germination de celles de ces graines que le dernier labour a ramenées à la surface;

puis, au moment du semis, on fait périr par la herse les mauvaises plantes qui ne font que naître. En automne, plus on sème tard, moins les graines nuisibles ont de disposition à lever parmi le bon grain. C'est quelquefois un motif de retarder les semis faits en cette saison.

Un sol de nature humide est-il humecté par la pluie et celle-ci menace-t-elle encore, il faut s'abstenir de confier à la terre des graines qui seraient exposées à pourrir. Qu'on évite surtout d'ensemencer, par une température très-pluvieuse, les limons dont la surface ne s'est pas encore hâlée depuis le dernier labour. S'il survenait immédiatement une forte averse, la terre se plaquerait et la graine, privée d'air, périrait bientôt.

3. Malgré ce péril, auquel les semences enterrées sont quelquefois exposées, il convient généralement de les couvrir. C'est à peine cependant s'il faut enfouir les graines les plus fines. Du reste, plus la saison est sèche et le sol léger, plus on doit enterrer profondément toute espèce de semence. Quant au passage du rouleau, il est d'autant plus nécessaire que la graine est plus ténue et le temps plus sec

4. Les semis peuvent s'effectuer de deux manières : ou bien on distribue la semence par places régulièrement espacées ; ou bien on la répand sur toute la surface du champ.

La disposition régulière qu'on donne aux plantes par le premier moyen permet de les sarcler plus tard avec facilité. On devrait donc toujours l'adopter pour les champs destinés à recevoir cette opération.

Ce système présente lui-même le *semis en poquets* et le *semis en lignes.*

Le semis en poquets est exclusivement appliqué à la petite culture. On y procède en déposant de la graine dans de petites cavités creusées au hoyau. Dans les jardins, pour semer en lignes, on jette de la graine au fond de rayons tracés au cordeau. En grand, ce genre de semis s'effectue surtout à l'aide d'instruments appelés *semoirs,* dont la plupart sont supportés par des roues et traînés par un cheval. D'une caisse supérieure, la graine descend dans des tubes et de là sur le sol ; en avant sont des dents qui creusent les petits sillons où tombe la semence, et en arrière se trouvent d'autres dents qui la couvrent. Les semoirs les plus complets ont une seconde caisse, qui répand un engrais pulvérulent. On emploie pour la petite culture des semoirs à brouette, qu'une personne fait manœuvrer. La conduite de ces divers instruments exige une certaine précision.

Lorsque la plante ne doit pas être sarclée, il convient d'adopter les semis à la volée, afin que les pieds, plus serrés, luttent plus facilement contre les mauvaises herbes.

Pour procéder à ce second genre de semis, on se revêt d'un long tablier, dont on roule l'extrémité autour d'un bras, de manière à former une poche dans laquelle se met la semence. De la main qui reste libre, on jette une poignée ou une pincée de graine tous les deux pas, en parcourant le champ par passées assez rapprochées pour que les jets s'étendent au moins sur l'espace compris entre deux d'entre elles.

Une parfaite égalité doit être observée dans l'étendue des jéts. A cet effet, il faut qu'on répande toujours la graine dans la direction du vent, ce qui oblige à savoir semer des deux mains, puisqu'on se retourne à chaque extrémité du champ.

Lorsqu'on sème du blé et d'autres graines d'une pesanteur telle qu'on puisse les jeter à plusieurs mètres de distance, il convient de les prendre à pleine poignée. Dans ce cas, on règle l'épaisseur du semis sur l'espacement des passées. Mais, pour les graines fines qu'on sème par pincées et qui ne peuvent voler loin, le mieux est de faire des passées de 1 mèt. à 1 mèt. 20 de largeur au plus, et de régler l'épaisseur du semis sur la grosseur des pincées, en prenant la semence soit entre trois doigts, soit entre quatre.

5. Voici quelques règles importantes relativement à l'épaisseur des semis. — Mieux le végétal est appelé à se développer par le bienfait du climat ou par la richesse du sol, plus le semis doit être clair. — Pour ce qui concerne les semis faits avant l'hiver, plus l'automne est avancé, plus il faut semer dru. — Enfin, on doit tenir compte des destructions que peuvent causer les animaux nuisibles, l'excès d'humidité ou de sécheresse, en un mot, toute circonstance défavorable.

Quelle que soit l'adresse de l'homme, la graine est mal répartie, si le champ, grossièrement travaillé, présente des cavités où elle tend à se réunir. Dans ce cas, avant de semer, il importe d'effacer par un hersage les aspérités du labour.

6. Lorsque le végétal doit occuper beaucoup plus d'espace à l'état adulte que dans le premier âge, il convien souvent de l'élever d'abord en pépinière pour ne le mettre en place que plus tard. De la sorte, il occupe moins longtemps le terrain étendu qu'il est appelé à couvrir, ce qui permet soit une meilleure préparation de ce terrain, soit telle ou telle récolte qui ne pourrait s'accorder avec le semis fait en place. Enfin, sur l'espace restreint de la pépinière, on peut donner à la jeune plante des soins particuliers qui en favorisent la réussite.

En ralentissant la végétation, le repiquage favorise le développement de plusieurs légumes, choux, laitues, oignons, etc. Aussi, avant de mettre certaines plantes en lieu définitif, d'habiles jardiniers les repiquent à deux ou trois reprises, en leur donnant plus d'espace à chaque transplantation.

Ménager les racines et en couper seulement l'extrémité, ce qui favorise la production d'un chevelu serré facile à conserver lors de la dernière transplantation; supprimer un peu du feuillage, pour que la partie aérienne se trouve en rapport avec la partie souterraine; ne pas tordre ni plier les racines, mais les entourer de terre très-meuble sans aucun vide; enfoncer les plantes jusqu'au cœur, et non au delà; si le temps est sec, arroser, couvrir d'un pot ou d'une feuille, pailler la terre au pied, tels sont les soins relatifs aux transplantations de végétaux herbacés. Nous parlerons de la transplantation des arbres, chap. 21, paragr. 4.

QUESTIONNAIRE.

1. Quelles doivent être les principales qualités des graines employées pour semence, et quelle préparation peut-on leur faire subir avant de les confier au sol? — 2. Indiquez quelques règles sur le choix du moment auquel on doit effectuer les semailles. — 3. Convient-il d'enterrer les semences, et faut-il le faire toujours au même degré? — 4. Décrivez deux systèmes de semis, et dites

dans quel cas il convient d'adopter l'un ou l'autre. — 5. Quelles règles faut-il observer au sujet de l'épaisseur des semis? — 6. Dites quelques mots du but des transplantations et des soins à y apporter.

CHAPITRE IX.

Opérations qui ont pour objet de régler la chaleur et la lumière au profit des végétaux cultivés.

S'il était possible de distribuer la chaleur et la lumière dont les plantes jouissent, aussi sûrement qu'on mesure, par l'arrosage et l'asséchement, le degré de fraîcheur du sol, les résultats de la culture deviendraient presque certains; mais on ne peut y parvenir d'une manière à peu près complète que sur des espaces très-restreints. Aussi, la plupart des procédés que nous allons décrire appartiennent à l'horticulture, savoir :

Terres chaudes et *tempérées,* dans lesquelles on crée par des calorifères un climat complétement artificiel.

Couches. Ce sont des amas de matières végétales fermentescibles et de fumier, disposés en tas rectangulaires de la forme des planches de jardins, avec lit de terreau en-dessus. La fermentation qui se produit dans ces amas détermine promptement le degré de chaleur utile à telle ou telle culture, ordinairement potagère. Les couches se distinguent en *couches chaudes* et *tièdes.*

Les couches chaudes se font presque exclusivement en hiver; elles doivent, en dépit du froid, procurer aux plantes toute la chaleur de l'été. On les construit le plus possible avec du fumier de cheval sortant de l'écurie, fumier qu'on empile sur une hauteur de 65 centim. et sur une largeur de 80 centim. à 1 mèt. 30. Le fumier est serré par lits très-réguliers; légèrement arrosé, s'il est très-sec; puis recouvert de 16 à 20 centim. de terreau provenant de vieilles couches rompues.

Au bout de trois ou quatre jours, il se produit une fermentation très-vive, appelée *coup de feu,* qu'il importe de laisser passer avant d'ensemencer ou de planter la couche; on attend en général que le thermomètre plongé à 8 centimètres dans le terreau marque seulement 30 degrés centigrades.

Pour empêcher la couche de se refroidir par les côtés, on empile près d'elle, sur une largeur de 40 à 50 centi-mètres et à toute sa hauteur, une ceinture de fumier court déjà fermenté : c'est ce qu'on nomme *accoter*. Plus tard, lorsque la couche commence à se refroidir, afin de lui rendre de la chaleur, on remplace cette ceinture par ce qu'on appelle un *réchaud,* c'est-à-dire par un amas de fumier de cheval non fermenté.

En vue de ces opérations, le mieux est de construire les couches à peu de distance les unes des autres. Les espaces intermédiaires font la place des accots et des réchauds.

Les couches *tièdes* ne diffèrent des chaudes que parce qu'on leur donne un peu moins de hauteur, 40 à 48 centim. seulement, et qu'on les compose de matières moins fermentescibles que le fumier de cheval récent. Tantôt, on emploie un mélange de feuilles ou de fumier de vache et de fumier de cheval ; d'autres fois, c'est du fumier de cheval qui a déjà fermenté. Ce second genre de couches se fait surtout au printemps ; souvent, on les établit dans des fosses qui ont en profondeur moitié environ de leur hauteur. Dans ce cas, on les nomme *couches sourdes*.

Châssis et *cloches*. Les châssis sont des panneaux vitrés supportés par des coffres de bois rectangulaires, plus élevés d'environ 8 centimètres d'un côté que de l'autre. Il résulte de cette disposition que le châssis mis sur le coffre présente une surface inclinée du nord au midi. Les châssis les plus commodes ont 1 mèt. 35 de long et autant de large.

Les cloches sont des cages de verre, les unes d'une pièce à contour arrondi, les autres de plusieurs morceaux plats reliés entre eux avec du plomb.

Les cloches et les châssis sont indispensables pour compléter l'effet des couches, dont elles conservent la tiédeur et l'humidité, en même temps qu'elles condensent et retiennent les rayons solaires.

Pour régler exactement la température au degré voulu, (point très-essentiel), tantôt on tient les châssis et les cloches exactement fermés, tantôt on les soulève plus ou moins à l'aide de crémaillères de fer ou de bois. Souvent, on doit modérer l'ardeur du soleil, en jetant sur les châssis un peu de paille et en couvrant le haut des cloches d'une peinture à l'eau de chaux.

Paillassons, sorte de tissus en paille que les jardiniers font eux-mêmes, et qu'ils étendent horizontalement pour préserver du refroidissement nocturne les couches et les planches de jardins. Les paillassons sont supportés à quelques centimètres au-dessus du sol par des perches minces qui posent sur de petites fourches enfoncées en terre verticalement.

Ados. Lors de l'étude du sol, nous avons rappelé, ce que personne n'ignore, que les terrains en pente inclinée vers le midi sont particulièrement chauds et hâtifs, parce que le soleil les frappe d'aplomb pendant une partie du jour. La méthode des ados a pour objet de créer artificiellement, là où elle n'existe pas, cette exposition méridionale, si favorable à toutes les cultures de primeur.

Après avoir pris une bande de terre dirigée de l'est à l'ouest et de 1 mèt. 28 centim. de largeur, on la bêche en la relevant de 16 centim. du côté du nord et en l'abaissant de 16 centim. vers le midi, ce qui donne une hauteur totale de 32 centim. au côté nord. Puis, la terre ayant été bien travaillée, on aligne ce côté nord avec un cordeau; on en tranche le bord à la bêche, et on le bat pour le rendre solide, avec talus presque vertical. Si plusieurs ados sont parallèles, on laisse entre eux des sentiers de 1 mètre de large, afin que le bord élevé de l'un ne porte pas d'ombrage sur la partie basse de l'autre.

On augmente encore la chaleur du sol par une légère couverture de poussière noire, telle que terreau, tourbe, charbon, schiste et mâchefer pulvérisés; ce qui s'explique par la propriété que possèdent les corps foncés en couleur de retenir, beaucoup mieux que ceux qui sont de couleur claire, la chaleur dont ils sont frappés.

Abris. On entend par *abris* des murs, des parapets de terre, des haies ou même de simples paillassons (*brise-vent*) dressés, dans le sens vertical, du côté du nord. Préservé des vents froids et frappé par la chaleur solaire que réfléchissent les abris, le terrain situé à leur pied du côté du midi est particulièrement chaud et propre aux primeurs. Aussi, a-t-on souvent intérêt à les multiplier dans les jardins.

En plein champ, des abris consistant en haies plantées sur le sommet d'ados élevés, telles qu'on en voit en Bretagne et en Normandie, sont nécessaires sous certains climats, soit pour arrêter la neige et mieux couvrir les récoltes en hiver de cet épais manteau que l'Écriture sainte compare à de la laine, soit pour les protéger contre la violence des vents habituels.

De semblables abris doivent être faits de manière à gêner la culture le moins possible. Quelquefois, c'est par des zones parallèles de végétaux à tige solide et élevée qu'on abrite d'autres plantes plus délicates. Dans le Midi de la France, ces mélanges de cultures sont très-usités et contribuent à l'abondance du produit total.

Lorsqu'au printemps on craint les gelées blanches, si pernicieuses aux arbres et à la vigne, un dernier moyen de modifier utilement, pendant quelques instants, la température de l'air, consiste à allumer, dès l'aube du jour, des feux d'herbe ou de paille humide. L'épaisse fumée qui obscurcit l'atmosphère modère le refroidissement, comme le pourrait faire un léger nuage ; puis, quand le soleil paraît, elle en affaiblit les rayons, de sorte que la transition du froid au chaud devient plus douce, et par suite moins dangereuse.

QUESTIONNAIRE.

1. Dites quelques mots des moyens employés pour régler la chaleur et la lumière au profit des végétaux cultivés.

CHAPITRE X.

Défrichements, clôtures, chemins ruraux, voitures.

1. Le défrichement des terres incultes nécessite des opérations particulières, telles que : extraction de souches et de pierres, nivellements, destruction de broussailles et de bruyères. On procède souvent à cette dernière opération au moyen du feu, que l'on met aux herbes en temps

sec et chaud. L'hiver suivant, on laboure, en ayant soin
de parfaitement renverser la tranche. Si le sol est de qualité médiocre, on s'abstient de tout ensemencement immédiat. Un an après le premier labour, on cultive de nouveau la terre avec énergie. Les plantes qui réussissent le
mieux alors, sont le sarrasin, le seigle et l'avoine.

Au moyen de l'écobuage (voyez chap. 4, paragr. 8), on
peut, dès la première année, mettre le sol en état de
production; mais il ne faut pas abuser de ce moyen, qui
fait disparaître la plus grande partie de l'humus.

Souvent, les terrains défrichés sont remplis d'humus
acide, ce qui nécessite l'emploi très-prompt de la chaux,
des marnes, du phosphate de chaux.

Si l'espace qu'on veut soumettre à la culture se trouve
en pente rapide, il faut laisser en travers de la colline
des bandes engazonnées, sur lesquelles on accumule peu à
peu la terre et les pierres au point d'y former des talus
rapides. Le reste présente des terrasses plates ou d'inclinaison modérée, que les eaux ne ravinent pas, tandis que, si
tout était défriché, la terre végétale ameublie par la culture pourrait se trouver entraînée par les orages, et la
colline entière dénudée.

2. Des clôtures sont souvent indispensables pour sous-
traire au parcours commun les prairies et les terres cul-
vées. En lieux humides, les meilleures clôtures sont des
fossés qui servent de décharge aux rigoles d'assainissement et aux tuyaux de drainage. Si le climat sec et ven-
teux nécessite la création d'abris, ou bien si le terrain
doit souvent servir d'herbage, on plante une haie sur
haute levée entre deux fossés. (Voyez chap. 23, paragr. 1.)

Une des meilleures clôtures mortes pour herbages se
fait au moyen de poteaux espacés de 3 mètres, et d'une
hauteur de 1^m70, avec pièce de bois clouée à la partie supérieure et fil de fer tendu à 65 centimètres au-dessus du
sol.

3. S'il importe d'enlever aux autres l'abord de ses hé-
ritages, on doit chercher à les rendre facilement acces-
sibles pour ses propres attelages. De bons chemins ruraux
quadruplent la valeur des propriétés.

L'humidité est pour les chemins la principale cause de
destruction. Il faut donc les disposer en ados très-bombé

avec fossés latéraux, et même, en cas de source, il convient souvent de les assainir par le drainage.

Si la pierre ne manque pas, le mieux est de donner seulement à la voie rurale 5 à 6 mètres de largeur; 4 mètres sont chargés de pierres sur une profondeur de 35 à 40 centim., dont les 15 supérieurs se composent de gros gravier ou de morceaux cassés de la grosseur d'un œuf, de nature siliceuse plutôt que calcaire.

Peu de temps après sa construction, le chemin commence à se sillonner d'ornières. Il faut faire-alors un rechargement complet, et plus tard, chaque fois qu'il se produit une cavité, la remplir promptement de pierres cassées.

Si l'on manque de pierres, c'est par le gazon qu'on donne de la solidité aux voies rurales. Elles ont, dans ce cas, une grande largeur, 20 mètres au moins, afin qu'un piétinement trop fréquent ne détruise nulle part l'herbage solidificateur. Tout l'espace forme un ados arrondi entre deux fossés; à chaque printemps, on remplit les ornières avec le hoyau.

Il faut donner aux chemins les pentes les plus régulières et les plus douces, éviter les dépressions qui déterminent des secousses et des efforts pénibles. Ainsi, lorsqu'un écoulement doit traverser la voie, on établit ce conduit par canal souterrain plutôt que par rigole ouverte.

4. Ce n'est pas tout d'avoir de bonnes voies rurales; il importe de mettre à profit cet avantage par l'excellente construction des voitures. Pour que les frottements de l'essieu contre le moyeu soient réduits à leur plus simple expression, l'essieu doit présenter un très-petit diamètre, par conséquent être fait d'excellent fer, et non pas de bois. Le moyeu lui-même sera très-court, et toujours parfaitement graissé.

A chaque tour de roue, l'essieu frotte une fois contre le moyeu. Ainsi, plus la circonférence de la roue est étendue, moins ce frottement se renouvelle, par conséquent moins la voiture offre de résistance. La roue élevée présente un second avantage, celui de franchir les aspérités plus facilement que la roue basse. Il convient donc de donner à ces pièces capitales le plus grand diamètre possible, généralement 1 mèt. 70 à 1 mèt. 80.

Il faut de plus que, dans la cavité du moyeu, l'axe de l'essieu présente une ligne droite et horizontale, et que moyeu, essieu, jantes, forment autant de cercles d'une exacte concentricité. Enfin, pour que ces pièces ne jouent pas, on doit les faire en bois très-sec et d'excellente qualité.

Les dimensions des véhiculés ruraux varient beaucoup. Le mieux est d'employer ceux qui exigent les efforts d'un seul animal ou d'un très-petit nombre d'animaux. Un attelage multiple est toujours difficile à bien conduire, et les pertes de force deviennent très-considérables, pour peu que le charretier soit inhabile.

Entre les voitures à deux roues et celles à quatre, il faut, en pays de plaine, choisir les premières, comme présentant le moins de résistance; en contrée accidentée, au contraire, celles à quatre roues, comme étant les moins dangereuses lors des montées et des descentes.

QUESTIONNAIRE.

1. Dites quelques mots des opérations particulières aux défrichements. — 2. Des meilleurs genres de clôture. — 3. Indiquez les principales règles pour la construction des chemins ruraux. — 4. Pour celle des voitures agricoles.

CHAPITRE XI.

Constructions rurales,

1. Voici, par ordre d'importance, les considérations qui doivent influer sur le choix de l'emplacement des constructions rurales :

— *Salubrité;* ne jamais bâtir en lieu insalubre, à moins qu'on n'ait la certitude de parvenir à épurer l'air par des assainissements et des plantations.

— *Sécurité;* éviter les endroits déserts et isolés, ou bâtir de telle sorte qu'il n'y ait rien à craindre des attaques nocturnes.

— *Accès facile de tous les points de l'exploitation;* autant que possible, bâtir au centre ; éviter les emplacements d'abord difficile.

— *Abondance de l'eau;* rechercher, comme très-précieux, le voisinage des fontaines et des ruisseaux permanents. .

— *Débouché extérieur;* s'établir, si on le peut, à proximité, des grandes routes, des canaux, des stations de chemin de fer.

— *Nature saine et solide du sol.* Quelle dépense lorsqu'on bâtit sur sol mouvant! Quel avantage si l'on trouve sur place de bons matériaux!

— *Situation par rapport aux terrains environnants;* se placer, si on le peut, de telle sorte que les eaux fertilisantes de la cour arrosent une prairie située en dessous.

— *Exposition et abri;* si le lieu est accidenté, rechercher, sous un climat humide, l'exposition du midi et celle de l'est; sous un climat chaud, celle du nord; éviter les endroits exposés aux vents violents.

— *Aspect et agrément du paysage;* choisir, si on le peut, un emplacement duquel la vue s'étende au loin et d'une manière agréable.

2. Le plan des constructions rurales doit être tel, qu'il y ait économie pour l'établissement et l'entretien, commodité de service, facilité de surveillance, appropriation parfaite de chaque partie à sa destination particulière, symétrie et solidité générales.

Pour répondre à ces conditions, voici quelques règles principales :

— Éviter les constructions basses et étroites par la raison toute simple, que plus un bâtiment présente à la fois de profondeur et de hauteur, plus la capacité en est grande relativement à l'étendue des murs et de la couverture.

— Ne pas donner cependant aux murs de façade ni au comble des toits plus de 6 à 7 mètres de haut. Au delà de 12 à 14 mètres, les fourrages et les gerbes seraient trop difficiles à ranger.

— Déterminer la profondeur des bâtiments d'après le plus ou moins d'inclinaison du toit, inclinaison qui dépend elle-même du genre de couverture. Lorsque, couvrant en ardoise, on donne au toit une pente telle que la hauteur du comble soit du tiers de la base, si le comble présente 7 mètres de haut, le bâtiment en aura 21 de profondeur, ce qui permettra de diriger dans le sens même de cette dimension la longueur des étables et des bergeries.

— Éviter les angles et les saillies, comme augmentant la dépense et gênant la circulation.

— Adopter un plan tel, que toutes les divisions soient très-rapprochées, sans se masquer réciproquement.

Pour répondre à ces conditions dans les petites et les moyennes fermes, le mieux est d'établir la maison, les étables, les granges, le hangar, en un seul bâtiment rectangulaire, long de 40 à 70 mètres, conforme pour la profondeur et la hauteur aux principes ci-dessus posés, et distribué de la manière suivante :

— Façade principale, avec toutes les portes orientées vers le côté le moins pluvieux (le levant pour la plus grande partie de la France).

— Le long de cette façade, toiture bordée de chéneau et avancée de 2 à 3 mètres, de sorte qu'il y ait un large abri d'un bout à l'autre du bâtiment.

— Sous cet abri et en avant, passage macadamisé ou pavé, de 4 à 5 mètres de large, avec pente prononcée vers l'extérieur; le sol du bâtiment se trouve ainsi sensiblement élevé au-dessus du sol de la cour : point très-essentiel pour la salubrité intérieure de l'édifice.

— Au pignon sud, maison d'habitation avec la plupart de ses ouvertures dans le pignon même; porte et fenêtres sur la façade; cave en dessous; au-dessus du rez-de-chaussée, deux étages; greniers à grain éclairés et ouverts vers l'est et l'ouest, fermés au sud.

— Touchant à la maison, écurie des animaux de travail; puis étable à vaches, avec poulailler vitré sur le devant; puis bergerie; au-dessus, greniers à fourrage; à la suite grange, dont les meilleures parois sont en simples planches goudronnées; enfin, à l'extrémité nord, qui ne reçoit ni pluie ni soleil, loges à porcs et vaste hangar ouvert par la façade et par le pignon.

— Pour la solidité et la symétrie, jours des étages supérieurs exactement au-dessus des jours et des portes du rez-de-chaussée; comme aussi cloisons de ces étages tombant d'aplomb sur les cloisons du bas.

3. Pour le succès de la bâtisse, voici quelques points

sur lesquels le constructeur ne peut être trop attentif :

Choix de matériaux aussi solides que possible ; briques bien cuites ; pierres non susceptibles de se déliter ; sables non terreux ; chaux hydraulique pour tous les mortiers exposés à l'humidité ; ailleurs, emploi de chaux grasses aussi pures que possible et absorbant à la fusion deux ou trois fois leur poids d'eau.

Lorsque la chaux a été fondue et qu'il s'agit de la mêler avec le sable, addition d'une petite quantite de liquide ; mais travail énergique, pour que la pâte devienne liante sans être trop humide.

Fondations creusées jusqu'au ferme, ou établies soit sur pilotis, soit sur béton hydraulique.

Assises de pierres parfaitement horizontales ; tous les vides exactement remplis de mortier.

Lorsque le mur est terminé, joints ragréés avec un ciment très-bien fait et lissé à plusieurs reprises.

Charpentes d'une force relative au poids qu'elles ont à supporter. Sous ce rapport, les toits en ardoise présentent de grands avantages à cause de leur légèreté.

Planchers et boiseries en bois très-sec, ou bien placés provisoirement de manière à pouvoir être levés et resserrés après dessiccation.

A l'extérieur, tous les bois peints à l'huile ou au goudron.

QUESTIONNAIRE.

1. Quelles considérations doivent influer sur le choix de l'emplacement des constructions rurales ? — 2. Quelles sont les principales règles à appliquer au plan de ces constructions ? — 3. Indiquez quelques points qu'on ne doit pas perdre de vue dans la bâtisse.

TROISIEME PARTIE.

VÉGÉTAUX QUI INTÉRESSENT LA CULTURE FRANÇAISE.

CHAPITRE XII.

Classification; céréales, légumes secs.

1. Les végétaux qui intéressent la culture française, forment deux classes : végétaux *herbacés*, végétaux *ligneux*.

Sans parler des cultures d'agrément, les végétaux herbacés se divisent en huit séries : 1° *céréales*, dont le grain sert à faire du pain ou de la bouillie; 2° *légumes secs*, dont les graines farineuses procurent des mets assaisonnés; 3° *légumes verts*, qui fournissent à l'alimentation, oignons, tubercules, racines, pommes charnues ou fruits aqueux; 4° *plantes oléagineuses*, de la graine desquelles on extrait de l'huile; 5° *plantes textiles*, dont les fibres servent à la filature et au tissage; 6° *plantes tinctoriales*, desquelles on tire des sucs colorants; 7° *plantes diverses*, qui n'ont pu trouver place dans les six premières séries et qui n'appartiennent pas à la huitième; 8° *plantes fourragères*.

Les végétaux ligneux, arbres et arbustes, se divisent en trois séries : 1re, produit principal, *fruits*; 2e, produit principal, *substances diverses* autres que les fruits et le bois; 3e, produit principal, *bois d'œuvre ou de chauffage*.

CÉRÉALES.

2. Le *blé*, notre céréale par excellence, presente un chaume haut de 1 mèt. à 1 mèt. 80, et divisé par plusieurs nœuds. Des premiers nœuds, qui sont peu espacés et touchent le sol, peuvent s'échapper plusieurs tiges, ramification qu'on nomme *tallement*. Chaque tige porte un épi com-

BLÉS FINS.

Blé de Flandre.

Touzelle rousse.

Blé hickling.

BLÉS FINS. — Blé de mars barbu.

posé de deux rangs d'épillets alternes, contenant un ou plusieurs grains enveloppés de paillettes ou *balles* avec ou sans

Épillet de blé en fleur.
b b. Étamines.

barbes. La plante, qui est annuelle, présente des variétés automnales et des variétés printanières. Celles-ci n'égalent les autres ni en hauteur, ni en produit.

On distingue parmi les blés : 1° ceux dont le grain se sépare facilement des balles; 2° ceux dont le grain adhère tellement aux balles qu'il ne peut s'en séparer lors du battage.

Au nombre des premiers nous trouvons : 1° les *blés fins* : grain ovale, avec écorce fine; paille creuse et bonne pour les animaux; épi avec ou sans barbes; 2° les *gros blés* : épi barbu; grain voûté, moins bon que celui des blés fins; paille dure, souvent

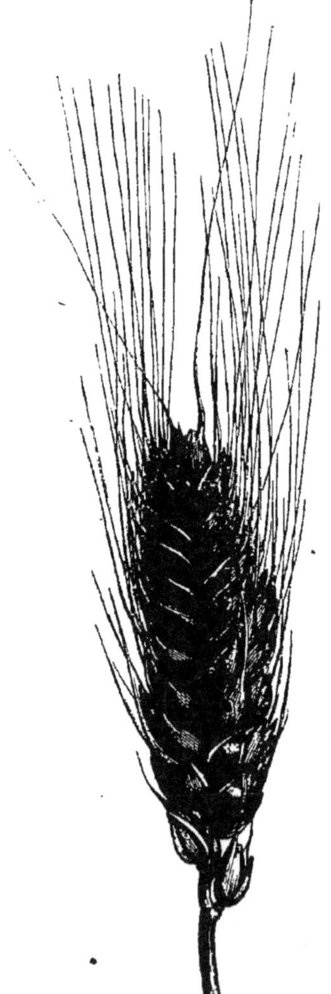

GROS BLÉS. — Blé de mars hérisson.

pleine : 3° les *blés durs* : épi barbu; grain triangulaire, très-dur, translucide; paille souvent pleine et dure.

GROS BLÉS. — Blé poulard.   BLÉS DURS. — Aubaine rouge

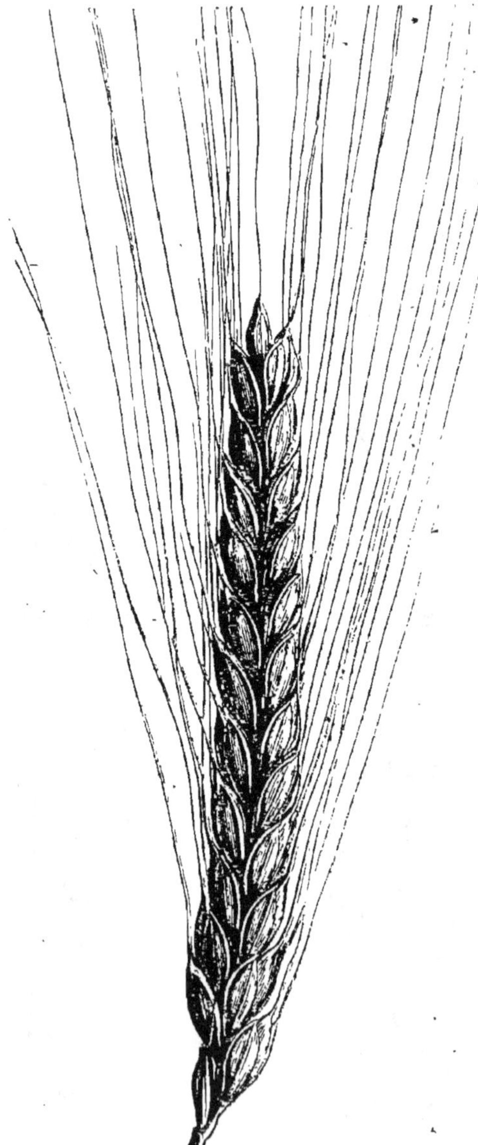

Amidonnier.

Les blés à grains adhérents aux balles sont peu cultivés en France. On en distingue trois espèces : 1° *l'amidonnier* (v. page 72) : épi plat, barbu, très-fragile ; épillets serrés, contenant chacun deux grains ; paille creuse ; 2° *l'engrain* : épi barbu, de même forme que le précédent, mais plus petit avec un seul grain par épillet ; 3° la *grande épeautre* (v. page 74) : épi long avec ou sans barbes ; épillets très-écartés, paille creuse.

Chacun doit essayer plusieurs sortes de blé, puis choisir celle qui convient le mieux à sa terre et à sa région. Les blés durs sont les plus délicats au froid, et les épeautres, au contraire, sont ceux qui y résistent le mieux.

Les terrains de prédilection des blés d'automne sont argilo-calcaires ou limoneux calcaires avec sous-sol perméable. Du reste, au moyen d'engrais convenables, on peut les cultiver presque partout. Quant aux variétés de printemps, elles conviennent peu aux localités froides et ne se plaisent que sur les sols friables. Les blés fins doivent être exclus des terres acides, tandis que les gros blés et les épeautres peuvent y donner de bons produits.

Le blé exige un nettoiement parfait du sol, un ameublissement d'autant plus complet que la terre est de nature moins friable, enfin un degré de richesse très-prononcé. Il ne faut pas cependant que l'engrais soit trop abondant ; autrement, les tiges, après avoir grandi outre mesure, tombent et ne produisent que des épis chétifs.

Engrain du Gâtinais.

4

Les blés d'automne peuvent être semés soit à la volée,

Grande épeautre.

soit en lignes espacées de 15 à 20 centimètres. Le semis en lignes convient surtout : 1° pour la production des blés de semence ; 2° lorsque la terre est parfaitement préparée ; 3° sous un climat frais qui permet à la plante de bien taller.

Dès le premier printemps, on sarcle les blés semés en lignes ; si la surface du champ s'ameublit, on herse par un temps doux ceux qui sont semés à la volée ; enfin, on roule ceux que la gelée a déchaussés.

3. Le blé s'égrène avec facilité ; aussi, convient-il de le récolter un peu avant la maturité complète. Aux anciens et pénibles procédés de moissons par la *faucille*, la *faux* et la *sape* (petite faux à manche court), on cherche actuellement à substituer l'emploi de *moissonneuses mécaniques* que traînent des chevaux, et dont la pièce principale est une scie qui rase le sol avec un mouvement rapide de va-et-vient. Au-dessus de la scie se trouve un

peigne, entre les dents duquel s'engagent les tiges de la céréale. Ces moissonneuses, qui abattent sans peine trois hectares par jour, rendent déjà de grands services.

Le blé coupé est déposé à terre par petites brassées, qu'on nomme *javelles*. Lorsque celles-ci sont sèches, on les lie par bottes ou *gerbes,* du poids de 7 à 8 kilog. Avant cette opération, il suffit, par un beau temps, de laisser les javelles à terre un jour ou deux ; mais en saison pluvieuse, il faut des soins particuliers pour empêcher le blé de germer. Il importe en premier lieu de ne le couper que dans les intervalles de pluie, lorsque le chaume n'est pas humide. Aussitôt abattu, — ou bien on le lie en petites gerbes que l'on dresse en faisceaux (*cavaliers*) de quatre, cinq ou six ; le tout surmonté d'une gerbe renversée, dont les épis s'étalent sur le pourtour des autres, ce qui permet à la pluie de glisser autour du faisceau, tandis que l'air qui passe au travers des gerbes en achève la dessiccation ; — ou bien, on place à terre quatre javelles en carré, la tête de chacune appuyée sur le pied de l'autre, afin qu'aucun épi ne touche le sol. Sur cette base, on dispose d'autres javelles circulairement, l'épi à l'intérieur, et on les croise peu à peu. Le tas se termine par une pointe, sur laquelle on place une gerbe renversée. Lors même qu'il a été coupé vert, le blé ainsi disposé arrive à maturité et prend pour la mouture une qualité supérieure.

Sous un climat sec, comme celui de la Provence, l'extraction du grain en plein air se fait rapidement et à bon marché ; mais dans toute région pluvieuse, le mieux est d'emmagasiner les gerbes, soit en les rentrant dans des granges, soit en les disposant en grands tas coniques ou *meules*.

Tout le monde connaît l'ancien mode d'extraction du grain par le *fléau*, procédé long et imparfait, auquel on substitue aujourd'hui presque partout le battage mécanique. La principale pièce de la *machine à battre* est un *cylindre batteur* de 1 mèt. 20 à 1 mèt. 75 de long, muni, dans son pourtour et parallèlement à sa longueur, de morceaux de bois garnis de tôle. Mis en mouvement par un manége ou par une machine à vapeur, ce cylindre tourne dans un tambour, dont la moitié inférieure, appelée *contrebatteur,* présente un certain nombre de pièces saillantes.

Le blé, qu'on étend sur une table par poignées minces et bien étalées, s'engage entre le batteur et le contre-batteur, est égrené par le frottement, puis secoué sur une plate-forme à claire-voie, à laquelle un mouvement de va-et-vient est imprimé.

Dans le Midi, on dresse sur une aire de vaste étendue les gerbes déliées ; ensuite, on les fait piétiner par des animaux. Ce procédé ne peut convenir que sous un climat sec.

Après que le blé a été foulé ou battu, on le sépare des menues pailles par divers procédés, dont le meilleur est l'emploi du *tarare*. Cet instrument présente un tambour, dans lequel un fort courant d'air est déterminé par la rotation rapide d'un axe muni d'ailes. D'un entonnoir supérieur, le grain tombe dans le tambour, d'où le courant d'air fait voler toutes les poussières.

Par une dernière opération, le *criblage*, on sépare le blé des semences étrangères et des petits grains. Le crible le plus usité est un cylindre métallique à claire-voie qu'on tourne, tandis que le blé s'y rend d'un entonnoir supérieur. Les trous dont ce cylindre est percé sont très-petits dans la partie que le grain parcourt d'abord, et ils s'élargissent graduellement jusqu'à l'autre extrémité. Le froment qui s'échappe au travers de ces trous se divise ainsi par lots suivant sa grosseur, et les graines étrangères plus petites que le bon grain sont séparées.

Après que le blé a été nettoyé, on l'étend au grenier par lits minces, et on le remue souvent pour prévenir la fermentation et chasser les insectes qui peuvent l'attaquer ; ou bien, sous un climat chaud et sec, tel que celui de l'Algérie, on l'accumule en dépôts souterrains que l'on nomme *silos*.

Grâce aux meilleures conditions : sol défoncé et riche, sans excès d'engrais actif, les variétés automnales de blés de la première classe peuvent rendre, par hectare, des récoltes pleines de 35 à 40 hectolitres et de 5,000 kilogrammes de paille. Mais une agriculture arriérée se contente de 10 à 13 hectolitres, et les deux tiers de la France se trouvent dans cette situation !

Quels progrès n'avons-nous pas encore à accomplir !

4. *Seigle.* — Céréale de pays froids et pauvres ; plante annuelle, végétant comme le blé ; épi barbu avec deux ran-

gées d'épillets, dont chacun renferme deux grains allongés; pain noir peu estimé; paille souple et nerveuse, convenant peu à la nourriture des animaux, excellente pour les ouvrages de paille; culture peu appropriée aux climats chauds et aux terres compactes, productive au contraire en pays froids et sur terres légères bien assainies, même sans plus grande richesse; variété automnale grande et plus généralement cultivée que la variété printanière; mêmes procédés de moisson que pour le blé.

Le froment et le seigle se sèment souvent en mélange, et ces deux céréales réunies *(méteil)* conviennent mieux aux terrains médiocres que le blé pur.

Orge. — Plante annuelle, de même végétation que le blé, mais de taille un peu moindre; épi barbu, composé, suivant l'espèce, de deux ou de six rangées de grains adhérents aux balles dans la plupart des variétés (voyez page 78); grain excellent pour la fabrication de la bière et l'engraissement des animaux; mauvais pain; paille médiocre; variétés automnales et variétés printanières, celles-ci de végétation rapide, les unes et les autres appropriées au climat de nos diverses régions; même qualité de terre, même préparation du champ, mêmes procédés de récolte que pour le froment.

Avoine. — Plante annuelle très-rustique, végétant comme le blé; chaumes surmontés de panicules ou panaches qui présentent chacun plusieurs épillets composés de deux ou

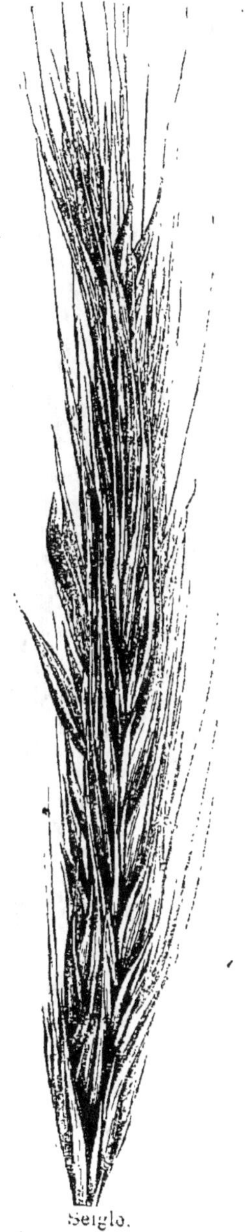

Seigle.

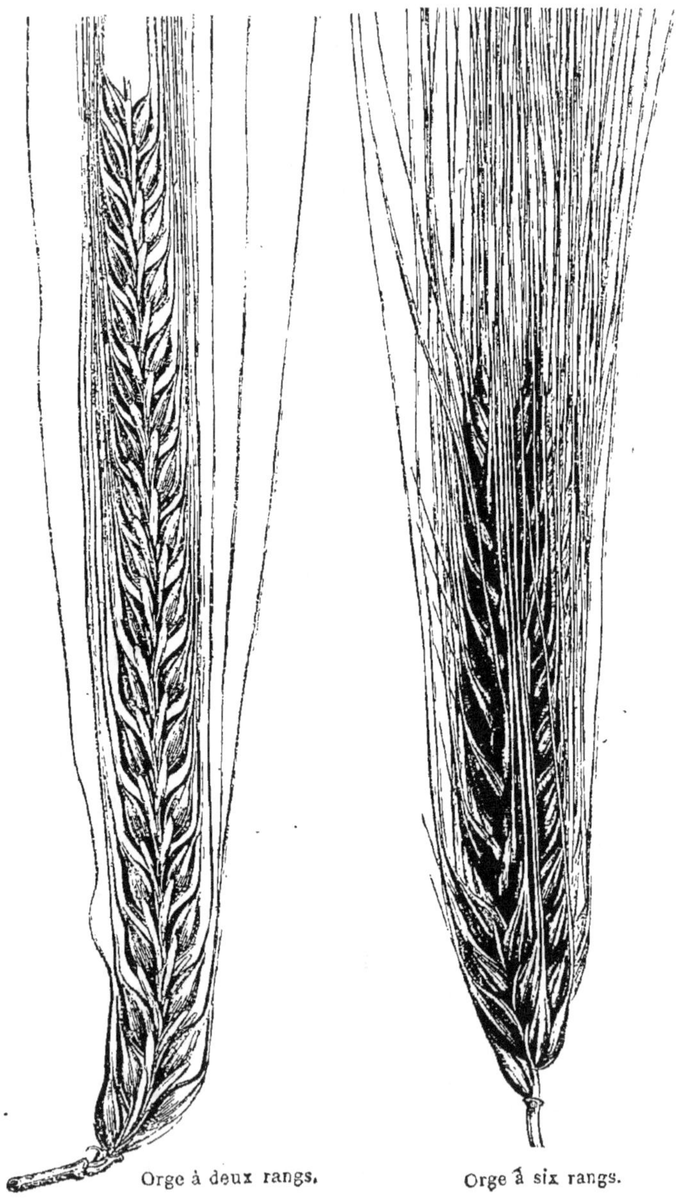

Orge à deux rangs.   Orge à six rangs.

trois grains à écorce grossière; grain aromatique, excellent pour les.chevaux et donnant de bonne bouillie,
mais un mauvais pain ; paille très-recherchée du bétail à
cornes ; variétés automnales et variétés printanières. Les
premières sont sensibles au froid et ne peuvent être cultivées régulièrement dans les régions Nord et Nord-Est ; les
secondes sont délicates à la sécheresse et ne conviennent
pas au Midi. Les unes et les autres sont de culture facile
et peuvent venir dans presque toutes les terres, ce qui ne
doit pas empêcher de bien préparer le champ qu'on leur
destine; à la récolte, il convient de laisser l'avoine *jave-
ler*, c'est-à-dire, recevoir un peu de pluie avant la mise en
gerbes; d'ailleurs, mêmes procédés de moisson que pour
le blé,

Épillets d'avoine.   Millet à panache étalé.
                                      Portion de panache.

Millets. — Plantes annuelles de même famille que les
précédentes, cultivables dans nos diverses régions; deux
espèces, l'une à grappe serrée, l'autre à panache étalé;

grains petits, ronds, blancs ou jaunâtres, excellents pour la nourriture des oiseaux et procurant de bonne bouillie; paille de bonne qualité; semis en lignes au printemps, après les gelées, sur terrain friable, riche et bien préparé; sarclage et léger buttage; pour la récolte, coupe des grappes à la faucille et avec précaution.

Sorghos. — Céréales du Centre et du Midi, qui ressemblent à de grands roseaux; panicules étalées; grain plus gros que celui des millets, employé aux mêmes usages; deux espèces annuelles, l'une avec tige sucrée, de sorte qu'on peut en extraire du sucre ou faire de l'alcool avec son jus, tandis que les panicules de l'autre servent à confectionner des balais; semis en lignes, au printemps, sur terrain riche et bien préparé; sarclage et buttage pendant la végétation.

Riz. — Plante annuelle du Midi, dont les panicules, qui ressemblent à celles de l'avoine, portent un grand nombre de petits grains plats, adhérents aux balles et très-nourrissants; végétation délicate, exigeant une forte chaleur et une irrigation presque continue; semis au printemps sur terrain inondé. Comme cette culture est très-insalubre, on ne la tolère en France que sur quelques points marécageux des Landes et des Bouches-du-Rhône.

Sarrasin ou *blé noir.* — Plante annuelle avec feuilles triangulaires, tige branchue et production presque continue de fleurs d'un blanc rosâtre; — grain gris ou noir, triangulaire, bon en bouillie, ainsi que pour la nourriture de la volaille, dont il excite la ponte; semis clair et à la volée, fait au printemps, en terre friable et bien préparée. Le sarrasin n'exige pas une grande richesse, et on le récolte trois mois après qu'il a été semé; aussi, la culture en est appropriée aux contrées pauvres et froides. Sous le soleil ardent du Midi, les fleurs sont brûlées.

Fleur de sarrasin.

Maïs. — Plante annuelle d'Amérique qui ressemble à

un grand roseau; au sommet, panache de fleurs mâles,

Fleur mâle du maïs.

et, le long de la tige, fleurs
femelles, puis longs épis
couverts de plusieurs en-
veloppes, sous lesquelles
se trouvent quantité de
grains d'une certaine grosseur, jaunes, blancs, violets
ou bigarrés, procurant de
bonne bouillie, excellents
aussi pour la nourriture
des volailles et l'engraissement de tous les animaux;
semis en lignes, au prin-
temps, après les gelées, en
terre riche et bien préparée; sarclage et buttage
pendant la végétation; maturité tardive, ce qui em-

Épi de maïs quarantain.

4.

pêche de cultiver le maïs dans la plus grande partie de l'Ouest et du Nord. Pour la récolte, les épis sont déta-

Fleur femelle du maïs.

chés, puis suspendus le long des murs ou rangés dans de vastes cages à claire-voie ; l'égrenage se fait à la main ou au moyen de machines.

5. LÉGUMES SECS.

Les légumes secs cultivés en France sont tous produits par des végétaux annuels, savoir :

Fève. — Plante agricole et potagère, propre aux ter-

Fève à cheval ou féverole.

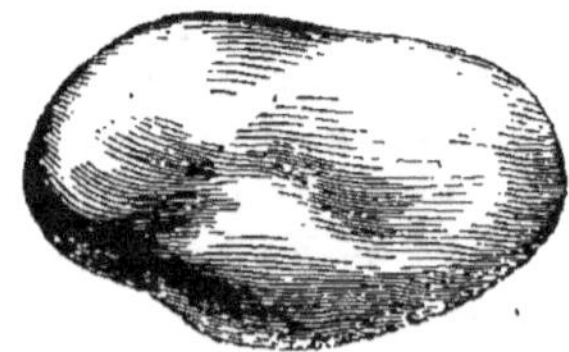

Fève de marais.

rains compactes ; tiges fortes et anguleuses, feuillage

ailé; gousses contenant chacune plusieurs graines très-
nourrissantes, rousses ou
noirâtres, plates ou arrondies, suivant les variétés;
semis à la volée, mieux
en lignes, quelquefois automnal, généralement ef-
fectué de bonne heure au
printemps; hersage éner-
gique après la germina-
tion ; coupe à la faucille,
mise en faisceaux.

Lupin blanc. — Plante
très-rustique, à feuillage
palmé et dont le grain
amer, employé souvent
dans le Midi pour engrais
végétal, ne parvient pas
toujours à maturité par-
faite dans le Nord. Le lupin, enfoui au moment de
la fleur, constitue, pour
certaines terres ingrates
et privées de calcaire, un
puissant moyen d'amélio-
ration; semis au prin-
temps.

On cultive en Allemagne
une autre espèce à fleur
jaune que les moutons
mangent en vert, et dont
le grain mûrit régulière-
ment bien dans le Nord.

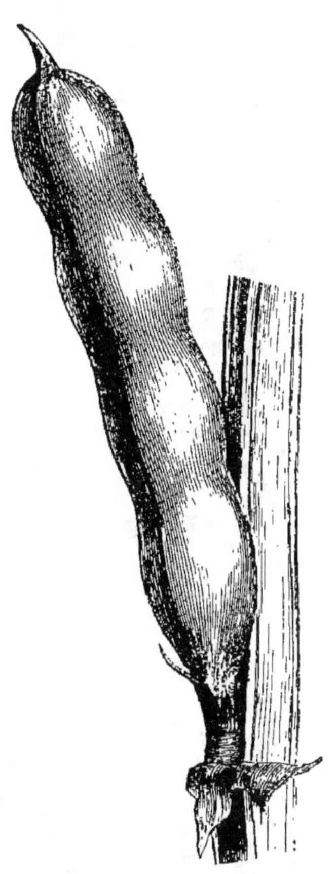

Gousse de fève.

Pois commun. — Végétal agricole et potager, avec tige
grimpante dans la plupart des variétés; celles-ci produisent, les unes, des grappes de fleurs blanches et des
grains comestibles blancs ou verdâtres; les autres (*bisailles*)
des fleurs violettes, solitaires, et des grains gris ou roux,
bons seulement pour les animaux. Ces dernières variétés
sont très-rustiques; les autres, plus délicates, exigent une
terre fertile : semis quelquefois à l'automne, le plus sou-

vent au printemps; prompts sarclages; dans la culture potagère, rames pour soutenir la tige des variétés grimpantes. Les pois ne doivent pas être semés souvent sur la même terre.

Pois chiche. — Feuillage ailé, tige moins grimpante que

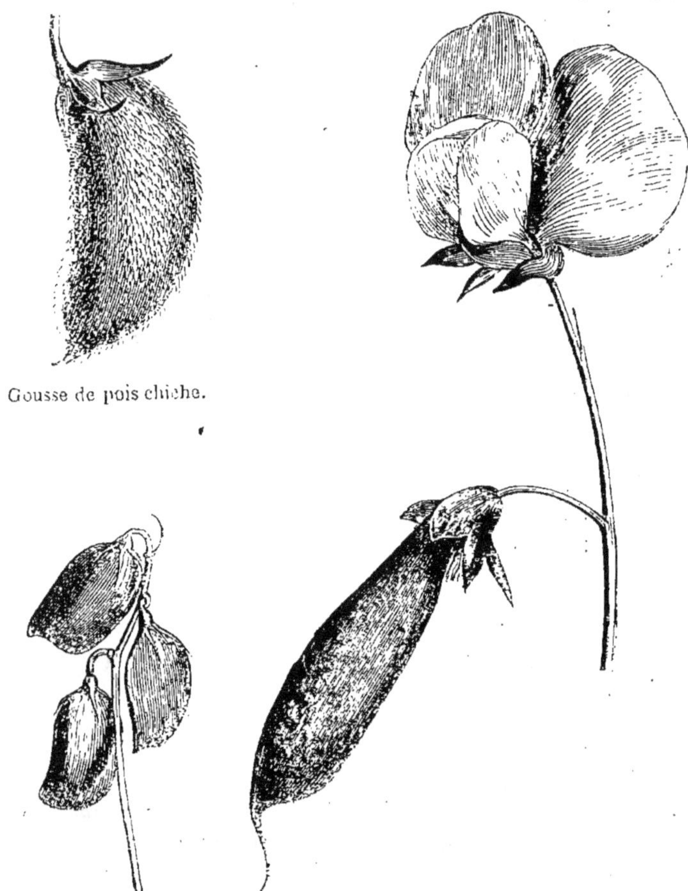

Gousse de pois chiche.

Gousses de lentille commune.   Fleur et gousse de pois commun.

celle du pois commun; grain plus gros et meilleur; même culture; région du Midi.

Gesse. — Tige anguleuse, flexible et grimpante ; feuilles
à deux divisions longues et étroites ; gousses plus courtes

Petite gesse.

que celles du pois commun ; graines blanches ou grises de
forme anguleuse : deux espèces agricoles, l'une, *lentille*
d'Espagne, petite et comestible ; l'autre, *jarrosse* ou *jar-*
rat, plus grande, bonne pour les moutons, vénéneuse pour
'homme et le cheval ; terrain calcaire ; semis à l'au-
omne et au printemps.

Lentille. — Plante agricole et potagère, appartenant à nos diverses régions; tige fine et grimpante, avec grappes

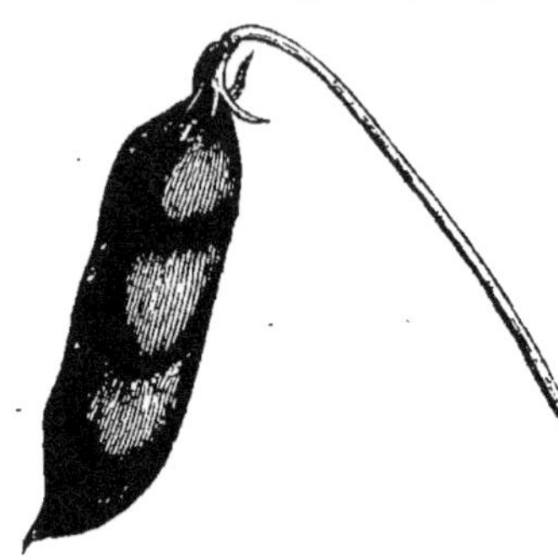

Gousse de lentille uniflore ou d'Auvergne.

de petites fleurs d'un violet clair et gousses contenant chacune deux petits grains plats, jaunes ou gris : variétés, les unes délicates, qui procurent la lentille comestible; les autres, *lentillons,* plus rustiques, utilisées surtout pour la nourriture des animaux; semis à l'automne et au printemps (voyez page 84). On cultive en Auvergne une seconde espèce, dont les fleurs sont ‹solitaires, et qui est plus rustique que la lentille ‹commune.

Haricots. — Nombreuses variétés, dont les unes sont naines, les autres grimpantes; fleurs rouges ou blanches; graines très-diversement colorées; culture délicate, exi-

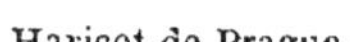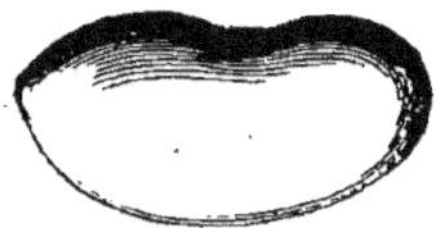

Haricot de Prague.   Haricot de Soissons.   Haricot suisse.

geant une localité plutôt chaude qu'humide, un sol friable, riche, très-bien préparé; semis au milieu et à la fin du printemps; graine peu couverte; en été, sarclages corrects; échalas pour les variétés grimpantes; culture potagère et de plein champ.

Dolique. — Plante du Midi, qui ressemble beaucoup au haricot et que l'on cultive de même.

QUESTIONNAIRE.

1. Faites la classification agricole des végétaux qui intéressent la culture française.— 2. Parlez du blé : espèces, climat, sol, culture. — 3. Parlez de la récolte du blé et de la conservation des grains.— 4. Dites quelques mots des céréales autres que le blé. — 5. Dites quelques mots des divers légumes secs.

CHAPITRE XIII,

Légumes verts.

Cette série de plantes offre plusieurs divisions.

1. LÉGUMES VERTS TUBERCULEUX.

Pomme de terre. — Originaire d'Amérique, la pomme de terre a été introduite en Europe peu de temps après la découverte du Nouveau-Monde. Charles de Lescluse, célèbre botaniste du xve siècle, est le premier qui l'ait fait

Pomme de terre (tubercules et racines).

connaître. Deux cents ans après, on la considérait comme une plante sans valeur et même dangereuse, lorsque, vers la fin du xviiie siècle, Parmentier s'attacha à la réhabiliter et à la propager. Après beaucoup d'efforts, il y parvint; ce qui lui a mérité pour toujours la gratitude publique.

Ce végétal précieux est annuel par sa tige, et vivace

par les nombreux tubercules qu'il produit sous terre;
ceux-ci contiennent une forte proportion de ce genre de
farine qu'on appelle fécule. Aussi, les mange-t-on presque avec le même plaisir que le pain. Toutefois, il ne faut
pas, trompé par cette apparence, se faire une fausse idée
de leur valeur comme substance alimentaire. Les pommes
de terre ne contiennent pas, à beaucoup près, aussi abondamment que le blé, certains principes, azote et phosphore, très-essentiels à la nutrition; elles ne sont donc
pas précisément, comme on l'a dit, un *pain tout fait*, et on
aurait tort de vouloir s'en nourrir exclusivement.

Cuites et mêlées de fourrage, elles constituent un très-
bon aliment pour toute espèce de bétail. Du reste, leur
qualité diffère beaucoup suivant la nature du champ qui
les a produites, et elle dépend beaucoup aussi des variétés.
Celles-ci, qui sont très-nombreuses, se distinguent non-
seulement sous le rapport de la richesse farineuse, mais
encore par la forme, la grosseur et la couleur des tubercules. On les divise en trois séries :

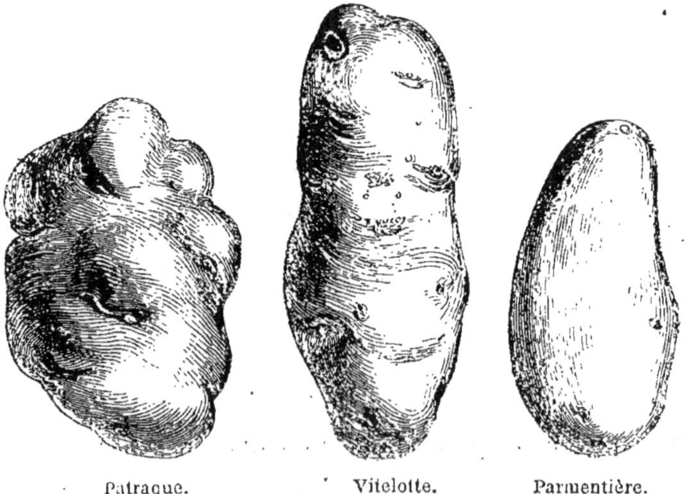

1° *Parmentières* : tubercules plats et allongés, plus gros
à un bout qu'à l'autre; peau lisse.

2° *Vitelottes* : tubercules allongés et cylindriques, yeux

plus enfoncés et surface moins lisse que dans la série précédente.

3° *Patraques* : tubercules se rapprochant de la forme sphérique.

Les diverses pommes de terre sont plus ou moins hâtives ou tardives. L'une des plus précoces est une parmentière jaune, dite *marjolaine,* très-cultivée dans les jardins de Paris ; on la récolte parfois dès la fin de mai, tandis que d'autres variétés ne sont mûres qu'en octobre.

La culture des pommes de terre est appropriée à nos diverses régions et particulièrement productive sous un climat frais ; elle convient à tout terrain parfaitement assaini, friable, bien ameubli et d'un certain degré de richesse ; la plantation se fait au printemps, quelquefois en automne, avec des tubercules sains et de grosseur moyenne, par lignes distantes de 0 mèt. 40 à 0 mèt. 60 ; on herse vigoureusement au moment de la germination ; on sarcle ensuite ; puis, on butte au moment de la fleur.

Pour la récolte qui se fait en été ou en automne suivant l'époque de la maturité, on déterre les tubercules à la bêche, à la fourche ou à la charrue. La conservation doit avoir lieu à l'abri des gelées, soit en cave, soit par tas coniques ou triangulaires, hauts de 1 à 2 mètres, établis en lieu sain et couverts de terre pendant toute la durée des froids. Aussitôt après les fortes gelées, on donne de l'air aux tubercules en les découvrant ; autrement, ils seraient exposés à pourrir.

La pomme de terre réussie rapporte 20 à 30,000 kilogr. de tubercules qui, pour la nourriture humaine, remplaceraient au besoin 70 à 80 hectolitres de blé, et qui, pour celle des animaux, équivalent à une masse de fourrage sec de 10 à 15,000 kilogr. Quelle richesse ! Malheureusement, depuis quelque temps, ce végétal précieux est atteint d'une maladie, *oïdium,* qui noircit le feuillage vers le mois de juillet et détermine ensuite la pourriture des tubercules ; aussi, est-il très-important de choisir les variétés, telles que la pomme de terre *chardon,* qui résiste le mieux au mal.

Topinambour. — Autre plante d'Amérique, vivace, qui peut être cultivée dans nos diverses régions ; tiges droites et très-élevées ; feuilles ovales et rugueuses ; tubercules non farineux, du goût de l'artichaut, inattaquables à la gelée, excellents pour la nourriture des animaux et la fabrication de l'eau-de-vie ; plante rustique, convenant

Topinambour (tubercules et racines).

peu aux sols humides et compactes, mais très-bien aux terrains légers ; même culture que celle de la pomme de terre ; en hiver, arrachage des tubercules à mesure des besoins.

Patate. — Plante vivace et grimpante, de la famille des liserons ; tubercules allongés, farineux et sucrés, de grosseur et de couleur variées ; climat du Midi ; terre riche et bien préparée ; multiplication par bouturage des pousses que produisent les tubercules mis sur couche au printemps ; terre ameublie à la place même de chaque bouture, ferme à l'entour ; sarclages en été ; récolte en automne ; conservation des tubercules dans un cellier dont la température se maintient constamment à 10 degrés au-dessus de glace.

2. LÉGUMES VERTS UTILISÉS PAR LEURS RACINES.

Betterave. — Plante bisannuelle; feuillage chiffonné, racines charnues, parfois énormes, de diverses formes et de diverses nuances, procurant au bétail une bonne

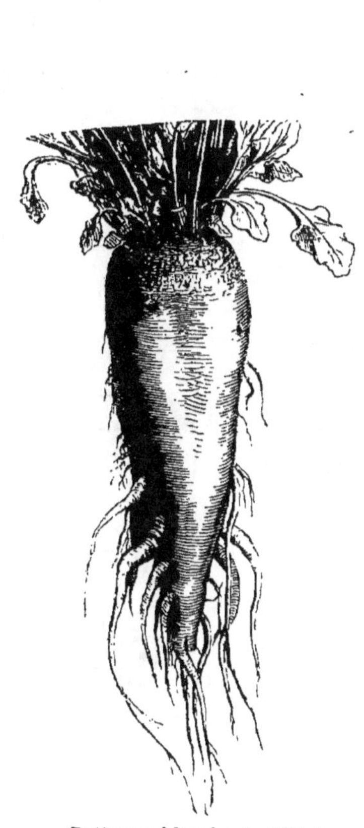

Betterave blanche de Silésie.

Betterave disette.

nourriture, à nos cuisines un légume estimé, aux distilleries et aux sucreries un jus précieux. Après que le sucre a été extrait (4 à 7 pour 100 de la betterave), la *pulpe* ou résidu constitue encore une substance alimentaire excellente pour les animaux. Variétés nombreuses, dont quelques-unes sont beaucoup plus sucrées que d'autres ; culture mieux appropriée au Nord qu'au Midi ; semis printanier par lignes espacées de 0 mèt. 40 à 0 mèt. 60, en sol bien engraissé et parfaitement préparé ; sarclages corrects ; récolte à l'automne ; mêmes soins de conservation que pour la pomme de terre. Si l'on veut recueillir des graines, on réserve des plus belles racines, qu'on remet en terre au printemps suivant.

Carotte. — Plante bisannuelle, agricole et potagère :

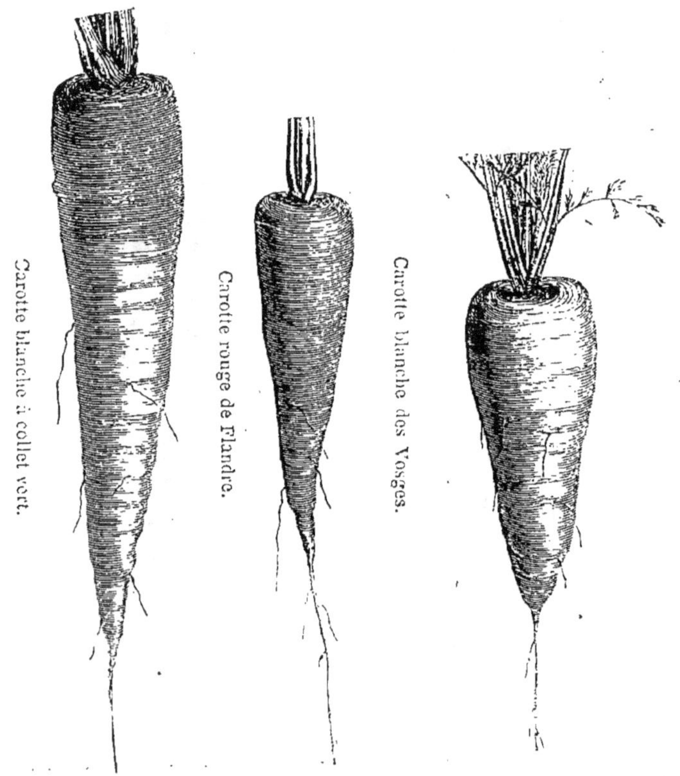

feuillage aromatique, très-découpé ; racines charnues,

excellentes pour la nourriture de tous les animaux, des chevaux même; plusieurs variétés de diverses nuances, rouges, blanches ou jaunes, les unes très-longues, d'autres courtes, plus ou moins grosses, plus ou moins hâtives; climat frais; terrain friable et riche; semis printanier et en lignes; sarclages prompts et minutieux; même récolte et mêmes soins de conservation que pour la betterave. Pour la production des graines, conservation des plus belles racines que l'on remet en terre au printemps suivant.

Panais.—Plante bisannuelle, agricole et potagère; feuillage ailé; racines rondes ou longues, blanches, aromatiques, inattaquables à la gelée, très-nourrissantes et recherchées des animaux; même culture, même climat que pour la carotte; terrain riche et calcaire; récolte en hiver à mesure des besoins.

Navets. — Nombreuses

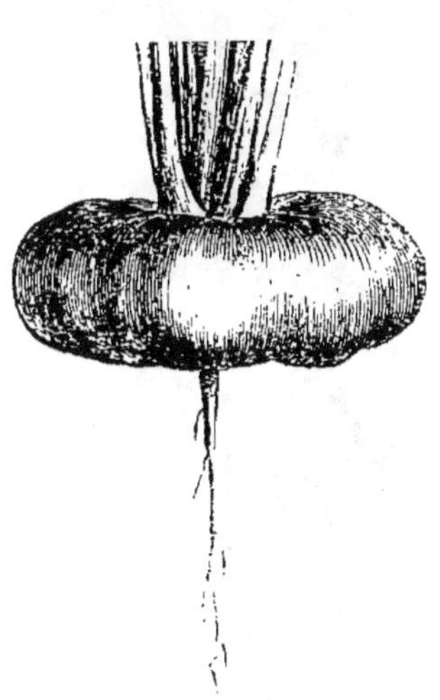

Panais long.   Navet long d'Alsace.   Navet turneps.

variétés, tant agricoles que potagères, bisannuelles, pourvu que le semis s'effectue après le solstice d'été, ce qui est une condition nécessaire à la réussite de cette culture; racines à chair blanche, les unes en forme de toupie, les autres allongées; quelques-unes toutes blanches, d'autres à collet vert, jaune ou rose; beaucoup plus sucrées sur certains terrains que sur d'autres; aqueuses et moins nourrissantes que les légumes verts précédents; climat humide; sol friable et riche; semis à la volée, pouvant, sous un climat à hiver doux, se prolonger jusqu'à la fin de l'été, de sorte que les navets succèdent souvent très-bien à une première récolte; après la levée, hersage vigoureux.

Dans les pays où il gèle peu, les racines se développent jusqu'en hiver, et on les arrache à mesure des besoins; ou bien on les fait manger sur place par les moutons; si les hivers sont rigoureux, il faut les récolter avant les froids et les consommer promptement.

Chou-navet. — Plante bisannuelle, de végétation plus lente que le navet; feuilles d'un vert glauque; racines sphériques, à chair dure, sucrée, très-nutritive, blanche ou jaune suivant les variétés, rarement attaquable par la gelée; climat humide; terrain riche et substantiel; semis

Chou-navet de Suède.

Chou-navet rutabaga.

au printemps, puis repiquage; récolte en hiver, à mesure des besoins.

Salsifis et scorsonère. — Végétaux potagers à racines minces, allongées, nourrissantes et de bon goût; végétation bisannuelle; semis printanier; récolte des salsifis dès l'automne de la première année; récolte des scorsonères l'année suivante.

Chervis. — Plante vivace et potagère; racines longues et sucrées, très-recherchées des Juifs dans l'Est de la France; multiplication au printemps par semis ou par éclats de pied.

Céleri. — Végétal potager, bisannuel, très-aromatique, avec racines charnues, de couleur blanche; terrain très-riche; semis au printemps, puis repiquage; en été, beaucoup d'eau; à l'automne, fort buttage; récolté après que la portion de feuillage que l'on a couverte de terre a blanchi.

Igname de Chine. — Plante vivace et grimpante, dont la racine charnue, farineuse et de bon goût, se développe profondément, et peut devenir très-grosse par l'extrémité inférieure; multiplication par tronçons de racine plantés au printemps dans un bon sol; récolte au bout de deux ans.

Cerfeuil bulbeux. — Plante potagère, bisannuelle, dont les racines, qui ressemblent à de petites carottes, sont farineuses et d'excellent goût; semis en automne ou au printemps en terre très-riche; récolte en été.

8. LÉGUMES VERTS A OIGNONS.

Oignon. — Plante potagère et agricole de nos diverses régions, le plus souvent bisannuelle, quelquefois vivace; feuillage creux et cylindrique; oignons plats ou longs et de diverses nuances, suivant les variétés; semis automnal ou printanier; terre très-riche, friable et parfaitement préparée; récolte en été. On peut repiquer les jeunes plants et se servir aussi, pour multiplier ce légume, des petits oignons qui se forment souvent auprès de l'oignon principal, et de ceux qui, dans certaines variétés, remplacent la graine au sommet des tiges.

Ail. — Plante potagère, vivace, de saveur très-forte, dont la partie souterraine présente plusieurs oignons enfermés dans une enveloppe commune; chacun de ces oignons mis en terre au printemps produit en été un nouveau groupe.

Échalote. — Autre plante potagère analogue ; même culture.

Ciboules. — Deux espèces potagères, toutes deux vivaces, dont l'une a le feuillage de l'oignon, tandis que les feuilles de l'autre sont très-fines ; multiplication par semis et par éclat de pied.

Poireau. — Végétal potager et bisannuel, de même famille que les précédents ; semis au printemps, puis repiquage profond et buttage à l'automne, afin que la tige blanchisse sur une certaine longueur

4. LÉGUMES VERTS DONT ON MANGE LES FEUILLES, LES JEUNES POUSSES OU LES FLEURS.

Choux: — Plantes bisannuelles et vivaces, potagères et agricoles, aimant un climat frais et un terrain substantiel ; végétation utilement ralentie par le repiquage ; nombreuses variétés, savoir :

1. *Choux pommés.* — Qui de leurs feuilles naissantes forment une sorte de gros bouton charnu, sphérique, conique ou aplati ; le feuillage de ceux qu'on nomme *cabus* est lisse, tandis que celui des *milans* est comme boursouflé ; quelques variétés sont de couleur rouge ; enfin, le chou dit de *Bruxelles*, au lieu d'une seule pomme en produit plusieurs petites qui naissent chacune à la base d'une feuille ; semis au printemps pour la consommation de l'automne et de l'hiver, en été pour celle du printemps suivant.

2. *Choux à feuilles.* — Variétés agricoles, qui, dès la première année, montent en tige sans fleurir, et dont les feuilles, puis les tiges, servent en hiver à la nourriture du bétail ; culture très-productive dans toute région humide et à hiver doux ; tige simple ou branchue ; feuillage lisse ou frisé, vert ou rouge ; semis au printemps.

3. *Chou-fleur* et *brocoli.* — Variétés potagères, dont la tige et les branches forment, avant de porter fleur, une masse blanche et charnue d'excellent goût ; terrain très-riche ; semis à diverses époques, suivant la saison à

laquelle on veut les récolter; en hiver, couches, cloches, vitraux, soins minutieux; en été, fréquents arrosages.

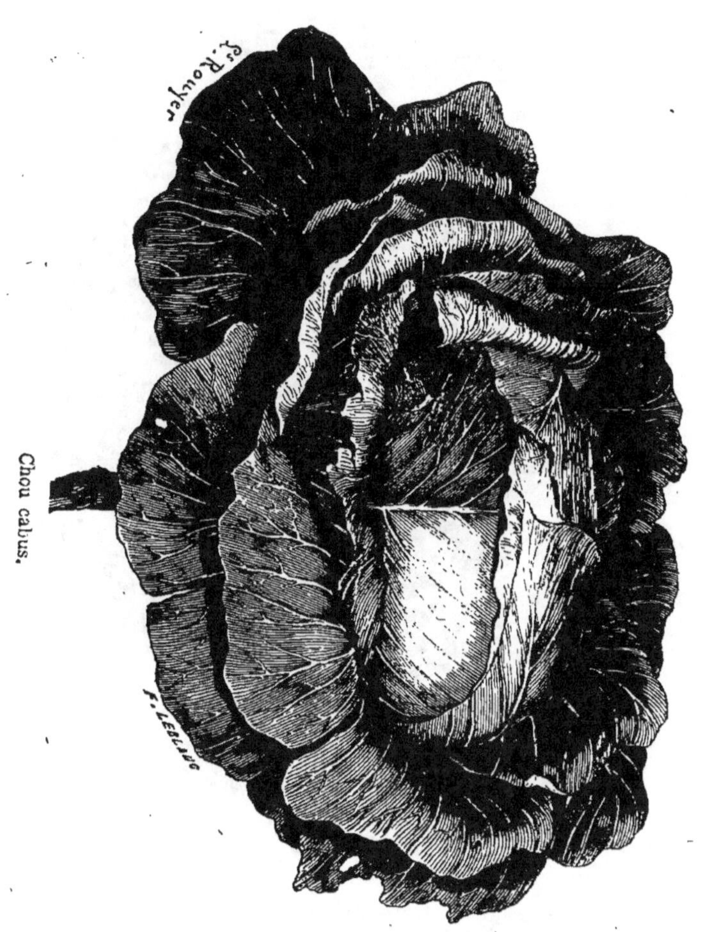

4. *Chou-rave*. — Espèce agricole et potagère dont la tige présente un renflement charnu, du goût du navet; semis au printemps, récolté en automne et en hiver.

Chou-marin ou crambé. — Espèce vivace dont, par un buttage, on fait blanchir les jeunes pousses en mars ou

en avril, pour les manger comme l'asperge; multiplication par semis ou par bouturage de racines.

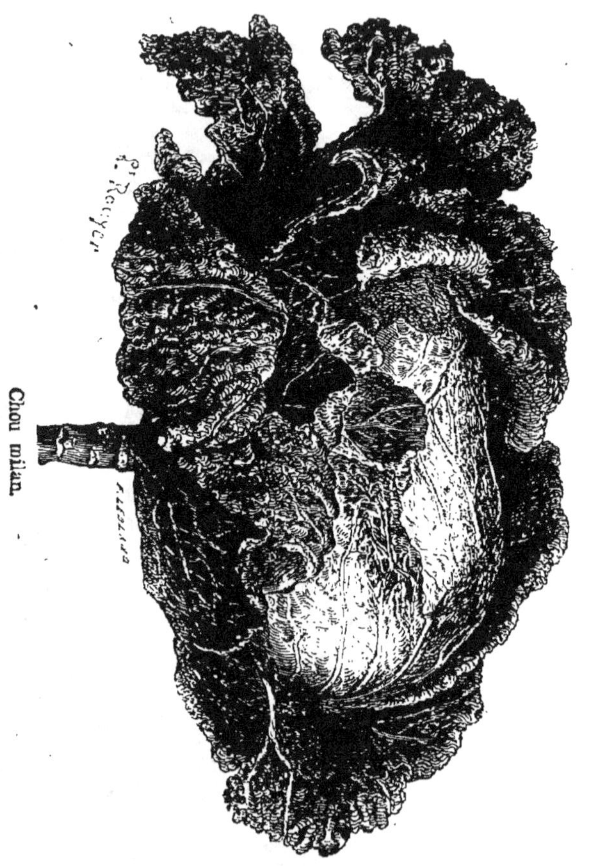

Laitue. — Plante potagère et annuelle, la reine des
salades; deux séries de variétés : 1° *Laitues proprement
dites,* pomme aplatie, feuillage mou, de forme arrondie,
comme boursouflé, vert, rougeâtre ou panaché; 2° *Romaines,* pomme conique, feuillage ferme, allongé et de
diverses nuances; semis à la fin de l'été et repiquage en
automne pour la récolte du premier printemps; en hiver,
semis sur couche; au printemps, semis successifs en

pleine terre pour les consommations d'été ; arrosages abondants.

Chicorée endive et *scarole.* — Plantes potagères, annuelles ; l'une à feuillage frisé, l'autre à feuillage lisse, qu'on mange en salade après les avoir fait blanchir en les liant ; légumes précieux pour la fin de l'été, l'automne et l'hiver ; semis depuis le milieu du printemps jusqu'à la fin de l'été ; en hiver, culture sur couche.

Mâche. — Petite plante annuelle, qu'on trouve sauvage dans les champs calcaires ; salade d'hiver et de printemps ; semis en été sur terrain ferme et non bêché.

Pourpier. —Plante grasse annuelle, à feuillage arrondi ; salade estimée ; terrain riche ; semis au printemps ; arrosages fréquents.

On cultive encore quelquefois pour salade le *cresson alénois,* le *cresson de fontaine,* la *raiponce* et le *pissenlit,* enfin la *chicorée sauvage.* (Voy. page 109.)

Cerfeuil et persil. — Plantes potagères, aromatiques, à feuillage très-découpé, cultivées pour assaisonnement ; la première est annuelle, la seconde bisannuelle ; on les sème depuis le printemps jusqu'au milieu de l'été.

Thym et estragon. — Autres plantes potagères, aromatiques, vivaces, qu'on multiplie au printemps par éclats de pied.

Épinard. — Plante potagère annuelle, dont le feuillage ovale ou en fer de lance procure un ragoût estimé ; on le sème au printemps pour la consommation de l'été, à la fin de l'été pour celle de l'hiver et du printemps.

Oseille. — Plante potagère vivace, remarquable par l'acidité de ses feuilles ovales ; multiplication par éclats de pied ou par semis ; il importe de choisir des variétés à feuillage large.

Tétragone. — Plante potagère, annuelle et rampante, de même goût que l'épinard ; production d'été très-abondante ; semis au printemps sur terrain riche, par touffes très-espacées.

Cardon. — Plante potagère bisannuelle, qui ressemble à un grand chardon ; semis sur place au printemps ; à l'automne, on lie les feuilles et on fait blanchir les pieds par un fort buttage.

Artichaut. — Plante potagère vivace ; feuillage presque

semblable a celui du cardon ; fleurs très-volumineuses, dont on mange la partie inférieure qui est charnue et de bon goût. L'artichaut occupe le sol plusieurs années ; à l'automne, on le butte et on le couvre de menue paille et de feuilles pour le garantir de la gelée; multiplication au printemps par œilletons détachés des anciens pieds.

Asperge. — Végétal potager, vivace, dont les racines forment de fortes griffes, et dont les jeunes pousses procurent au printemps un mets très-estimé; multiplication par semis ; puis, transplantation des jeunes griffes dans des plates-bandes creuses, où, chaque année, l'on met une certaine quantité d'engrais ; première récolte à la troisième année, ensuite longue production; terrain léger.

5. LÉGUMES VERTS A FRUITS COMESTIBLES.

Courges. — Plantes annuelles; large feuillage; tiges rampantes; beaucoup d'espèces et de variétés, dont la principale est la *citrouille,* remarquable par ses fruits énormes, qui servent à l'alimentation humaine et à celle du bétail; semis au printemps sur trous remplis de fumier; en été, suppression d'une partie des fruits et pincement de l'extrémité des pousses; récolte en automne; conservation des fruits hors de l'atteinte des gelées.

Concombre. — Même végétation et même culture; fruits cueillis jeunes pour être confits dans le vinaigre.

Melon. — Plante potagère de même famille, qui exige beaucoup de chaleur et d'engrais; nombreuses variétés; dans le Midi et le Centre, culture analogue à celle des courges: dans le Nord, nécessité d'employer couches, vitraux, paillassons; semis à la fin de l'hiver ou au printemps, selon l'époque de l'été à laquelle on veut avoir les fruits; emploi de graine de plus d'un an; repiquage; suppression de la pousse verticale au-dessus de deux yeux, ensuite pincement des pousses latérales à deux feuilles au-dessus des fruits noués.

Tomate. — Plante potagère, annuelle, dont les fruits rouges servent à faire des sauces estimées; semis sur couche au printemps; repiquage en lieu riche et chaud.

Fraisier. — Plante vivace de nos bois, qui, perfectionnée par la culture, présente une foule de variétés admirables, dont les unes fructifient en été à plusieurs reprises, tandis que les autres ne produisent qu'à un seul moment. Quelques-unes végètent sans tracer ; mais la plupart jettent çà et là de longs filaments ou filandres qui s'enracinent. Pour avoir les plus beaux fruits, semis en été sur terreau frais et à l'ombre ; repiquage l'année suivante en terrain riche ; arrosages abondants ; enlèvement des filandres. On peut aussi multiplier le fraisier par éclats de pied et par filandres.

QUESTIONNAIRE.

1. Dites quelques mots des légumes verts tuberculeux, et en particulier de la pomme de terre. — 2. *Id.* des légumes verts utilisés par leurs racines. — 3. *Id.* des légumes verts à oignons. — 4. *Id.* de ceux dont on mange le feuillage, les pousses ou les fleurs. — 5. *Id.* des légumes verts à fruits comestibles.

CHAPITRE XIV.

Plantes oléagineuses, textiles, tinctoriales, à produits divers.

1. PLANTES OLÉAGINEUSES.

Colza et *navette*. — Plantes annuelles, l'une de la famille des choux, l'autre de celle des navets ; se plaisant

Fleur du colza.

toutes deux sous un climat doux et frais ; fleur du colza blanche ou jaune pâle, celle de la navette jaune éclatant ; graine des deux espèces, petite, ronde et noire ; celle

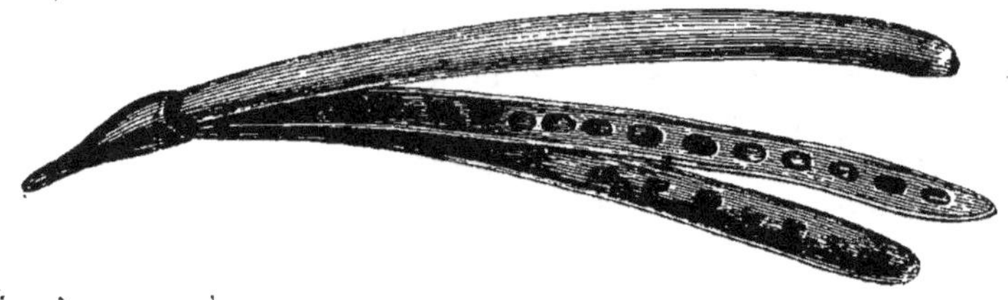

Silique entr'ouverte de colza.

de colza moins petite et plus riche en huile que celle de navette ; variétés automnales et printanières. Le colza d'automne se sème vers le milieu de l'été, soit en place, soit en pépinière pour repiquage ultérieur, sur terrain riche, parfaitement préparé et bien assaini ; on le sarcle et on le butte avant l'hiver ; on le coupe en juin et on le met en moyettes un peu avant la maturité. Ensuite, le battage se fait le plus souvent sur des draps qu'on étend dans le champ même.

La navette d'automne est moins exigeante que le colza sur la qualité du sol ; on la sème en août ou en septembre, et jamais on ne la repique.

Le colza de printemps est principalement cultivé pour garnir des vides au milieu de champs de colza d'automne.

La navette de printemps ou d'été est rustique et de végétation rapide ; semis en juin sur terrain calcaire ; récolte trois mois après.

Pavot œillette. — Plante annuelle, avec tige branchue et grandes fleurs lilas, auxquelles succèdent des capsules grosses comme des noix, contenant de très-petites

Tête de pavot œillette.

graines grises ou brunes, dont l'huile est douce, bien que le reste de la plante soit vénéneux. Culture très-étendue dans le Nord ; semis à la fin de l'hiver sur terrain friable, riche et bien préparé ; sarclages minutieux ; buttage léger ; arrachage en été et mise en faiscéaux couverts de paille. Pour extraire les graines, on secoue la plante en la renversant.

Cameline. — Plante annuelle, peu délicate et de végétation rapide, présentant sur une tige branchue des fleurs jaunâtres, peu apparentes, auxquelles succèdent des siliques ovales avec petites graines rousses ; culture étendue dans le Nord ; semis printanier sur terrain calcaire ; récolte analogue à celle du colza.

Moutarde. — Plante annuelle du Nord ; deux espèces, l'une à graine

Silique de moutarde blanche.

Fleur et siliques de cameline.

noire, l'autre à graine blanche ; toutes deux à fleur jaune. La première infeste souvent, comme mauvaise herbe, les sols calcaires ; on la cultive en Bourgogne pour sa graine oléagineuse, avec laquelle se fait l'assaisonnement dont elle porte le nom. La moutarde blanche est cultivée pour les mêmes usages, et aussi comme médicament ; enfin, elle procure un fourrage automnal de bonne qualité. Pour en obtenir graine, on la sème au printemps sur terrain riche et bien préparé.

Ricin. — Plante annuelle du Midi ; feuillage palmé, feuilles rougeâtres ; graines de la grosseur du haricot, renfermées dans des capsules épineuses ; huile médicinale ; semis printanier en très-bon terrain.

Quelques autres plantes oléagineuses, *madia du Chili,*

raifort de Chine, soleil, ont été essayées ; jusqu'ici, la culture ne s'en est pas étendue.

2. PLANTES TEXTILES.

Lin. — Une tige svelte, un feuillage d'un vert tendre et de jolies fleurs blanches ou azurées font du lin une des plantes les plus gracieuses. Aux fleurs succèdent des capsules rondes qui renferment de petites graines plates, oléagineuses, employées en médecine comme émollientes. L'espèce cultivée est annuelle. On la sème principalement en automne dans le Midi, au printemps dans le Nord ; et pour avoir les plus belles récoltes, on tire, tous les deux ou trois ans, la semence de Livonie.

Fleur de lin.

Le lin exige un terrain friable, riche, frais sans être humide, très-meuble à la surface et profondément pénétrable à l'intérieur, sans cependant être soulevé. La graine se répand très-dru et à la volée. Pour empêcher la plante de s'altérer en tombant à terre, les Flamands la soutiennent par un treillage de bois léger, établi sur de petites fourches à vingt centimètres au-dessus du sol.

Le lin est arraché un peu avant la maturité, puis lié en petites bottes, qu'on met d'abord en faisceaux, ensuite en moyettes. Plus tard, après avoir extrait la semence, soit à coups de maillet, soit au moyen d'un peigne fixé à une table, on tient le lin pendant quelque temps dans une eau claire et douce, pour faire dissoudre la gomme qui colle ensemble les fibres. Après cette opération nommée *rouissage,* le lin est *curé,* c'est-à-dire, étendu sur un pré, afin que la rosée blanchisse les fibres. L'extraction de la filasse comprend trois manipulations : *broyage, écangage, affinage.* Par la première, on triture les tiges ; par la seconde, on secoue vivement la matière broyée, pour faire tomber les parcelles inutiles ; par la troisième, on peigne la filasse, afin de la démêler et de lui donner une grande finesse.

Chanvre. — Le lendemain du jour où il est semé, le chanvre sort de terre. Presque aussitôt après il couvre le sol de son feuillage palmé ; puis, il s'élève au-dessus de tout ce qui l'avoisine. La plante est annuelle et produit fleurs mâles et fleurs femelles sur des

Fleur femelle du chanvre.

pieds différents. La graine, appelée *chènevis,* procure une huile âcre, seulement bonne à brûler. Pourvu que la semaille se fasse après les gelées printanières, par un temps chaud et humide, le chanvre peut être cultivé dans toute la France. Il ne se plaît qu'en terre friable, riche, par-

Fleur mâle du chanvre.

faitement préparée et fortement pourvue d'engrais actif. Aussitôt le champ labouré, on répand la graine très-dru et à la volée. La chènevière n'exige ensuite ni sarclage ni esserbage. La récolte et les préparations subséquentes se font d'après les mêmes principes que pour le lin. Les meilleures semences viennent du Piémont.

5.

3. PLANTES TINCTORIALES.

Garance. — Végétal vivace et grimpant, qui ressemble beaucoup au grateron des haies et dont la racine procure de la couleur rouge de plusieurs nuances. On la cultive surtout en Alsace et dans les marais défrichés de Vaucluse; elle exige un sol riche, des cultures très-énergi-

Fleur de garance.

ques, des sarclages minutieux, et occupe la terre pendant deux ou trois ans. Le champ est ordinairement disposé en ados, que l'on recharge de terre à l'automne. La coupe des tiges, qui se fait alors, procure chaque année un excellent fourrage.

Safran. — Végétal vivace et bulbeux, dont les fleurs présentent de longs filets ou stigmates de couleur orange, desquels on tire un principe aromatique et une teinture jaune. Cette plante, qui exige une terre riche, meuble et sans pierres, se cultive surtout aux environs d'Angoulême,

d'Avignon, d'Orléans, et occupe le sol plusieurs années.
La récolte a lieu en septembre.

Gaude. — Plante annuelle, qui procure une teinture
jaune. On la cultive sur di-
vers points, tant du Nord que
du Midi. Elle exige un terrain
calcaire et se sème à la volée,
soit en automne, soit au printemps; arrachage en été, un
peu avant la maturité complète.

Pastel. —Végétal bisannuel,
dont les feuilles longues, ovales et d'un vert glauque, procurent un bleu de la nature
de l'indigo. On le cultive surtout autour d'Albi. Les feuilles se coupent plusieurs fois
par an.

Tournesol. — Plante an-
nuelle, de laquelle on tire la
substance, si souvent em-
ployée dans les laboratoires,
qui passe du bleu au rouge et
du rouge au bleu par l'action

Fleur de safran.

des acides et des alcalis. On la cultive dans le Gard.

Carthame ou *safran bâtard.* — Plante annuelle à feuillage épineux, cultivée près de Lyon, et dont les fleurs, de
la forme de celles des chardons, procurent deux teintures,
l'une jaune, l'autre rouge éclatant; semis au printemps;
récolte en été.

4. PLANTES A PRODUITS DIVERS.

Tabac. — Végétal annuel, originaire du Nouveau-
Monde; tige forte et branchue, grandes feuilles ovales,
fleurs verdâtres, capsules remplies de graines très-fines.
La culture n'en est permise en France que dans un petit
nombre de départements, tant du Nord que du Midi, et
l'administration en achète tout le produit. Plus le climat

est chaud, plus les feuilles sont parfumées. On sème le tabac au printemps sur couche; puis, on le repique en terre très-riche et très-bien préparée, sur petites fosses remplies de fumier; on pince chaque tige au-dessus d'un petit nombre de feuilles qu'on laisse se développer seules et à la base desquelles on enlève les bourgeons naissants; récolte en automne; dessiccation lente des feuilles sous des hangars.

Houblon. — Plante vivace du Nord, grimpante, produisant fleurs mâles et fleurs femelles sur sujets différents.

Les cônes odorants qui servent à aromatiser la bière sont le fruit des plantes femelles. Pour établir une houblonnière, on forme, en lieu très-riche, avec du fumier et de la terre meuble, des buttes sur lesquelles on plante trois ou quatre rejetons détachés d'anciennes souches; puis, on enfonce près de chaque butte une perche, autour de laquelle la plante s'entortille. A la fin de l'été, pour cueillir les cônes, on porte sous des hangars ces perches toutes garnies. La houblonnière reste en rapport pendant plusieurs années, pourvu qu'on la fume et qu'on la cultive avec soin.

Cône de houblon.

Cardère ou *chardon à foulon.* — Plante bisannuelle et épineuse, dont les têtes, couvertes de fleurs lilas, présentent des barbes courbées en forme de petits crochets; ces têtes sont employées dans la fabrication des étoffes; semis au printemps sur place ou en pépinière, en terrain riche et bien préparé; sarclage et buttage; récolte des têtes l'année suivante.

Chicorée sauvage.—Plante vivace, dont la racine, qui est très-longue, sert, grillée et moulue, aux mêmes usages que le café; culture très-étendue dans le Nord; semis au printemps, en lignes, sur terre perméable, riche et très-bien préparée; sarclages en été; à l'automne, coupe du feuillage pour le bétail, et arrachage des racines, que l'on fait sécher à l'étuve, après les avoir coupées en petits morceaux. La chicorée sauvage est cultivée d'autre part comme légume vert; arrachée à l'automne et mise à la cave par lits alternant avec du sable, elle produit en hiver quantité de pousses étiolées qu'on mange en salade.

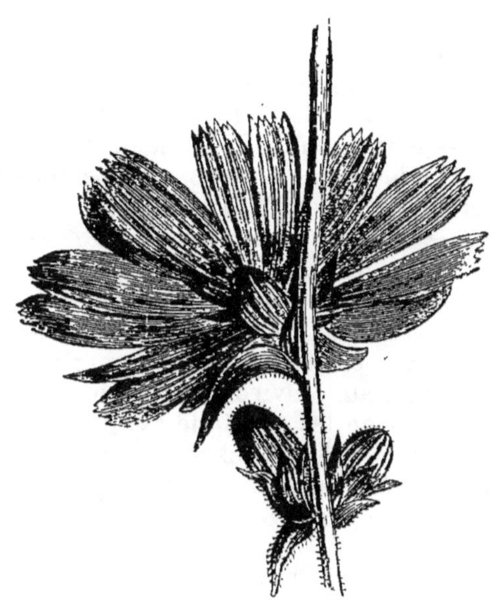

Fleur de chicorée sauvage.

Soude. — Plante annuelle, que l'on cultive sur les terrains salés du littoral de la Méditerranée, pour la brûler et en obtenir les cendres, qui sont très-riches en soude, semis au printemps.

Roseau-canne ou *à quenouille*. — Grand roseau vivace, cultivé dans le Midi pour ses tiges ligneuses, creuses en dedans et divisées par nœuds. Ces tiges, récoltées à l'âge de deux ans, ont trois à cinq mètres de haut. On en fait des claies, des treillages, des lignes à pêcher; climat chaud; terrain souvent submergé.

Immortelle d'Orient. — Plante vivace du Midi, à feuillage cotonneux et dont les fleurs, qui ne se fanent pas, servent principalement à faire des couronnes funèbres. L'immortelle se plaît sur les terres arides et craint beaucoup le froid et l'humidité; elle occupe le champ plusieurs années et se multiplie par éclats de pied.

Fenu-grec. — Plante annuelle du Centre et du Midi ; feuillage trifolié ; graine très-aromatique, servant à assaisonner la nourriture des animaux à l'engrais ; **terrain léger, sec et de fertilité moyenne.**

Anis. — Petite plante annuelle et aromatique du Centre et du Midi, dont les graines rondes sont employées par les confiseurs ; semis printanier en sol riche et friable.

Coriandre. — Plante annuelle de même usage que l'anis, moins délicate au froid ; culture assez étendue sur les terrains légers des environs de Paris.

Angélique. — Grande plante vivace, très-aromatique, dont on fait confire les tiges, et qu'on cultive surtout près de Niort, sur terrains substantiels et frais.

Violette. — Petite plante vivace, dont les fleurs, d'odeur délicieuse, sont très-employées en parfumerie ; culture en grand à Hyères et aux environs ; on choisit les variétés à fleurs doubles, et on les multiplie par éclats de pied.

Il faut ajouter à cette nomenclature quelques plantes médicinales cultivées en petit, telles que, *pavot opium, camomille, guimauve, rhubarbe, hysope,* etc.

QUESTIONNAIRE.

1. Dites quelques mots des plantes oléagineuses. — 2. *Id.* des plantes textiles. — 3. *Id.* des plantes tinctoriales. — 4. *Id.* des plantes à produits divers.

CHAPITRE XV.

Plantes fourragères, prairies naturelles, fenaison.

1. Parmi les plantes fourragères, les unes forment les prairies artificielles, les autres composent les gazons naturels. A la première division appartiennent les espèces suivantes :

Trèfle violet. — Végétal vivace, dont les fleurs forment des têtes violettes de la grosseur d'une noix. Il aime un climat humide, se plaît surtout dans les terrains pourvus de calcaire et ne doit pas être semé trop souvent sur le même champ. On répand la graine, au printemps, dans une céréale, sur terrain parfaitement purgé de chiendent. Au printemps de l'année suivante, on sème sur chaque hectare de jeune trèfle deux hectolitres de plâtre pulvérisé ou quel-

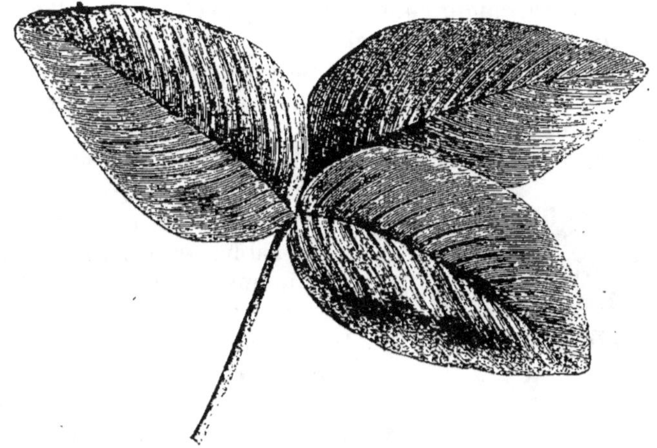

Feuille de trèfle violet.

que autre substance sulfureuse. La récolte se fait en deux

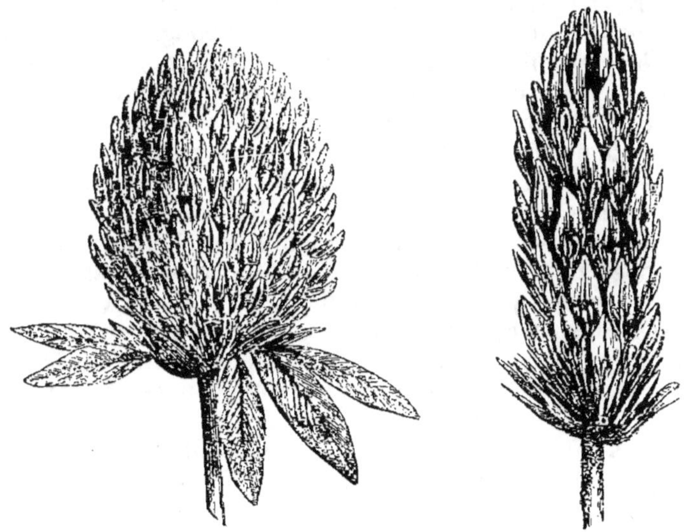

Fleur de trèfle violet.   Fleur de trèfle incarnat.

ou trois coupes, et procure un fourrage sec ou vert de bonne qualité. Pour graine, on laisse mûrir la seconde pousse des champs les mieux fleuris.

On doit rarement conserver le trèfle violet plus d'un an, de peur qu'il ne s'éclaircisse et que les vides ne s'emplissent de mauvaise herbe. De plus, il importe de ne le faire revenir sur le même terrain qu'après un intervalle de plusieurs années.

Trèfle blanc. — Ce trèfle, qui est rampant et vivace, exige plus de fraîcheur encore que le premier, et se plaît surtout dans les sables et les limons humides ; même culture. Il peut généralement rester en bonne production pendant deux ou trois ans.

Fleur de trèfle blanc.

Trèfle hybride. — Espèce vivace, de même port que le trèfle blanc, avec petites fleurs d'un violet clair ; sur terrain froid, il réussit mieux qu'aucun autre trèfle et reste productif plusieurs années ; même culture.

Trèfle incarnat. — Espèce annuelle, avec tige velue surmontée de panaches de fleurs d'un rouge éclatant. On le sème à la fin de l'été sur terre plutôt hersée que labourée, et on le coupe une seule fois au printemps suivant. Il réussit mieux dans le Midi que les espèces précédentes et se plaît sur les terrains calcaires perméables. Le fourrage qu'il procure, est hâtif et de seconde qualité. Il en existe une variété blanche plus tardive que la rouge.

Luzerne. — Plante vivace ; feuillage trifolié ; fleurs en grappes d'un violet foncé ; racines profondément pivotantes, ce qui permet à cette plante de résister à la sécheresse sous le ciel du Midi. En avançant vers le Nord, on remarque qu'elle souffre du froid ; cependant, sous le climat de Paris, elle produit encore trois coupes du meilleur fourrage. Il lui faut un sous-sol calcaire perméable. Plus ce sous-sol est profond, plus longtemps elle peut vivre. La plupart des luzernières restent vigoureuses quatre à dix ans et sont en plein rapport à leur troisième année. Le semis doit se faire en terre bien ameublie et nettoyée : au printemps, si l'on se trouve sous le climat du Nord ; plutôt à l'automne, dans le Midi. La graine se répand, en général, sur terre occupée par une céréale. Le terrain de la luzernière qu'on défriche est toujours très-amélioré.

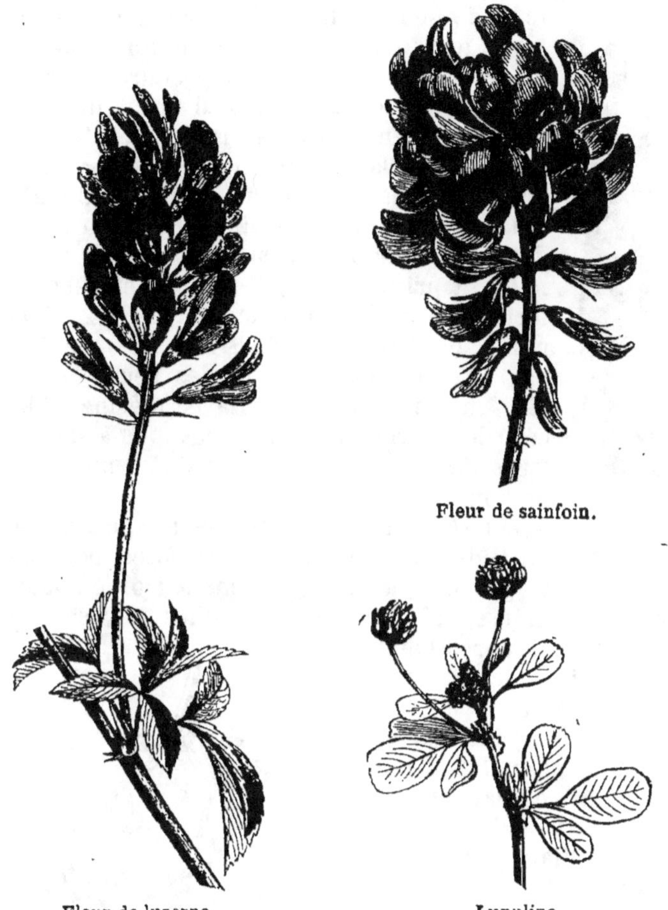

Fleur de sainfoin.

Fleur de luzerne.   Lupuline.

Sainfoin. — Belle plante vivace, avec feuillage ailé, panaches de fleurs d'un violet clair et racines profondément pivotantes. Le sainfoin réussit dans toutes nos régions, et il exige, comme la luzerne, un sous-sol calcaire. Lorsqu'on le laisse vivre plusieurs années, il améliore fortement la terre. La plus grande variété donne deux coupes d'excellent fourrage. Même culture que celle de la luzerne.

Lupuline. — Plante annuelle; feuillage trifolié, petites têtes de fleurs jaunes, tiges rampantes; climat frais; terrain calcaire; même culture que celle du trèfle violet. La lupuline procure une coupe d'excellent fourrage, ou bien un pâturage excellent qui dure jusqu'au milieu de l'été.

Vesce. — Plante annuelle; feuillage ailé, tige grimpante, fleurs violettes, gousses allongées, qui contiennent des graines noires ou brunes de la grosseur de petits pois; variétés automnales et printanières, les unes sensibles aux fortes gelées du Nord, les autres aux sécheresses du Centre et du Midi. Elles n'exigent pas un sol très-riche; on les sème à la volée, sur terrain labouré, avec mélange d'une céréale, seigle ou avoine, destinée à soutenir leurs tiges. La récolte consiste en une coupe de bon fourrage.

Gousse
de vesce.

Ervillier ou *lentille ers.* — Plante annuelle du Midi; feuillage ailé; fleurs roses, petites et en grappes; gousses contenant trois ou quatre graines anguleuses, plus petites que celles de vesce; semis automnal, après labour, sur terrain calcaire; pâturage printanier.

Serradelle, pied d'oiseau. — Plante annuelle, à feuillage ailé; climat humide; sable frais; semis printanier ou automnal après labour profond.

Spergule. — Plante annuelle à végétation très-prompte; climat humide; sable frais; semis printanier et estival.

Pimprenelle. — Plante vivace, précieuse pour la création de pâturages en terrain calcaire et aride; semis printanier. (Voyez page 115.)

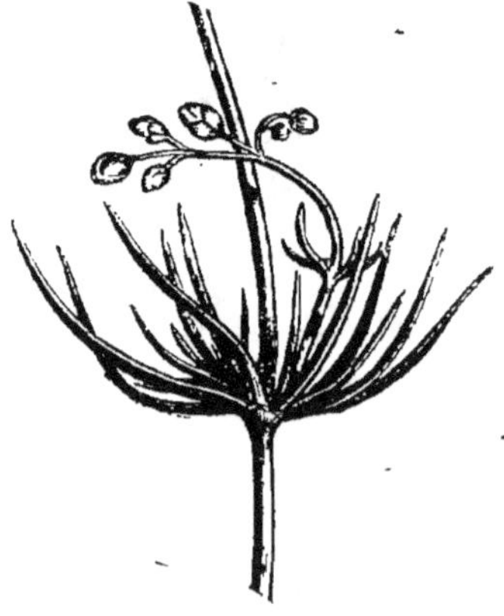
Spergule.

A ces plantes, essentiellement fourragères, il faut encore en ajouter quelques-unes qui appartiennent à d'autres séries et que l'on cultive quelquefois, soit pour les couper en vert, soit pour les faire pâturer : *seigle*, *orge*, *maïs*, *sorgho*, *navette*, *pastel*, *chicorée sauvage*, etc.

2. Indépendamment des prairies artificielles, la plupart des exploitations possèdent des gazons naturels. Il ne faut pas les négliger. Souvent, avec peu de dépense, on en quadruple le produit.

La fraîcheur favorise la croissance de l'herbe ; aussi, l'un des meilleurs moyens d'utiliser un lieu souvent submergé, c'est de le tenir en prairie. N'en concluons pas que l'eau stagnante puisse jamais être utile au gazon. Si l'eau séjourne, il ne surgit que de mauvaises plantes ; que

Pimprenelle.

dans les prés, comme dans les terres arables, chaque pli de terrain ait donc sa rigole d'assainissement, et que le sous-sol sourceux soit drainé. A l'assainissement, qu'on joigne, s'il se peut, l'arrosage d'hiver pour améliorer le sol, et celui d'été pour le rafraîchir ; afin de soutenir la fécondité, qu'on applique, au besoin, des substances fertilisantes. Tout gazon sur terrain privé de calcaire est amélioré par la marne ou la chaux ; et les prés qui présentent une surface spongieuse, se trouvent utilement raffermis par un apport de sable ou par le piétinement des troupeaux.

Un vigoureux hersage printanier doit être conseillé, ainsi que l'extraction, faite à la bêche, des touffes de joncs et autres plantes grossières. Les taupinières seront étendues deux fois par an.

Relativement à l'exploitation des prairies, voici des règles importantes :

Baser l'aménagement des gazons sur ce principe : que le fauchage les fatigue et que le pâturage leur rend vigueur ; dès lors, on ne doit faucher deux ou trois fois dans l'année que les prés fertilisés par d'abondantes irrigations d'hiver ; il faut récolter une seule fois et faire pâturer le reste du temps tout autre gazon. Lorsqu'une prairie a été épuisée par des fauchages trop fréquents, il faut la livrer au pâturage pendant un an ou deux ; ne jamais laisser brouter les prés à un degré tel, que le collet des plantes soit déchiré ; prendre garde surtout à la dent très-incisive des chevaux et des moutons ; sur un gazon livré au pâturage, réunir assez d'animaux pour que l'herbe, toujours raccourcie, ne puisse fleurir ; faucher de temps en temps les plantes montées ; faire éparpiller les déjections du gros bétail.

3. Par un beau temps, aucune opération n'est plus simple que la récolte des prairies. L'herbe fauchée est étendue, puis retournée deux ou trois fois, enfin amassée en *meulettes* ou tas de deux mètres de haut. Si le temps est pluvieux, le mieux est de mettre, à deux ou trois reprises, l'herbe en gros tas, qu'on démolit dès qu'ils sont fortement échauffés à l'intérieur. Si le temps, quoique incertain, ne paraît pas assez mauvais pour nécessiter ce genre de fenaison, dont le travail est considérable, on ne doit pas perdre de vue que l'herbe ne se gâte, ni lorsque, verte, elle gît sur terre, ni lorsque, à moitié sèche, elle reste en meulettes pendant quelques jours, mais qu'elle se détériore à chaque averse ou forte rosée qu'elle reçoit, étendue sur le pré dans un état de dessiccation incomplète. Comme le feuillage des plantes de prairies artificielles tombe facilement, on ne doit pas secouer ces plantes comme l'herbe des gazons naturels, mais plutôt laisser sécher les andains en les retournant une seule fois, ou bien les amonceler, encore verts, en petits tas de 50 centimètres de haut, qu'on laisse sécher doucement.

4. On reconnaît la nature d'une prairie aux signes suivants : le vert tendre est la nuance des meilleurs gazons ;

le vert noirâtre est celle des mauvais. L'herbe nutritive
est grasse et lente à sécher ; la mauvaise est dure, souvent cotonneuse, et la dessiccation en est rapide. Un bon
gazon est ferme sous le pied ; un gazon médiocre fléchit
à cause de la présence de mousses et de détritus non dé-
composés. Pour peu que les troupeaux soient nombreux,
ils rasent très-court les gazons de bonne qualité, tandis
que, livrées au pâturage, les mauvaises prairies présentent
presque toujours des plantes d'une certaine hauteur auxquelles les animaux ne touchent qu'à regret. On aime à
voir en abondance dans les prés les *trèfles,* les *vesces,* les
lotiers, la *centaurée jaucée,* la *pimprenelle.* Le *vulpin des
prés,* le *fléau des prés,* le *pâturin des prés,* l'*agrostis stolonifère,* le *dactyle pelotonné,* l'*avoine élevée,* la *fétuque*

Lotier corniculé.   Fleur de carex ou laiche.

flottante et celle des prés, la *houlque laineuse,* sont classés

Dactyle pelotonné.
Ivraie vivace.
Fétuque flottante.
Fléau des prés.
Centaurée jacée.
Vulpin des prés.

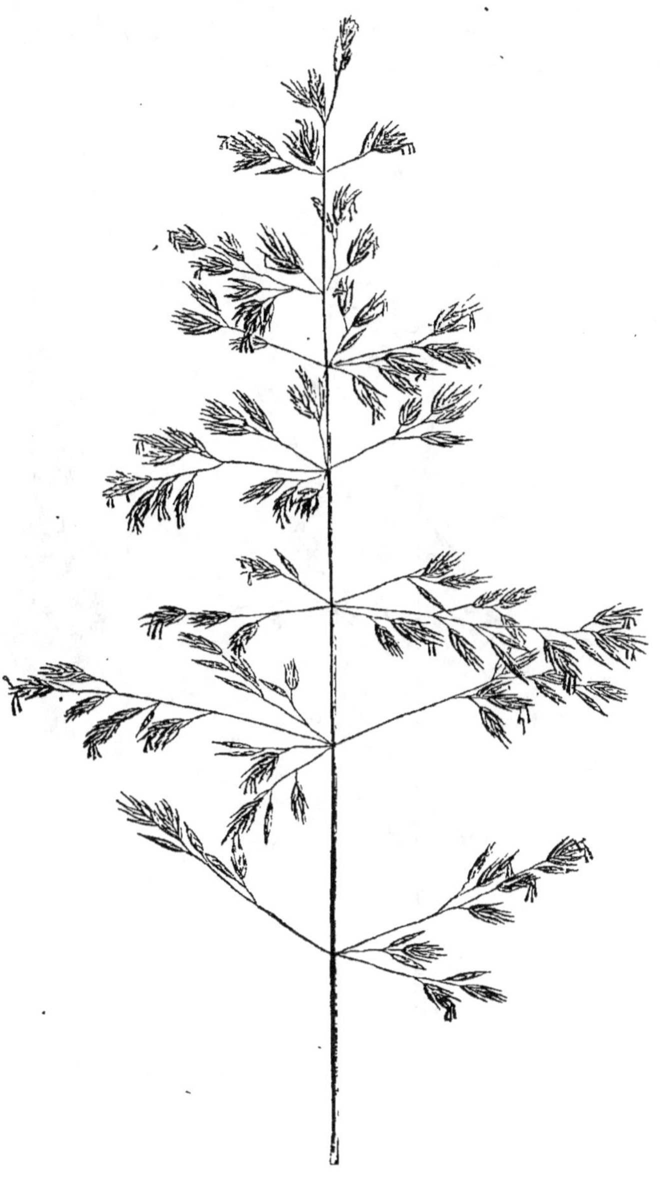

Pâturin des prés.

aussi parmi les bonnes herbes de prairies. De mauvaises plantes, au contraire, sont les *joncs*, les *laiches* ou *carex*, la *queue de cheval* ou *prêle*, la *bruyère*.

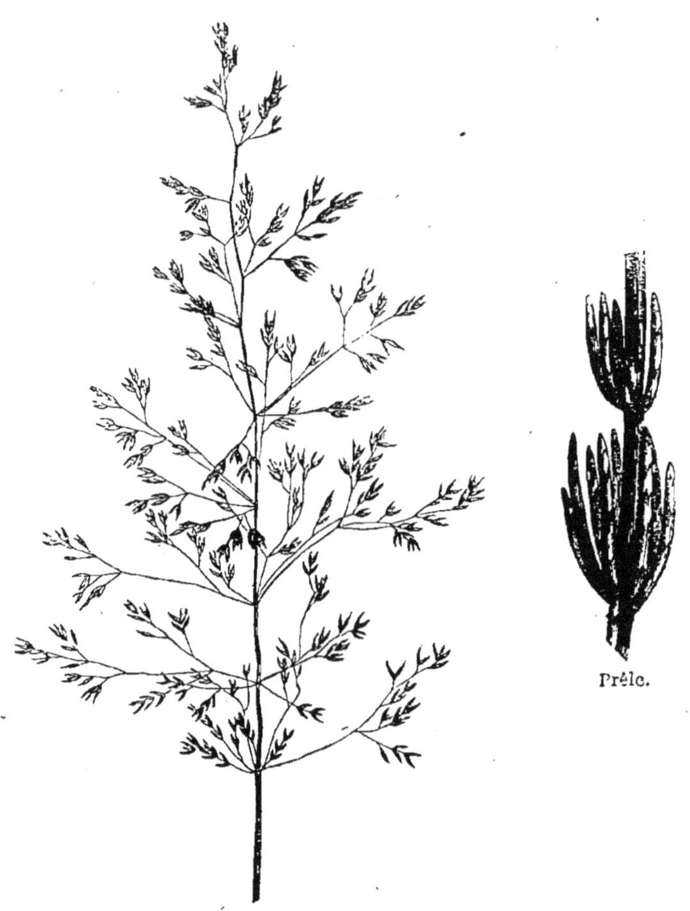

Agrostis stolonifère.

Prêle.

5. Souvent pour mettre en herbe un terrain humide, il suffit d'y semer du trèfle violet, blanc ou hybride. A mesure que le trèfle disparaît, le champ s'enherbe et le gazon lui-même reste productif, pourvu qu'on lui applique de l'engrais de temps en temps. Si l'on craint que la

terre ne contienne pas assez de germes d'herbes de pré,
il faut y semer en automne, après l'avoir parfaitement

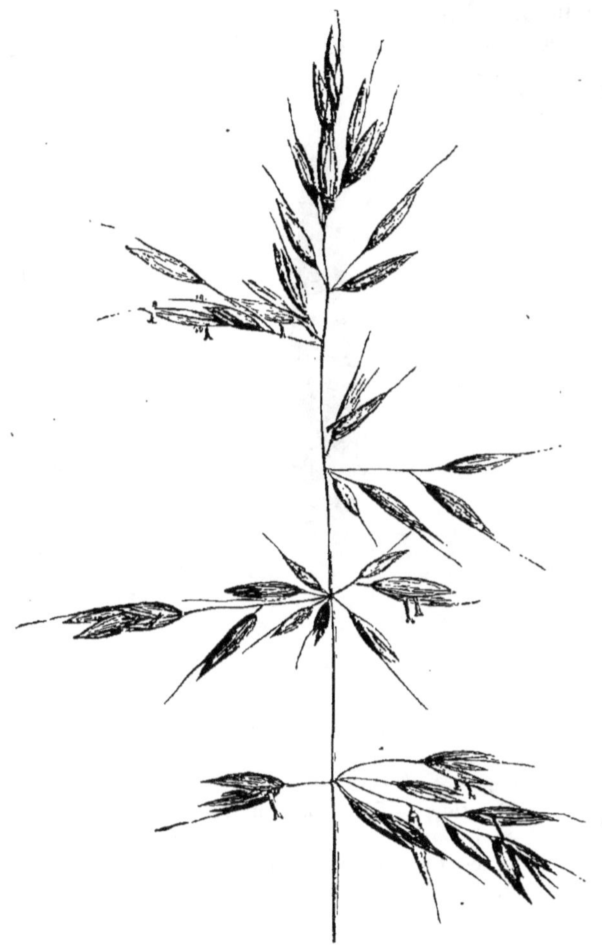

Avoine élevée.

cultivée et fumée, des graines de trèfle blanc et d'*ivraie
vivace (ray-grass anglais)*, l'un des gramens les plus touffus et les meilleurs à pâturer. A la famille des ivraies

appartient encore le *ray-grass d'Italie,* qui talle moins
que l'autre espèce, exige un meilleur sol, persiste moins
longtemps et donne un fourrage plus élevé, plus abondant ;
on le sème ordinairement sans mélange et on le fauche
deux ou trois fois dans le Nord, cinq fois sur les terrains
arrosés du Midi.

Fleur de carex ou laiche.

QUESTIONNAIRE.

1. Dites quelques mots des plantes fourragères dont se composent
les prairies artificielles. — 2. Quels sont les soins à donner aux
prés naturels? — 3. Comment se fait la fenaison ? — 4. A quels
caractères distingue-t-on une bonne prairie d'une mauvaise? —
5. Comment forme-t-on une prairie ?

CHAPITRE XVI.

Plantes et animaux nuisibles aux récoltes.

1. L'agriculture est un véritable combat que les plantes

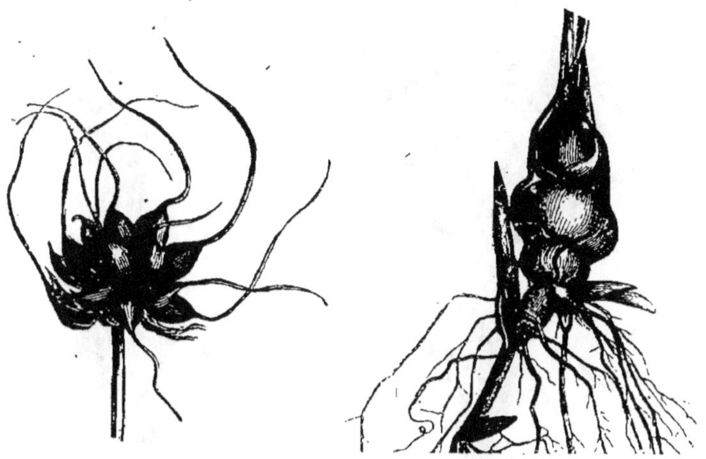

Tête d'ail sauvage.   Racine d'avoine à chapelet.

utiles ont à soutenir contre d'innombrables ennemis. Ce sont d'abord plusieurs végétaux vivaces très-pernicieux, tels que : l'*ail sauvage*, la *ronce*, la *fougère*, le *liseron des champs*, le *chardon des champs*, le *chiendent commun*, la *traînasse* ou *petit chiendent*, l'*avoine à chapelet*, gramen à racines tuberculeuses ; le *pas-d'âne*, dont la large feuille ressemble au pied

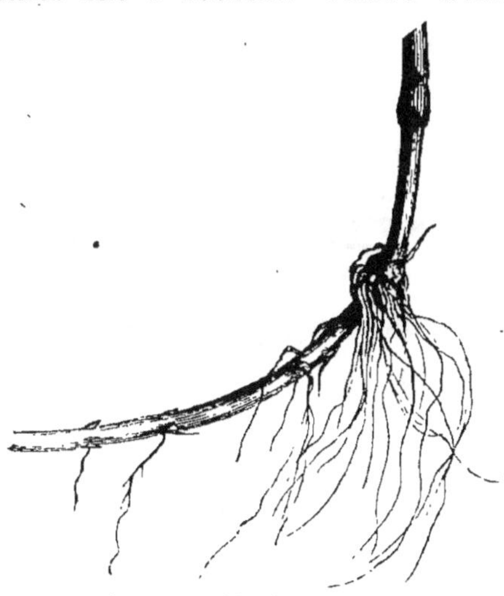

Racine de chiendent commun.

d'un baudet; puis une foule de plantes annuelles, parmi

Fleur de nielle.

Portion d'épi d'ivraie des blés.

Épillets du brome des seigles.

Vesce à feuilles de lin.

lesquelles on peut indiquer comme des plus nuisibles

la *nielle*, l'*ivraie des blés*, le *brome des seigles*, la *cuscute* des prairies artificielles, la *persicaire*, la *queue-de-renard des champs*, la *vesce à feuilles de lin*, etc.

Fleur de cuscute.   Persicaire.   Queue-de-renard des champs.

2. Pour les combattre toutes efficacement, il faut entamer les terres le plus tôt possible après les récoltes; faire alterner entre eux les labours de profondeurs diverses; par une température humide, renverser parfaitement la tranche; au temps des semailles, labourer d'avance, et à l'instant même de l'ensemencement, détruire par des hersages vigoureux toutes les plantes nuisibles qui ont surgi depuis le travail de la charrue; multiplier autant que possible les cultures de plantes sarclées; consacrer à ces cultures, ainsi qu'à celle des végétaux fourragers, et non à la culture des céréales, les engrais qui peuvent contenir des graines nuisibles.

3. Certaines végétations du genre des moisissures et

des champignons sont particulièrement redoutables. Ainsi, on voit souvent la luzerne jaunir, puis mourir presque subitement. Si l'on déterre les racines, on les trouve enlacées par les filets rougeâtres d'un végétal souterrain appelé *rhizoctone*. Une luzernière fortement attaquée doit être promptement défrichée ; mais si le mal est peu étendu, on peut l'arrêter en circonscrivant par des fossés les places atteintes. Le safran et la garance sont exposés à des maladies analogues.

Des parasites d'un autre genre déterminent sur les tiges et sur les feuilles de plusieurs végétaux certaines taches grises, noires ou rougeâtres, auxquelles on donne le nom de *rouille*. Un ensemencement tardif, un printemps froid et humide, de brusques variations de température, un assainissement imparfait, le voisinage d'arbres, l'acidité de l'humus, sont autant de causes qui prédisposent à ce mal. De 1845 à 1856, ces végétations, jointes à d'autres encore peu connues, se sont prodigieusement multipliées sur les pommes de terre, le froment, la betterave, etc.

Un dernier genre de parasites détermine sur les grains les maladies connues sous le nom d'*ergot*, de *charbon*, de *carie*. L'*ergot* produit de longues excroissances violettes et vénéneuses à la place du grain de plusieurs céréales, seigle, blé, maïs. Le *charbon* et la *carie* changent ce grain en une poussière noire et infecte. Comme le germe de la carie souille très-souvent les blés de semence, on doit chercher à le détruire par quelque substance caustique, chaux, sel commun, sulfate de soude, qu'on met en contact avec le grain avant le semis.

Toutes ces maladies sont d'autant plus communes que le sol et le climat sont plus humides, et que l'humus est moins exempt d'acidité. Ainsi, le drainage des terres imperméables et le marnage ou le

Ergot du seigle.

chaulage des champs acides sont des moyens préservatifs sinon absolus, du moins très-efficaces.

4. Le cultivateur compte pour ennemis, dans le règne animal, des oiseaux, des souris, des limaces et d'innombrables insectes.

INSECTES NUISIBLES AUX PLANTES EN VÉGÉTATION.

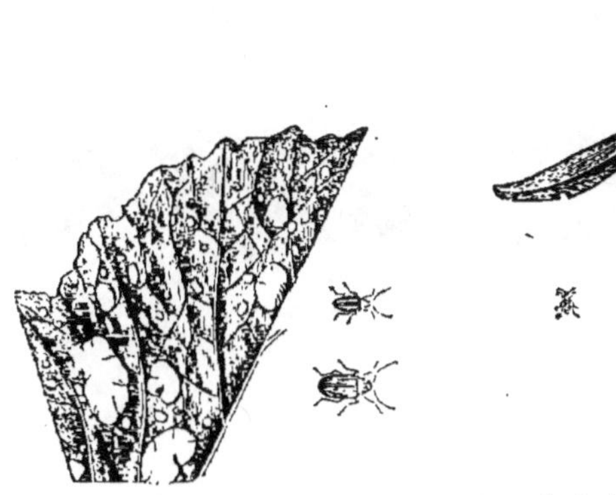

Altises des choux.

Atomaria de la betterave, insecte parfait et plante attaquée.

Larve du colaspis atra attaquant la luzerne.

Feuille de pois attaquée par le sitone rayé.

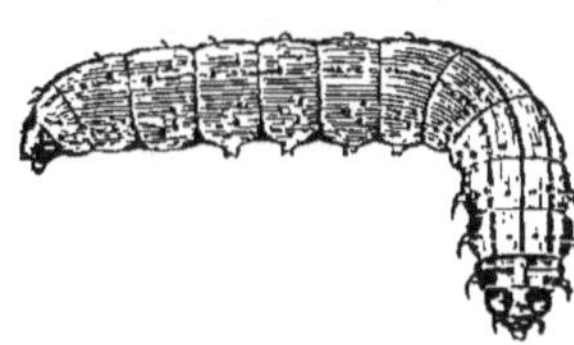

Ver gris.

Ver blanc.

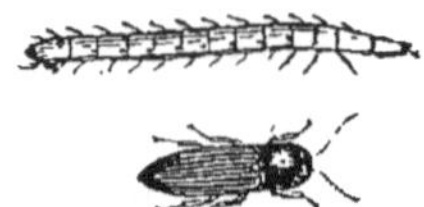

Taupin des blés, larve
et insecte parfait.

Colaspis de la luzerno
insecte parfait.

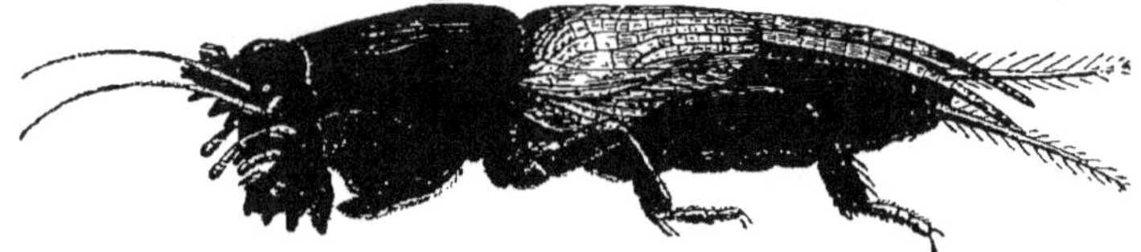

Courtilière.

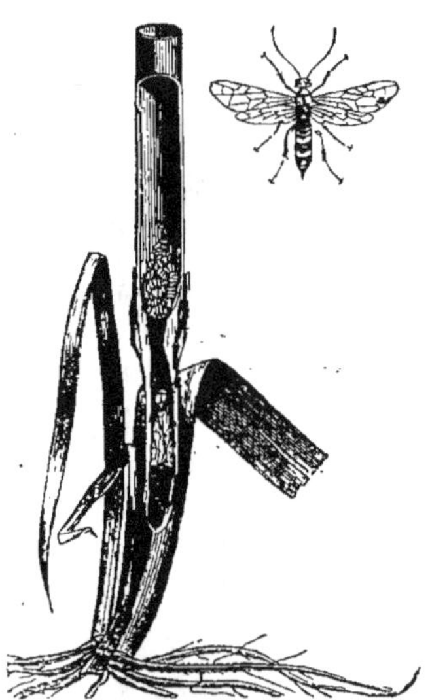

Aiguillonnier des blés, insecto
parfait et chaume attaqué.

Cécidomye; larves attaquant
la fleur du blé.

Blaniules attaquant du blé
en germination.

Le plus simple moyen à employer contre ces destructeurs consiste à protéger les êtres qui en sont les ennemis
naturels. Tels sont les oiseaux qui vivent d'insectes : *hiron-*

delle, rouge-gorge, fauvette, bergeronnette, rossignol, etc.
Que toutes les personnes éclairées, les instituteurs principalement, protégent les nids de ces espèces précieuses. Au
contraire, on tuera sans pitié le *ramier* et la *tourterelle,*
l'un et l'autre mangeurs de grains ; et, bien que les *cor-
beaux* se nourrissent d'aliments de tout genre, on les
chassera également dès qu'il s'en trouve un grand nombre,
à cause des dégâts qu'ils font aux semailles. Parmi les
gros oiseaux, on protégera la *chouette,* qui détruit les
souris et les mulots.

Au nombre des animaux que l'on tue souvent, quoiqu'ils
mangent quantité de bêtes nuisibles, il convient de si-
gnaler le *hérisson,* qui se nourrit d'insectes, de vers et de
limaçons ; la *chauve-souris,* qui vit exclusivement de
mouches nocturnes ; presque tous les reptiles, en particulier la *grenouille* et le *crapaud ;* le *carabe doré* connu
sous les noms de *jardinière* et de *cheval du bon Dieu,* qui
dévore quantité d'autres insectes ; la *taupe,* qui se nourrit
principalement de limaces et de vers. Dans les jardins,
elle fait de tels dégâts qu'évidemment elle doit en être
proscrite ; mais le mieux est de la conserver dans les
champs et dans les prairies.

Un second moyen de détruire les animaux nuisibles
est de les prendre par la faim. Une terre est remplie d'insectes ; on multiplie hersages et labours au point qu'elle
soit privée de végétation pendant des mois entiers. On
fait périr de cette manière beaucoup de larves et de limaces qui ne trouvent rien à manger. Aux insectes qui
vivent exclusivement sur certaines plantes, on coupe les
vivres en couvrant le sol, pendant plusieurs années, de
végétaux dont ils ne peuvent se nourrir, et c'est ainsi que
l'alternat des cultures est essentiellement favorable à la
disparition de ce genre d'ennemis.

Exceptionnellement, lors des semailles, on donnera
abondamment à manger aux insectes habitants des gué-
rets, en employant plus de graine qu'il ne serait rigoureusement nécessaire. Par ce moyen, le champ restera
suffisamment garni malgré d'inévitables destructions.

Il faut encore, par des cultures énergiques, troubler les
insectes dans leurs demeures souterraines. Effectués avant
de fortes gelées, les labours font périr beaucoup de

larves [1], de nymphes et d'insectes parfaits. Les rouleaux les plus lourds écrasent dans le sol les limaces et les vers.

Si une excellente culture met les récoltes à l'abri de dégâts funestes, il en est de même des subtances fertilisantes très-actives, colombine, guano, poudrette, etc., appliquées au moment des semailles ou dès le premier âge des plantes. Celles-ci, stimulées par l'engrais, se guérissent promptement de blessures qui auraient été mortelles, si la végétation eût été moins active.

A ces moyens généraux, il faut en joindre de particuliers contre quelques espèces : ainsi, on devrait, par une mesure administrative, proscrire partout les *hannetons*, qui dévorent au printemps le feuillage des arbres, et dont les larves, qui vivent en terre et qu'on nomme *vers blancs*, anéantissent parfois des récoltes entières.

Dans les pays humides, si de petites limaces grises mangent le feuillage naissant de nos végétaux, il faut, à l'instant même où, excités par la fraîcheur, ces mollusques ont quitté leurs demeures souterraines, semer sur le champ qu'ils dévastent de la chaux récemment fusée, et renouveler encore l'opération une demi-heure après. La mort des limaces qui ont été atteintes deux fois de cette poudre caustique est inévitable.

Les céréales en magasin sont mangées par quatre insectes principaux : le *charançon*, le *trogosite*, l'*alucite*, et la *fausse teigne*. Quant aux légumes secs, ils sont attaqués par des insectes appelés *bruches*. On fait fuir ces destructeurs, surtout le charançon, en goudronnant les charpentes et les boiseries des greniers et en suspendant le long des murs des poignées de chanvre, des feuilles de noyer et autres végétaux à odeur forte. D'un autre côté, comme aucun insecte ne se propage si on trouble ses habitudes, la plus simple prudence conseille de remuer

---

1. Tout le monde connaît les différentes phases de la vie des insectes. La femelle pond des œufs qui donnent naissance à des *larves* ou *vers*. Après avoir vécu un temps qui varie de quelques semaines à plusieurs années, les larves se transforment en *nymphes* ou *pupes*. On appelle *chenilles* les larves des papillons, et *chrysalides*, leurs nymphes. Par une dernière transformation, les nymphes produisent *l'insecte parfait*, qui seul est doué des facultés génératrices.

les grains le plus souvent possible. Lorsque, faute des manipulations nécessaires, un tas se trouve attaqué, il faut, sans déranger la masse entière, séparer la couche supérieure où les insectes sont réunis et la porter au loin; tandis que, par des soins ordinaires, le surplus pourra être préservé, cette portion sera mise au four ou dans l'eau bouillante.

INSECTES NUISIBLES AUX GRAINS EN MAGASIN.

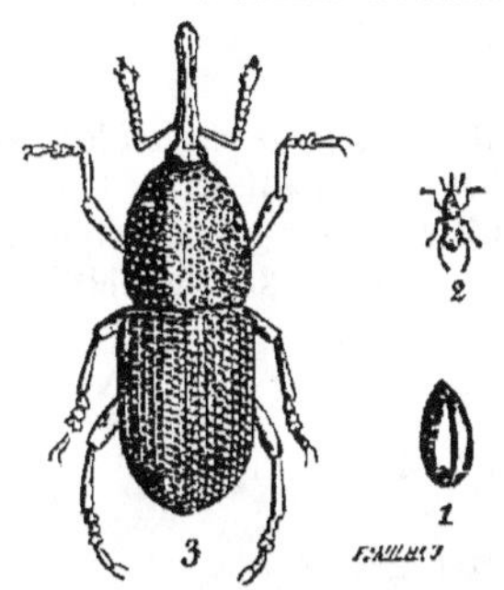

1. Blé attaqué par le charançon.
2. Charançon, grandeur naturelle.
3. Charançon vu au microscope.

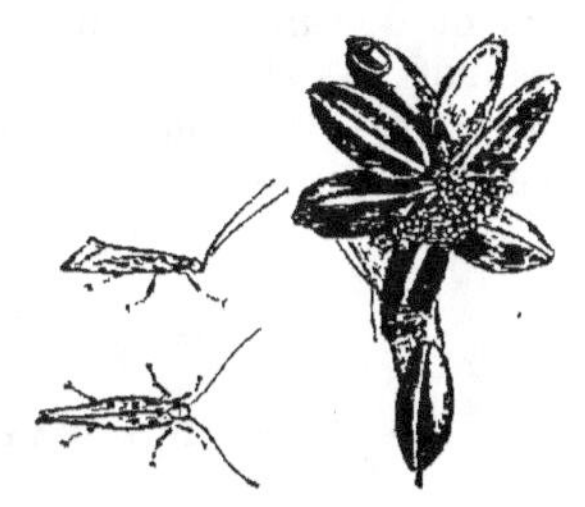

Fausse teigne des blés à l'état parfait et grains enveloppés par les fils soyeux de sa larve.

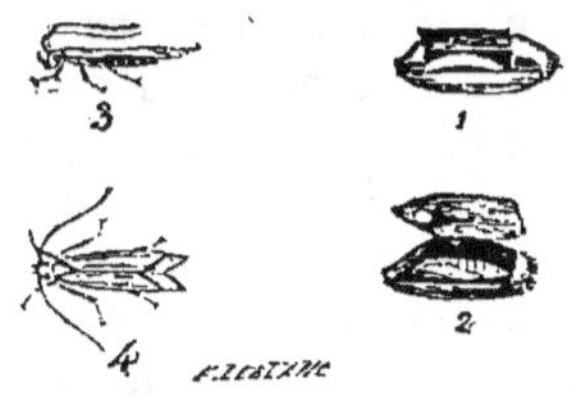

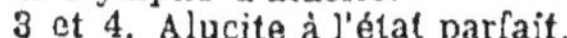

1. Larve d'alucite.
2. Nymphe d'alucite.
3 et 4. Alucite à l'état parfait.

Trogosite des blés, larve et insecte parfait.

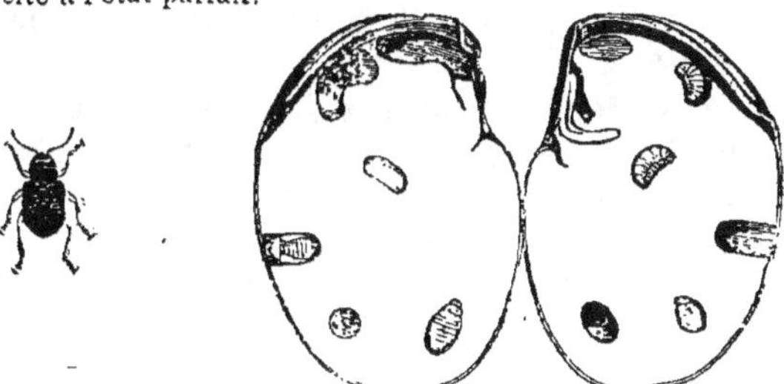

Bruche à l'état parfait et fève attaquée par sa larve.

Le blé, accumulé en silo souterrain suivant le procédé des pays chauds, ou enfermé, soit dans des sacs, suivant le conseil de Parmentier, soit dans des caisses, comme on le fait en Bretagne, soit dans de grandes jarres en poterie, d'après la méthode de l'Auvergne et du Limousin, n'est jamais attaqué par les insectes, pourvu que l'emmagasinage ait eu lieu avant mars ou avril, époque de la ponte de ces animaux.

QUESTIONNAIRE.

1. Nommez quelques-unes des plantes les plus nuisibles. — 2. Comment détruit-on le mieux les plantes nuisibles? — 3. Dites quelques mots des rhizoctones, de la rouille, de l'ergot, du charbon et de la carie. — 4. Quelques mots des animaux nuisibles aux plantes et de leur destruction.

CHAPITRE XVII.

Végétaux ligneux; notions générales.

1. Le tronc et les branches des arbres présentent deux genres de tissus, l'un *cellulaire,* composé de cellules contiguës, comme le sont les alvéoles d'un rayon de cire; le second *vasculaire,* formé de fibres qui se dirigent dans le sens de la longueur du bois. Le tissu cellulaire remplit les interstices de ces fibres, qui sont autant de tubes creux destinés à la circulation de la séve. L'ensemble forme un certain nombre de couches qui ont pour centre commun un canal rempli de moelle. Parmi ces couches, on distingue : 1º celles de *bois,* dont l'épaisseur est variable; 2º celles d'*écorce,* toujours très-minces, d'où, par comparaison avec les feuillets d'un livre, on leur a donné le nom de *liber.*

Le liber des jeunes rameaux de tous les arbres et celui des vieilles branches de certaines espèces (cerisier, bouleau) sont recouverts de tissu cellulaire de couleur verte, au-dessus duquel on remarque une pellicule, dont les fibres sont dirigées en sens inverse de celles du liber et du bois.

Tous les ans, il se développe, à partir de chaque feuille, un certain nombre de fibres qui pénètrent entre le bois et l'écorce déjà existants, et forment jusqu'à l'extrémité des racines une nouvelle couche de bois et de liber. Ainsi, le bois nouveau couvre toujours celui qui est déjà formé, et au contraire l'écorce nouvelle est couverte par celle qui est plus ancienne. Soulevée par cette formation intérieure, la vieille écorce se fend et finit souvent par tomber; quant aux couches ligneuses, elles subsistent toujours, à moins de pourriture intérieure, et elles indiquent positivement, par leur nombre, l'âge de l'arbre. En vieillissant, ces couches changent de nature. On appelle *aubier* le bois tendre et de couleur claire qui touche à l'écorce; *cœur,* le bois dur et de couleur généralement foncée, dont la formation est plus ancienne, et qui se trouve au centre.

On entend par *bourgeons* les pousses de l'année, et par *boutons* les germes écailleux qui se trouvent le long des bourgeons.

Sur plusieurs espèces (poirier, cerisier, etc.), on distingue : 1° des boutons minces et effilés, *boutons à bois,* desquels doivent partir les pousses destinées à étendre l'arbre; 2° des boutons courts et renflés, *boutons à fleurs,* qui doivent donner naissance aux fleurs et aux fruits.

Beaucoup d'arbres présentent aussi deux genres de bourgeons : 1° *bourgeons à bois,* toujours allongés (on les nomme *gourmands,* lorsqu'ils poussent dans le sens vertical avec une excessive vigueur); 2° *bourgeons à fruits,* pousses courtes, qui doivent principalement porter des boutons à fleurs et des fruits.

Quelquefois, les boutons, à peine formés, produisent de jeunes bourgeons; mais, en général, ils ne poussent qu'au printemps qui suit l'année de leur formation; et même à cette époque, il reste presque toujours, à la partie inférieure des bourgeons, quelques boutons qui ne partent pas. Ceux-là s'endorment, et le bois qui grossit ne tarde pas à les couvrir. Plus tard, peut-être après beaucoup d'années, ces germes cachés auront la faculté de se réveiller pour produire de jeunes pousses, si une cause particulière, la coupe d'une branche par exemple, fait refluer sur eux une séve abondante.

Les racines de plusieurs arbres (orme, acacia, etc.) ont la faculté de produire des bourgeons, ce qui n'a pas lieu dans d'autres espèces.

Le port des arbres est très-varié. Il en est de même de la disposition de leurs racines. On appelle *traçants*, ceux dont les bras souterrains s'étendent près de la surface du sol ; *pivotants*, ceux qui les dirigent principalement dans le sens de la profondeur.

2. La séve que les arbres tirent de terre commence par déterminer l'épanouissement des boutons et l'allongement des bourgeons ; elle pénètre dans le tissu des feuilles, s'y épaissit, et redescend jusqu'aux racines en nourrissant tous les organes. Ainsi, la séve monte et descend. Elle monte à travers l'aubier ; elle descend par les couches de liber qui touchent l'aubier. Une grande sécheresse ralentit cette circulation, de sorte que, au cœur de l'été, la végétation paraît comme suspendue ; mais aussitôt que la fraîcheur automnale se fait sentir, une séve plus aqueuse, *séve d'août,* détermine de nouvelles pousses. On appelle *aoûtés,* les bourgeons qui, formés avant ce moment-là, ont pris, par la sécheresse de l'été, une fermeté particulière. En hiver, la séve cesse presque complétement de circuler ; alors, le bois ainsi que l'écorce se durcissent, et les boutons achèvent de se former.

Pour qu'un arbre soit disposé à fructifier, il faut que la séve circulé avec une certaine lenteur ; or, plusieurs causes accélèrent ou ralentissent ce mouvement :

1º Plus le sujet est jeune, moins la séve a de trajet à faire des feuilles aux racines, et dès lors, plus la circulation en est prompte ; aussi, est-il, pour chaque espèce, un âge avant lequel on n'a pas de fruits à attendre.

2º A travers des branches droites et dirigées dans le sens vertical, la séve court plus vite que si les rameaux sont anguleux, tortus, inclinés. Sur ce principe se basent un grand nombre d'opérations de l'arboriculture fruitière.

3º Plus le sol et le climat sont humides, plus la séve est aqueuse, et par suite plus le mouvement en est rapide, ce qui explique le peu de disposition des arbres à fructifier dans les lieux marécageux.

4º La séve s'épaissit dans les feuilles, non-seulement par l'évaporation d'une partie de son principe aqueux, mais encore par l'absorption de l'acide carbonique de l'air (voyez 1ᵉʳ chapitre). Or, comme cette absorption se fait sous l'influence du jour, une vive lumière ralentit le cours de la séve, et favorise la fructification, ainsi qu'on le remarque en tout pays où, l'air étant habituellement pur, le soleil brille de tout son éclat.

Si un certain degré de lenteur dans le mouvement de séve est nécessaire à la fructification, un ralentissement excessif lui devient cependant contraire, à cause de l'état de langueur qui en résulte. Ainsi, on peut distinguer dans les arbres trois sortes de végétation :

1° Séve circulant très-rapidement (*végétation à bois*) : peu de fleurs et de boutons à fruits; longs bourgeons à bois; beaucoup de feuilles;

2° Séve circulant avec une lenteur modérée (*végétation à fruits*) : bourgeons à bois de longueur moyenne; fleurs en certain nombre; beaucoup de fruits, du moins si la température est favorable;

3° Séve circulant très-lentement (*végétation à fruits avortés*) : peu de bourgeons à bois; feuilles rares; abondance de branches fruitières sans production.

3. La vieillesse d'un arbre se reconnaît par la mort des extrémités supérieures; on dit alors qu'il se *couronne*. La pourriture du tronc n'est pas toujours un signe de dépérissement. Comme le cours de la séve se fait à travers l'aubier et l'écorce, on comprend que le cœur du bois puisse se décomposer sans que l'arbre souffre.

Autour de toute blessure faite à un arbre, il se forme un bourrelet d'écorce destiné à la couvrir. Si la guérison est prompte, le bois qui avait été mis à nu peut se souder avec ce bourrelet; mais pour peu que la guérison tarde, une telle soudure est impossible, et il reste toujours un vide intérieur.

L'enlèvement d'un anneau complet d'écorce donne lieu aux particularités suivantes : tant que la plaie n'est pas couverte, la partie de l'arbre inférieure à cette blessure ne grossit pas. On le comprend : n'avons-nous pas dit que c'est par le liber que circule la séve descendante? Or, puisque l'écorce est rompue, cette séve, qui est la séve nutritive, se trouve complétement arrêtée, et au-dessous de l'incision la nutrition ne peut plus se faire. Au-dessus, au contraire, l'arbre augmente sensiblement de volume, et tout à la fois, par l'effet d'une alimentation très-abondante, les boutons à fruits se développent à un degré inusité. En même temps, la séve descendante cherche à se frayer passage à travers l'aubier, c'est-à-dire, dans les canaux de la séve montante. Il s'ensuit que la circulation de celle-ci se trouve gênée à son tour, ce qui arrête la pousse des bourgeons à bois au-dessus de l'incision, tandis que ces mêmes bourgeons surgissent en plus grand nombre des autres parties de l'arbre.

QUESTIONNAIRE.

1. Entrez dans quelques détails sur la constitution des arbres. — 2. Comment se fait la circulation de la séve? Parlez de l'influence que peut avoir sur la fructification un cours séveux plus ou moins rapide. — 3. Quels sont les effets de la pourriture intérieure du tronc? Quels sont les effets des blessures qui mettent le bois à nu? Quels sont ceux de l'incision annulaire?

CHAPITRE XVIII.

Multiplication, greffe, éducation, plantation et entretien des arbres.

Les arbres se multiplient par *semis*, par *bouture*, par *marcotte* et par *rejeton*.

1. La plupart des graines d'arbre perdent vite, en se desséchant, la faculté de germer; aussi, pour en faire réussir le semis, faut-il généralement les faire *stratifier*, c'est-à-dire les mettre au frais, dès qu'elles sont mûres, par lits minces alternant avec du sable. On les conserve ainsi, hors de l'atteinte des souris, jusqu'au printemps; puis, on les sème à l'ombre, sur terreau bien ameubli, qu'on plombe fortement et qu'on recouvre de menue paille. En été, on arrose, s'il le faut, et on abrite par des paillassons.

Les noyaux très-durs, tels que ceux de l'olive et de l'épine blanche, ne lèvent, pour la plupart, que la seconde année; mais on peut en activer la germination en les brisant avec précaution par un casse-noisette.

2. La *bouture* se fait d'une portion d'arbre détachée et mise en terre dans des conditions telles que cette portion puisse s'enraciner.

Si l'on excepte quelques espèces, telles que les saules,
dont les branches, même d'un fort volume, peuvent
prendre racine, le bouturage réussit surtout lorsqu'on y
emploie de simples bourgeons, et c'est en général par la
base que ceux-ci reprennent le mieux. Le sol doit être
friable, riche, et rester jusqu'à la reprise dans un état de
fraîcheur très-prononcé, ce qu'on obtient facilement
au moyen d'une couverture de mousse ou de paille. En
serre, sous un air calme, humide, chaud, sans coup de
soleil ardent, cette opération peut s'effectuer à toute saison, et s'appliquer à presque tous les végétaux; en pleine
terre, elle a généralement lieu au printemps, quelquefois
aussi en automne, et elle réussit seulement pour certaines
espèces, vigne, olivier, etc.

La *marcotte* ne diffère de la bouture que sur un point :
la portion de végétal destinée à former le nouveau sujet
n'est pas immédiatement détachée du pied-mère, mais
seulement après que l'enracinement a eu lieu. Le plus
souvent, on courbe la pousse qu'on veut marcotter; on la

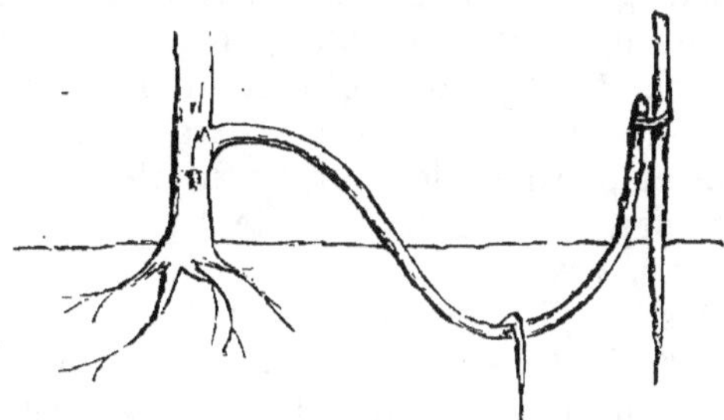

fixe par un crochet au fond d'une petite fosse creusée
près du sujet-mère, et l'on en dresse l'extrémité hors de
terre au moyen d'un petit piquet. On peut aussi marcotter une branche, en l'entourant sur une certaine longueur
d'un cornet de fer-blanc rempli de terre friable, que l'on
a soin de tenir constamment fraîche.

Pour toute marcotte, il est bon d'arrêter la séve par
des ligatures ou des incisions faites sur le point le plus
enterré.

Les marcottes se font, en général, dès le premier printemps, et on les détache du pied-mère au printemps de

l'année suivante; celui-ci s'épuise si on en pratique à la fois un trop grand nombre.

Pour marcotte et pour bouture, on doit prendre des pousses vigoureuses, et encore, malgré ce soin, les arbres obtenus par ces procédés n'ont pas, pour la plupart, la force et la longue vie des sujets venus de semis; en revanche, ils fructifient plus promptement.

Les *rejetons* sont souvent utilisés pour la multiplication des arbres. Si l'on veut en obtenir un grand nombre, on coupe le pied-mère à peu de hauteur, et l'on accumule de la terre meuble autour du collet.

3. La *greffe* consiste à souder ensemble deux portions végétales. Chacune conserve, après l'opération, les caractères de son espèce, bien que la séve passe constamment de l'une dans l'autre.

On appelle *sujet* l'arbre dont on veut, par ce moyen, modifier la production, et *greffe* la portion d'un autre arbre que l'on insère sur le premier.

On ne peut greffer l'une sur l'autre que des espèces de conformation presque semblable, ou bien des variétés de même espèce. D'un autre côté, l'union doit se faire par les parties où se trouvent les canaux séveux, c'est-à-dire, par le liber et par l'aubier qui est le plus rapproché du liber. Il importe enfin que le contact de ces parties soit intime et prolongé.

Les greffes les plus usitées sont :

La *greffe en fente*. — On coupe le sujet en travers; on le fend, et dans la fente, que l'on tient ouverte par un coin, on introduit un tronçon de bourgeon taillé en biseau et muni de deux ou trois boutons; on a soin que, sur toute la longueur du biseau, le liber de la greffe se trouve en contact parfait avec celui du sujet; le coin retiré, on couvre d'un enduit gras toutes les parties entamées.

La *greffe en couronne*. — Ici l'écorce du sujet est seule fendue, et c'est entre elle et le bois qu'on introduit le biseau du bourgeon, taillé autrement que pour la greffe en fente. Ces greffes se font depuis la fin de l'hiver jusqu'au commencement de la séve printanière. Il est bon de couper les greffes à l'avance et de les tenir couvertes de

terre pendant quelque temps, afin qu'elles soient moins
en séve que le sujet.

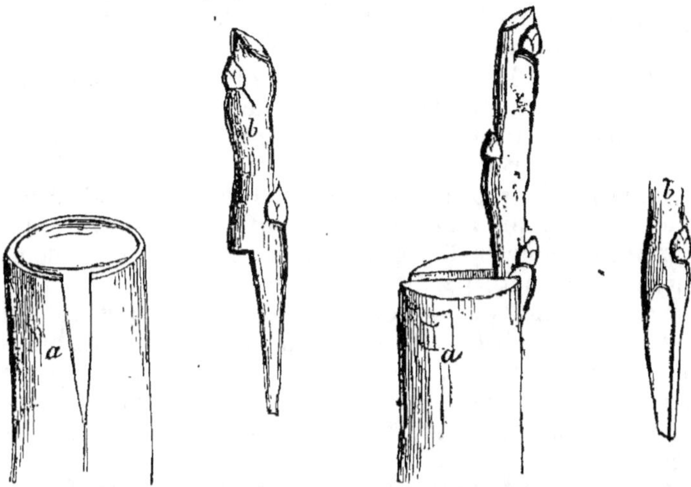

a. Sujet disposé pour recevoir la greffe en couronne.
b. Bourgeon taillé pour la greffe en couronne.

a. Sujet greffé en fente.
b. Biseau du bourgeon taillé pour la greffe en fente.

La *greffe en écusson*. — En été, lorsque la séve abonde,
on fait dans l'écorce d'un jeune sujet une fente longitu-

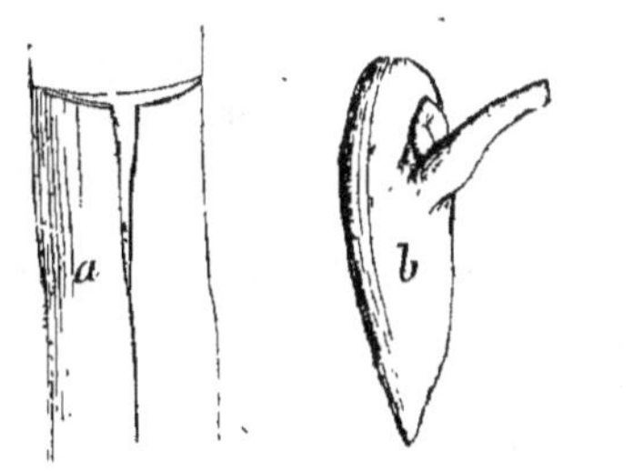

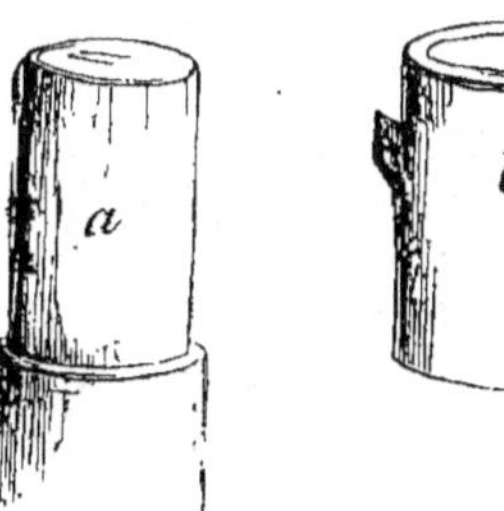

a. Sujet disposé pour recevoir la greffe en écusson.
b. Écusson disposé pour la greffe.

a. Sujet disposé pour recevoir la greffe en flûte.
b. Anneau d'écorce disposé pour la greffe en flûte.

dinale de quelques centimètres d'étendue, et au-dessus,
une fente transversale; on soulève l'écorce à droite et à
gauche de la fente longitudinale; puis, on introduit en

dessous, comme greffe, une plaque d'écorce en forme d'écusson, munie d'un bouton et du pétiole de la feuille qui touche à ce bouton. Avec de la laine, on serre les écorces en dessus et en dessous du bouton inséré.

Effectuée à la séve d'août, la greffe en écusson, que dans ce cas on appelle dormante, ne produit en général de bourgeon qu'au printemps suivant. La poussé est alors d'une vigueur remarquable.

Cette greffe, pratiquée en septembre pour le climat de Paris, s'applique très-bien aux boutons à fruits, ce qui permet de couvrir d'organes féconds un arbre précédemment improductif par excès de vigueur.

La *greffe en flûte.* — Lorsque la séve est abondante, on enlève à un bourgeon du sujet, sur une longueur de quelques centimètres, un anneau d'écorce, et on le remplace par un autre anneau pris à une pousse de même grosseur; on serre ensuite avec de la laine et on mastique le dessus.

La *greffe en approche.* — Pour ce genre de greffe, on rapproche d'une branche une autre branche ou un bourgeon; sur chacune des deux parties rapprochées on pratique des entailles, telles qu'il y ait de nombreux points de contact entre les vaisseaux séveux de l'une et ceux de l'autre; on serre ensuite fortement à l'aide de liens; enfin, s'il est nécessaire, on mastique le bord des plaies.

Cette greffe est précieuse pour garnir de branches les portions d'arbres qui se trouvent dénudées, comme aussi pour marier ensemble deux ou plusieurs sujets, ce qui rend vigueur au plus faible en le faisant profiter de la séve du plus vigoureux.

Dans l'arboriculture fruitière, la greffe est presque toujours nécessaire pour faire produire aux sujets cultivés la variété de fruits voulue. De plus, comme elle ralentit le cours de la séve, elle dispose les arbres à la fructification; enfin, en greffant une espèce sur telle ou telle autre (le pêcher, par exemple, sur amandier, sur prunier ou sur épine noire), on obtient des arbres de dimensions différentes et appropriés à divers terrains.

4. Afin de pouvoir donner aux arbres encore jeunes et délicats les soins qui leur sont nécessaires, on les élève généralement en pépinière pendant quelque temps, sur

un terrain qui doit être profond, très-bien cultivé, clos, assaini et purgé de mauvaises herbes. On y repique par lignes les sujets obtenus de semis, en leur rognant les plus longues racines, afin qu'il se forme ensuite un chevelu court et serré, facile à conserver lors de la transplantation définitive. Pour exciter la production de ce chevelu, il est bon de déplacer les arbres une ou deux fois dans la pépinière. Chaque fois, on leur donne plus d'espace; car il importe qu'ils ne s'étiolent pas. Par des sarclages effectués à peu de profondeur, on tient la terre toujours parfaitement nette.

Lors de la transplantation définitive, il faut ménager les racines; ne pas les exposer au soleil, au vent, à la gelée, à une humidité excessive; les replacer dans leur ancienne position et mettre le collet à fleur du sol; couper les extrémités endommagées; entourer chaque fibre radiculaire de terre très-meuble; conserver les branches principales, et retrancher seulement les rameaux surabondants ou inutiles.

Les arbres doivent être généralement plantés en automne, si le terrain est sec; au printemps, s'il est humide. En tous cas, il faut que l'assainissement soit complet. Si l'on craint la sécheresse, on couvre le sol de litière ou de pierres au pied de chaque sujet.

Lorsque, pour avoir été trop serrés en pépinière, les arbres ont l'écorce tendre, on étend sur elle un mortier clair, composé de chaux et d'argile. Au besoin, on solidifie la tige avec un pieu, et, dans les herbages, on la préserve de l'atteinte des animaux au moyen de deux fortes pièces de bois enfoncées, l'une à droite, l'autre à gauche du sujet et reliées entre elles par quelques bouts de planche.

5. Pour l'entretien ultérieur des terrains plantés, voici les principales règles :

— Culture du sol pendant quelques années au moins; et pour certaines espèces, vignes, mûriers, etc., culture constante.

— Enlèvement parfait de toute eau stagnante.

— Sous un climat aride, irrigation, s'il est possible.

— Enlèvement des écorces sèches, du bois mort, des mousses, des lichens, du gui. (Le *gui* est un arbuste parasite qui pousse en touffe sur les branches des arbres.)

— Peinture du tronc et des grosses branches avec de l'eau de chaux, pour la destruction des lichens et des œufs d'insectes nuisibles.

— Guerre à ces insectes, particulièrement aux chenilles et aux hannetons.

— Lorsqu'une branche est coupée, taille très-nette et application d'un enduit gras sur la plaie.

— Jamais de bétail dans les plantations, à moins que les arbres ne soient forts et inébranlables.

QUESTIONNAIRE.

1. Quelques mots sur le semis des graines d'arbres. — 2. *Id.* sur la multiplication par bouture, par marcotte, par rejetons. — 3. *Id.* sur la greffe en général, et en particulier sur les greffes les plus usitées. — 4. *Id.* sur les soins à donner aux pépinières et aux transplantations. — 5. *Id.* sur les soins d'entretien des arbres et des terrains plantés.

CHAPITRE XIX.

Arbres fruitiers, conduite et taille.

1. Les arbres fruitiers exigent une administration spéciale :

Pour la plantation, choix d'une terre plutôt saine qu'humide, à une exposition plutôt chaude que froide, sur un coteau aéré plutôt que dans des bas-fonds encaissés et marécageux, enfin abritée des vents les plus forts.

Aux défauts naturels d'une position que l'on ne peut changer, on remédie de la manière suivante :

Si le sol est humide, assainissement parfait par fossés à ciel ouvert, ou mieux encore par drainage;

Si des vents violents sont à craindre, établissement, à peu de distance de la plantation, d'un rideau d'arbres forestiers, surtout de ceux des espèces résineuses;

Si le terrain est privé de calcaire, apport de chaux et de marne (le principe calcaire est surtout indispensable aux fruits à noyau);

Si le sol est très-argileux, écobuage (*V.* ch. iv) ou chaulage à fortes doses;

Si le terrain contient peu d'humus, abondantes fumures.

Lorsque les arbres fruitiers sont en production, il faut
se souvenir du proverbe : *La terre n'est qu'une armoire;
on n'y prend que ce qu'on y met.* Par conséquent, on doit
soutenir la fécondité par l'application annuelle de quelque
engrais de décomposition lente; jamais de fumier frais
enfoui, les racines pourraient être atteintes d'une maladie particulière appelée *blanc;* mais noir animal, fumier
très-pourri, compost, os pilés, déchets de laine, de corne,
de poils ou de crins.

Pour conserver la fraîcheur du sol, on ne peut mieux
faire que de le couvrir au pied des arbres, soit avec de la
litière, soit avec du fumier pailleux. En été, par un
temps très-sec, si tel sujet paraît souffrir, on l'arrose
deux ou trois fois avec un engrais liquide, purin, vidange
étendue d'eau, etc. De plus, les aspersions données au
feuillage chaque soir d'été favorisent beaucoup le grossissement des fruits, surtout lorsque l'eau employée contient une petite quantité de sulfate de fer (2 grammes par
litre).

Le sol doit être toujours maintenu net et friable, sans
que les cultures pénètrent à une profondeur telle que les
racines soient blessées.

Enfin, des fentes longitudinales pratiquées de temps en
temps à l'écorce du tronc et des branches principales
favorisent le développement intérieur de la jeune écorce
et du jeune bois, ce qui augmente singulièrement la
vigueur des sujets.

2. Les arbres fruitiers peuvent être conduits de deux
manières : 1° comme sujets dits *de plein vent,* auxquels
on laisse prendre tout leur développement naturel ;
2° comme sujets restreints dans leurs dimensions au
moyen d'une taille annuelle.

Les règles relatives à la conduite des arbres de plein
vent se résument ainsi :

— De un à deux mètres au-dessus du sol, coupe du
brin central, afin que le sujet gagne plutôt en largeur
qu'en élévation.

— Éclaircie parmi les branches, de sorte-qu'elles ne se privent pas réciproquement d'air et de lumière.

— Suppression au ras de l'écorce de toute pousse gourmande.

— Coupe des extrémités qui s'étendent trop loin du centre.

— Lorsque l'arbre se couronne, coupe des vieilles branches à peu de distance du tronc, afin qu'il pousse, à la place de ces bras, quelques jeunes rameaux vigoureux; en même temps, apport de bonne terre ou d'engrais sur les racines, préalablement déchaussées.

— Si l'arbre de plein vent ne présente que des branches verticales peu disposées à fructifier, coupe et greffe de ces branches.

— Tous les trois ans, déchaussement du collet avant l'hiver; engrais sur les racines, nettoyage et peinture du tronc avec un lait de chaux.

3. Les arbres restreints dans leurs dimensions naturelles présentent deux genres de branches : 1° des branches d'une certaine étendue, *branches-mères,* qui constituent la charpente du sujet; 2° des branches courtes, *coursonnes,* qui garnissent les branches-mères sur toute leur longueur et qui doivent porter les fruits.

Les branches-mères doivent être disposées très-régulièrement d'après un plan tracé d'avance. Pour les former, on ménage les bourgeons à bois qui partent le plus près possible des points indiqués par le plan et qui s'élancent dans une direction convenable. Les branches coursonnes résultent de la pousse des boutons latéraux des bourgeons précédents.

Parmi ces boutons, ceux de la base sont ordinairement disposés à s'endormir. Ce sommeil, il faut l'empêcher pour le plus grand nombre, afin que la branche-mère soit parfaitement garnie de coursonnes dans toute son étendue. On y parvient en faisant refluer sur eux une séve abondante. Dans ce but, ou bien on pince, soit une, soit plusieurs fois, en pleine végétation, l'extrémité du bourgeon de la branche-mère; ou bien, si le plan adopté pour l'arbre le comporte, on courbe ce bourgeon; ou bien enfin, on le taille au printemps en vue de le raccourcir.

La partie conservée à cette taille doit être d'autant plus

longue, dans l'ensemble de l'arbre, que le sujet est plus vigoureux. Prise en détail, la longueur de la taille de chaque bourgeon doit se rapporter à la force et à la position des rameaux. Ainsi, lorsque de deux branches correspondantes d'un même sujet, l'une se trouve plus vigoureuse que l'autre, il faut donner de l'avance à la plus faible en la raccourcissant moins que la plus forte, et l'on doit tailler particulièrement court les rameaux qui, à cause de leur direction verticale ou bien de leur position dans le centre ou dans le haut de l'arbre, attirent fortement la séve.

La coupe se fait en un biseau très-net, un peu au-dessus (ni trop loin ni trop près) du bouton destiné à pro-

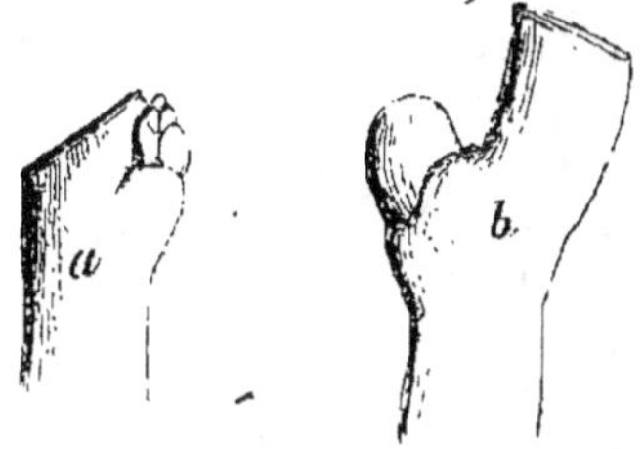

a. Taille des espèces à bois plein, poirier, pommier, etc.
b. Taille des espèces à bois creux, vigne, groseillier, etc.

longer la branche-mère. Ce bouton lui-même doit être choisi parmi ceux dont la pousse semble disposée à s'élancer dans le sens désiré.

Une fois l'arbre taillé, il est utile, pour les espèces à bois plein, d'étendre sur chaque plaie un peu d'enduit gras. Quelque temps après, toutes les blessures sont fermées et les branches sont lisses, à moins que l'on n'ait taillé un peu trop au-dessus des boutons. Dans ce cas, il resterait à la place de chaque coupe un onglet de bois inutile dont la suppression ultérieure déterminerait de nouvelles plaies.

Afin de maintenir la circulation de la séve au degré qui favorise le mieux la fructification, on use de plusieurs moyens.

Ainsi, pour ralentir la séve dans une branche trop vigoureuse, on peut :

7

— L'incliner, la courber, l'arquer ;

— Attendre, pour la tailler, qu'elle soit en feuilles ;

— La tenir ombragée pendant quelque temps, en la couvrant d'un paillasson ;

— Enlever à sa base un anneau d'écorce ;

— On peut enfin, si le sujet entier est trop vigoureux, lui couper quelques racines, le tailler dans toutes ses parties lorsqu'il est en feuilles, pratiquer l'incision annulaire immédiatement au-dessus du collet.

Pour activer le cours de la séve dans une branche trop faible, on peut : — si elle est inclinée, la rapprocher de la position verticale ; — la détacher, si elle est fixée à un treillage, et la laisser quelque temps en liberté ; — inciser l'écorce du tronc immédiatement au-dessus du point d'insertion de la branche, ce qui fait bientôt refluer sur elle plus de séve ascendante.

Lorsqu'aucun bourgeon à bois ne se montre sur un point où il faudrait une branche-mère, et lorsqu'il s'y trouve un bourgeon à fruit, on incise l'écorce au-dessus de ce point, ce qui fait presque toujours partir à bois le bouton à fruit ; — on peut aussi, par la greffe en écusson, placer à l'endroit voulu un bouton à bois tout formé.

Incision d'écorce au-dessus d'un bouton à fruit d'où l'on veut faire partir une branche à bois.

4. Dans la conduite des branches coursonnes, il faut s'attacher à les maintenir aussi courtes que possible, afin qu'elles ne se gênent pas réciproquement.

La plupart des espèces fruitières, poirier, pommier, prunier, etc., produisent spontanément un certain nombre de branches à fruit de la meilleure forme. Pour bien diriger ces coursonnes naturelles, il suffit de les raccourcir, lorsque, avec l'âge, elles se sont trop ramifiées.

Indépendamment de semblables bourgeons, les branches-mères des arbres en produisent souvent d'autres qui sont allongés et qui poussent à bois ; ceux-là doivent artificiellement être convertis en branches courtes et fruitières. On y parvient par divers procédés, savoir :

— Pincement de l'extrémité de ces bourgeons lorsqu'ils sont encore jeunes ; cette opération doit se faire à plus ou moins de longueur, suivant les espèces, et toujours plutôt long que court;

— Torsion, pendant l'été, de ces mêmes bourgeons devenus ligneux; un peu plus tard, brisure à moitié grosseur, au-dessus des boutons de la base; au printemps suivant, enlèvement de la partie brisée.

— Pendant la végétation, brisure pure et simple de tels bourgeons au-dessus des boutons de la base.

— Soit en été, soit au printemps de l'année suivante, taille en couronne, c'est-à-dire à un ou deux millimètres environ au-dessus du bourrelet d'écorce qui est à la base du bourgeon. De ce bourrelet il part presque toujours ensuite des bourgeons fruitiers ou des bourgeons à bois de nature faible qu'il est aisé, par pincement simple, de convertir en coursonnes.

Ces diverses opérations agissent en dissipant, par des plaies lentes à se fermer, une partie de la séve qui afflue vers le bourgeon trop vigoureux, tandis que le surplus de la séve nourrit modérément et prépare à une végétation fruitière les boutons de la base.

Lorsque, par l'effet des soins précédents, un arbre taillé se trouve, dans toutes ses parties, couvert de coursonnes bien disposées, les fruits noués se montrent souvent au printemps en nombre excessif; d'où résulte la nécessité d'en retrancher promptement un certain nombre, dans l'intérêt de ceux qui restent et de peur d'un épuisement contraire à la production des années suivantes.

Les arbres taillés, appuyés contre un mur (*espaliers*), sont particulièrement productifs à cause de la forte dose de chaleur que le mur réfléchit sur eux. Second avantage : au moyen de petits toits temporaires, *auvents,* on peut, au printemps, les préserver de la gelée.

Si le mur est en terre ou en plâtre, le meilleur mode d'attache consiste à entourer d'un bout de loque la pousse qu'on veut palisser et à clouer cette loque dans le mur; on se passe ainsi de treillages. Sur les murs de pierre, ce dernier appareil est indispensable; on l'établit à peu de frais au moyen de fils de fer galvanisés, que l'on serre de temps en temps avec le petit engin appelé *roidisseur*. A l'aide de quelques montants en bois, on peut même établir des treillages complétement isolés de tous murs.

On établit ainsi ce que l'on nomme *contre-espaliers*.

5. Voici quelques-unes des meilleures formes d'espaliers et de contre-espaliers.

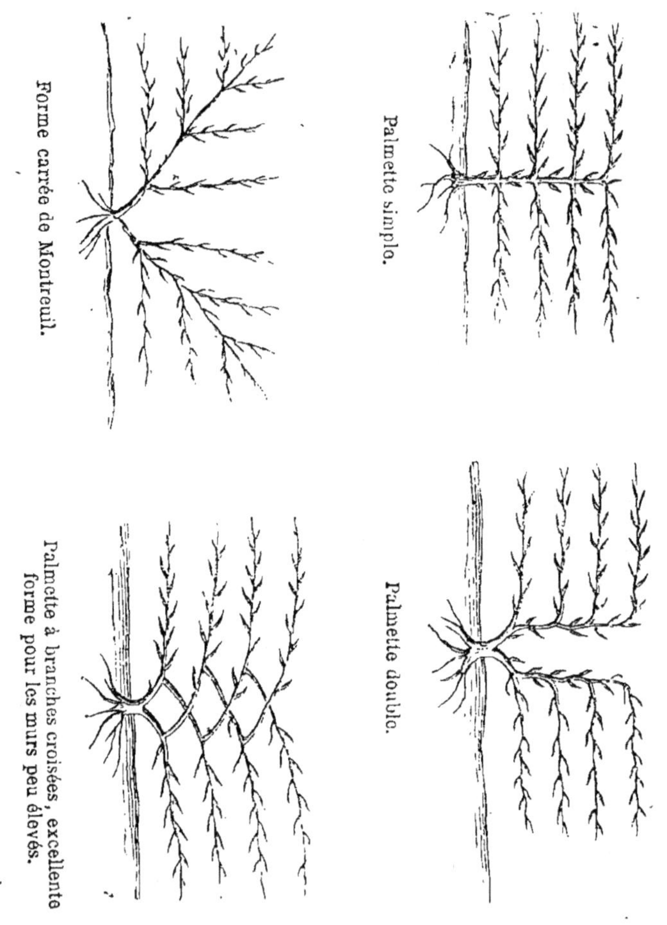

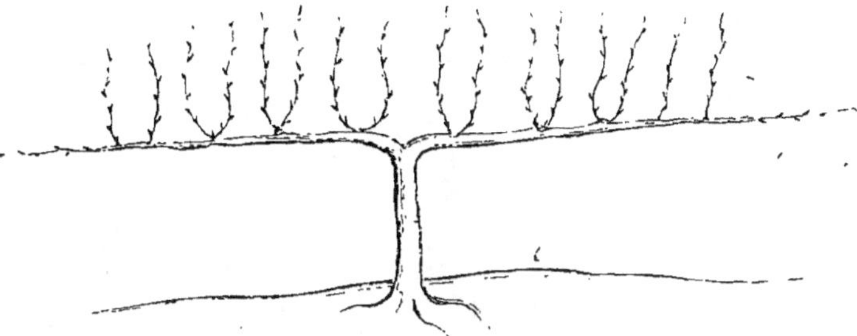

Cordon de vigne horizontal.

Cordon de vigne vertical.

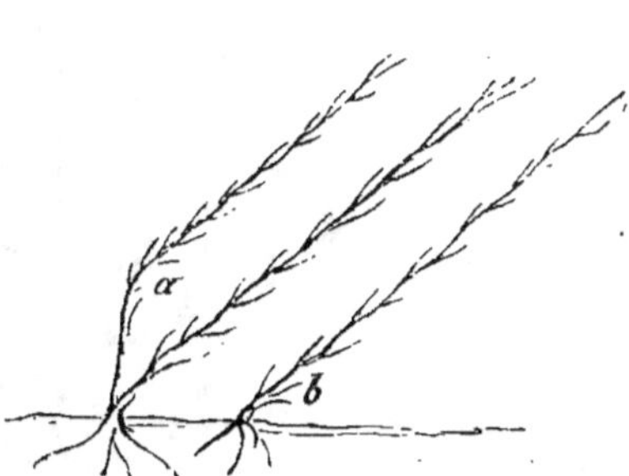

Cordons obliques simple et double,
propres à rendre promptement productifs
des murs élevés.

Les principales formes que l'on donne aux arbres taillés,

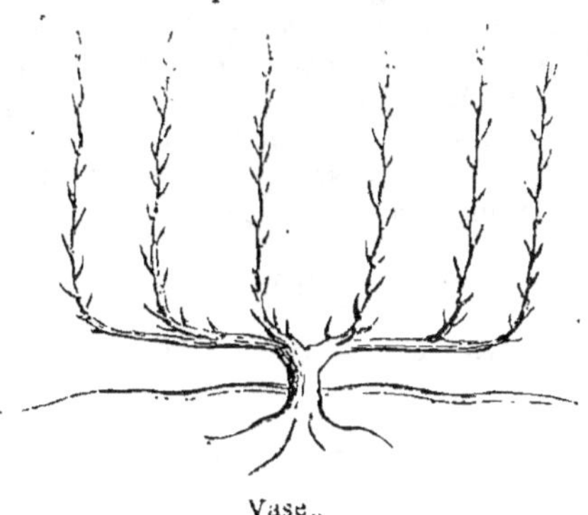

Vase.

lorsqu'ils ne sont pas en espaliers, sont celles de vase et de pyramide.

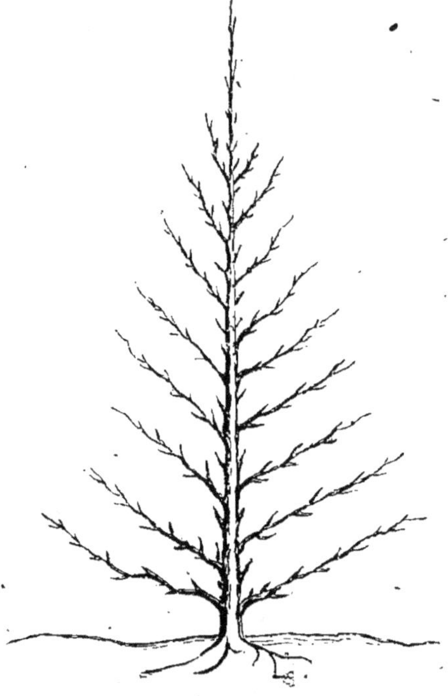

Pyramide.

QUESTIONNAIRE.

1. Indiquez quelques règles générales sur l'administration des arbres fruitiers. — 2. Indiquez les règles de conduite des arbres fruitiers de plein vent. — 3. Distinguez sur les arbres taillés deux genres de branches, et indiquez les règles de conduite et de taille des branches-mères. — 4. Indiquez les règles de conduite et de taille des branches coursonnes. — 5. Indiquez quelques-unes des principales formes qu'on donne aux arbres taillés.

CHAPITRE XX.

Arbres et arbustes fruitiers cultivés en France.

1. Les arbres fruitiers cultivés en France peuvent se diviser en deux classes d'après la nature de leurs fruits : 1° fruits *aqueux :* 2° fruits *non aqueux.*

Les fruits aqueux se divisent eux-mêmes : 1° fruits *en
baies;* 2° fruits *à pepins;* 3° fruits *à noyaux.* Les fruits
non aqueux comprennent : 1° fruits *oléagineux;* 2° fruits
farineux; 3° fruits *sucrés.*

2. FRUITS AQUEUX EN BAIES.

Vigne. — Tige grimpante, feuillage large et abondant,
fleurs printanières d'odeur exquise, grappes non moins
belles à voir que bonnes à manger, plus précieuses encore
par le jus qu'on en extrait. On cultive la vigne, pour la
confection du vin, sur toute l'étendue du territoire français, excepté dans neuf départements du Nord-Ouest et du
Centre, dont l'été n'est pas assez chaud pour la bonne
maturité des raisins; plus on avance vers le Midi, plus
on trouve cet arbuste rustique, vigoureux, productif. Il
utilise parfaitement les coteaux secs et pierreux, mais
ne réussit pas dans les lieux humides.

Les variétés en sont innombrables; beaucoup ne donnent de raisins mûrs que dans le Midi, et presque tout
vignoble en présente de deux genres : — les unes, dites
gros plants, procurent un vin abondant et médiocre; —
les autres, dites *plants nobles,* produisent une récolte
moins certaine et moins abondante, mais de qualité supérieure. Ce sont les plants nobles les plus vigoureux dont
la multiplication doit surtout être conseillée.

En grand, la vigne se multiplie par bouture ou par
marcotte (*provin*). Dans le Midi, on la plante souvent
au pied des arbres, sur les branches desquels on la laisse
s'étendre sans presque la tailler. Le vin qu'on obtient
ainsi est médiocre. Pour avoir un produit de bonne qualité, il faut, par une taille régulière et annuelle, maintenir les ceps courts, afin que les raisins mûrissent près du
sol. De plus, il faut que la terre soit toujours parfaitement
cultivée; il convient enfin de la fumer, et cela avec des terreaux, des engrais végétaux et des cendres plutôt qu'avec
des engrais animaux.

Les raisins naissent sur les bourgeons de l'année même.
Pour n'en pas avoir un trop grand nombre, ce qui nuirait
à leur développement, on supprime, à la taille printanière, moitié des pousses de l'année précédente, et l'on

taille sur deux boutons les pousses conservées, ces dernières étant toujours les plus rapprochées du vieux bois. Ou bien, on conserve au printemps, sur toute sa longueur, une pousse que l'on arque en forme de cerceau, ou que l'on attache dans le sens horizontal ; et pour remplacer cette pousse qui, après avoir donné plusieurs bourgeons fructifères, sera supprimée au printemps suivant, on ménage en été, dans le sens vertical, un bourgeon vigoureux, qui sera à son tour arqué ou couché l'année suivante.

Sous le climat sec du Midi, on peut, après la taille du printemps, laisser les bourgeons pousser en toute liberté. Dans le Nord et sous tout climat humide, il faut arrêter ce développement en pinçant, après la floraison, la plupart des bourgeons à deux ou trois feuilles au-dessus de la dernière grappe. On laisse seulement s'étendre une ou deux pousses, que l'on attache à des échalas ou à des fils de fer. En été, on supprime tout ce qui naît à la base des feuilles et sur le vieux bois.

Lorsque la vigne est devenue vieille, on la couche en terre pour la rajeunir. Le cep est bientôt reformé par une pousse, qu'on laisse seule sortir du sol. On peut aussi, par le marcottage, obtenir facilement de jeunes pieds.

Les gelées printanières, une moisissure nommée *oïdium*, plusieurs insectes et surtout la larve d'un petit papillon appelé *pyrale*, réduisent souvent presque à rien le produit des vignobles. On préserve quelquefois les vignes de l'effet désastreux des gelées blanches, en remplissant de fumée l'átmosphère, dès le matin, au moyen de feux de paille humide. On emploie contre l'oïdium la fleur de soufre, dont on saupoudre la vigne une fois avant la floraison et deux fois après. Contre la pyrale, le plus sûr est de recueillir les œufs et de tuer les larves.

La vigne en espalier se conduit généralement sous forme de cordons (voyez chapitre XIX, § 5), et le mieux est de laisser se développer sur peu de longueur, deux ou trois mètres au plus, les bras fructifères de chaque pied.

Les principes de la vendange et de la fabrication du vin peuvent se résumer ainsi :

Cueillette des raisins par un beau temps et lorsqu'ils sont le plus mûrs possible ; — mise en cuve, afin que, par la fermentation, le principe sucré se change en alcool et rende la liqueur vineuse; — pour la fabrication des vins blancs, pression des raisins avant la mise en cuve et fermentation du jus sans contact avec les peaux; — pour la confection des vins rouges, foulage des raisins et fermentation des grappes et du jus réunis, afin que le jus s'approprie la substance colorante des peaux; — cuves couvertes et disposées de telle sorte que le gaz acide carbonique résultant de la fermentation puisse se dégager et que cependant la liqueur soit le moins possible exposée à l'air; — autour des cuves, température maintenue entre 15 et 18 degrés; — comme le principe âpre de la partie ligneuse des grappes rend le vin de conservation plus solide, pas d'égrenage avant la mise en cuve, pour peu que les vins soient sujets à se gâter; égrenage, au contraire, lorsqu'on veut obtenir un vin très-délicat et si l'on est sûr de le bien conserver; — enlèvement du vin hors des cuves et mise en tonneaux dès que la liqueur a pris toute sa saveur alcoolique; — comme le vin fermente encore quelque temps dans les tonneaux, d'abord fermeture non exacte de ceux-ci, afin que lés gaz puissent s'échapper; une fois la fermentation passée, tonneaux pleins et bien clos.

Figuier. — Port peu élevé, feuilles larges et rudes au toucher, branches touffues; fleurs mâles et femelles réunies dans l'enveloppe charnue dont se compose le fruit; — les premières, près de l'ouverture écailleuse qu'on voit à l'extrémité de la figue; — les autres, tapissant l'intérieur; deux fructifications, l'une au commencement, la seconde à la fin de l'été; variétés nombreuses; arbre assez sensible aux gelées pour que, dans le Nord, on ne puisse en hiver le conserver sans le couvrir, ce qu'on fait habituellement en enterrant les brins; production abondante dans le Midi sur les terrains à sous-sol frais; autour de Marseille, grand commerce de figues séchées au soleil; multiplication par rejetons ou par boutures; conduite sous forme de buisson.

Groseilliers. — Trois espèces : 1° groseillier *commun,* jolies grappes de baies, les unes blanches, les autres rouge cerise; dessert estimé; grand usage pour la confection des sirops et des confitures; 2° groseillier *épineux,* groseilles dites *à maquereau,* de couleur variée, le plus souvent isolées et atteignant parfois la grosseur d'un œuf de pigeon ; bois épineux ; 3° *cassis,* grappes de baies noires et aromatiques, avec lesquelles on fait une liqueur estimée. Multiplication des trois espèces par boutures ou par rejetons ; plantation dans de petites fosses où l'on rejette chaque année un peu de terre afin de rechausser le collet ; conduite en buissons peu élevés, dont on rajeunit de temps en temps les brins en les coupant au pied.

Épine-vinette. — Arbuste épineux, un peu plus élevé que les précédents, avec grappes de petits fruits rouges et allongés dont on fait des confitures et des sirops ; multiplication par rejetons.

Framboisier. — Arbuste dont le fruit rouge ou jaune procure un excellent dessert ; culture à l'exposition du Nord plutôt qu'au grand soleil ; multiplication par rejetons et plantation dans de petites fosses ; conduite en buissons, dont les brins sont renouvelés chaque année.

Arbousier. — Petit arbuste du Midi à feuillage ovale et toujours vert, qui produit des baies en forme de grosses fraises de saveur douceâtre, avec lesquelles on fait de bonnes confitures. Multiplication par semis ; terrain sablonneux.

Mûrier noir et *Mûrier rouge.* — Arbres à feuilles larges et touffues, dont le fruit, de même forme que la framboise, mais plus gros, est rafraîchissant et de goût aigrelet ; multiplication par semis ; terrain calcaire ; place abritée.

3. FRUITS A NOYAUX

Prunier. — Feuillage ovale ; fleurs printanières d'un blanc pâle ; fruits ronds ou ovales, de couleur, de grosseur et de goût variés, mûrissant en été et en automne. Faute de chaleur, les prunes sont médiocres sous le climat brumeux du Nord-Ouest ; au contraire, elles sont très-sucrées dans le Centre et dans le Midi. Terrain profond et perméable ; multiplication par rejetons, ou mieux par semis ; greffe en écusson ; conduite ordinaire en plein vent ; direction facile en vase ou en espalier.

Cerisiers. — Deux espèces : — la première indigène, port élancé, feuilles larges, fruits sucrés, de couleur variée,

les uns fermes (*bigarreaux*), les autres fondants (*guignes*);
— la seconde espèce originaire d'Asie, branches étalées,
souvent pendantes; feuillage étroit; fruits d'un goût acide
prononcé et de la couleur dite rouge cerise; dans les
deux espèces, floraison printanière des plus jolies; fructification au commencement de l'été, — médiocre, faute
de chaleur, dans le Nord-Ouest, — bonne sous le climat
de nos autres régions, — particulièrement abondante sur
les coteaux calcaires; multiplication par semis; greffe en
fente ou en écusson, soit sur cerisier même, soit, lorsque
l'arbre doit être planté en mauvais terrain, sur cerisier
mahaleb, autre espèce petite et rustique; conduite habituelle en plein vent, facile en espalier.

Le bois du cerisier est de nuance rose et recherché des
tourneurs.

Pêcher. — Petit arbre d'Asie, admirable au printemps
par ses fleurs roses, en été par ses fruits délicieux; peu
productif dans le Nord-Ouest et délicat dans le Nord. En
plein vent, il jette des pousses longues et faibles, qui,
au bout de peu de temps, ne portent de feuillage qu'aux
extrémités et ne tardent pas à mourir; mais, conduit ha-
bilement en espalier, à exposition chaude, il peut vivre
et fructifier abondamment, même sous le climat de Paris,
pendant un certain nombre d'années; multiplication soit
par semis, soit par greffe : 1° sur amandier pour terrain
chaud; 2° sur prunier pour terrain humide; 3° sur épine
noire pour mauvais sol.

Le pêcher ne produit presque pas de branches fructifères proprement dites; mais les fleurs se trouvent, pour
la plupart, réparties sur les bourgeons à bois, et le développement exagéré de ces bourgeons tend à allonger à
un degré excessif les branches coursonnes; enfin le bois
âgé de plus d'un an produit rarement de jeunes pousses.
Pour tenir, en dépit de ces difficultés, l'arbre couvert de
coursonnes productives et de peu de longueur, voici la
méthode dite de Montreuil, village des environs de Paris
où, depuis longtemps, la culture du pêcher est en honneur :

Aussitôt après les gelées, les bourgeons sortis des coursonnes l'année précédente sont taillés au-dessus de deux ou
trois boutons à fleur et de quelques boutons à bois, dont

on ménage deux ou trois seulement, savoir, celui de la base et un ou deux au sommet : ces derniers pour attirer la séve sur les fruits noués ; l'autre pour produire un bourgeon de remplacement qui, l'année suivante, sera taillé de même, tandis que le reste de la coursonne sera supprimé. Pendant la végétation, on pince les bourgeons qui nourrissent les fruits noués ; on pince d'autre part les bourgeons de remplacement qui prendraient une vigueur excessive, et on les palisse tous contre le mur, en couvrant de feuillage le tronc et les grosses branches. Ces opérations doivent se faire, dans le cours de l'été, à diverses reprises, afin que jamais l'arbre ne soit tourmenté dans toutes les branches à la fois. Au printemps, il importe encore de protéger la floraison du pêcher par ces petits toits que l'on nomme *auvents*. Enfin, de peur de gomme, il faut s'abstenir de brisure et de torsion, ne jamais froisser les branches, ne pas les plier autrement que sans effort et seulement lorsqu'elles sont jeunes ; enlever avec un soin tout particulier les parties mortes ; au moyen de la greffe par approche, regarnir les portions de branche dénudées.

Abricotier.— Petit arbre de même famille, avec feuilles plus larges et fleurs blanches encore plus précoces que celles du pêcher ; fruits de couleur aurore, très-sujets à pourrir par l'humidité ; dans le Nord, floraison souvent compromise par les gelées ; fructification plus régulière et meilleure dans le Midi ; terrain chaud et profond ; conduite en plein vent ou en vase à place abritée plutôt qu'en espalier ; multiplication par greffe, — sur amandier pour terrain perméable, — sur prunier pour terrain frais.

Jujubier. — Petit arbre du Midi, à bois épineux, avec feuilles ovales et dentées, grappes de fleurs jaunes, fruits pectoraux en forme d'olive ; terrain calcaire, frais, sans humidité permanente ; multiplication habituelle par rejetons ; plein vent ; croissance lente.

Cornouiller. — Petit arbre tortueux ; feuillage ovale, bois très-dur, fleurs jaunes en bouquets paraissant aussitôt après les gelées ; fruits en forme d'olive, rouges et de goût astringent ; multiplication par rejetons ; terrain calcaire.

4. FRUITS A PEPINS.

Pommier. — Port étalé, feuillage ovale et cotonneux, fleurs printanières d'un rose charmant; fruits de couleur et de grosseur variées, les uns précieux comme dessert, les autres procurant par leur jus le cidre, cette boisson normande rivale du vin; culture appropriée, sous nos diverses régions, aux terrains profonds et perméables; trois espèces : l'une, *paradis,* très-petite, — la seconde, *doucin,* un peu plus grande, — la troisième, *franc,* dimensions souvent très-étendues.

Par greffe en écusson sur doucin et sur paradis, on obtient des pommiers nains que l'on dirige dans les jardins sous forme de vase et de cordon. Quant aux pommiers greffés sur francs, ils sont conduits, pour la plupart, comme arbres de plein vent; parmi ceux qui sont destinés à donner du cidre, on distingue des variétés amères et douces, et c'est par le mélange des deux qu'on obtient la meilleure boisson.

Le bois de cet arbre est un des meilleurs combustibles; de plus, il a le grain fin, et les tourneurs l'emploient à divers ouvrages.

Poirier. — Port plus élancé que celui du pommier, écorce plus fendillée; fleurs blanches un peu plus précoces; liqueur que l'on extrait des fruits, dite *poiré,* de moins bonne conservation que le cidre; grand nombre d'excellentes variétés.

Cet arbre prospère dans toutes nos régions; toutefois, certaines variétés sensibles au froid exigent, dans le Nord de la France, une exposition chaude, et les poires des contrées brumeuses de l'Ouest ont peu de qualité. Le poirier se plaît sur sous-sol d'argile et craint les terres sèches et rocheuses. On le multiplie par semis, et on le greffe en fente ou en écusson, soit sur lui-même, soit sur cognassier. Dans ce dernier cas, il reste nain. Tels sont la plupart des sujets cultivés dans les jardins; on les dirige facilement en pyramide, en vase, en espalier.

Le bois de poirier procure un chauffage excellent; on l'estime beaucoup en outre pour la fabrication des éventails.

Cognassier. — Petit arbre tortu, ressemblant au poirier pour le feuillage et la forme des fruits, qui sont couverts de duvet et très-odorants; maturité médiocre dans le Nord-Ouest; réussite assurée sur presque tout terrain; multiplication facile par rejetons et par boutures; plein vent.

Oranger et citronnier.— Admirable feuillage ovale, aromatique et persistant; fleurs d'odeur exquise, qui se montrent deux fois l'année; fruits semblables à des pommes d'or, mettant plus d'une année à mûrir; plusieurs espèces, sensibles au moindre froid, et dont la culture n'est possible en France que de Toulon à Nice. On remarque principalement, dans cette contrée, l'oranger *commun,* fruit sphérique et doux; — l'oranger *bigaradier,* fruit sphérique et amer; le *citronnier,* fruits oblongs et de saveur acide. On multiplie les deux premières par semis des graines de bigaradier, et les variétés perfectionnées se greffent en écusson sur les sujets ainsi obtenus. Le citronnier se multiplie de même par semis et par greffe.

Ces arbres ne sont productifs que sur terrain très-riche et arrosé; on les dirige surtout comme sujets de plein vent, et on en utilise les feuilles, les fleurs et les fruits. Leur bois est très-estimé par les ébénistes.

Grenadier. — Petit arbre du Midi, avec fleurs d'un beau rouge; fruits semblables à de grosses pommes où se trouvent quantité de pepins entourés d'une pulpe acide; culture facile en terrain frais et sous un climat à hiver doux; multiplication habituelle par rejetons; plein vent et espalier.

Néflier. — Arbre de petite dimension et de croissance lente; feuillage ovale; fruit déprimé, d'un goût astringent; culture facile dans toutes nos régions; multiplication soit par semis, soit par greffe sur épine blanche; plein vent.

Cormier ou *sorbier*. — Port un peu plus élevé que celui du néflier; feuillage ailé; grappes de fruits arrondis ou de la forme de petites poires, avec lesquels on fait de bonne boisson; bois très-dur et estimé; climat du Centre et du Midi; terrain calcaire; multiplication par semis; transplantation délicate; plein vent.

Alizier. — Deux espèces : l'une, à feuilles plus larges;

l'autre, à feuillage plus allongé ; dans toutes deux, grappes de petits fruits rouges ; bois très-dur ; culture appropriée à nos diverses régions ; terrain calcaire ; semis ou greffe sur épine blanche ; plein vent.

Azerolier. — Arbuste du genre des épines ; petits fruits semblables à ceux de l'aubépine, mais de goût plus fin ; multiplication soit par semis, soit par greffe sur épine blanche ; climat du Midi.

5. FRUITS OLÉAGINEUX.

Olivier. — Arbre du Midi, avec petites feuilles ovales, de couleur cendrée ; olives plus ou moins grosses, suivant les variétés ; port souvent rabougri dans nos climats ; croissance lente ; nombreux rejetons qui assurent aux plantations une durée presque éternelle ; culture étendue en Languedoc et en Provence.

Comme l'olivier est sensible au froid, même dans le Midi de la France, on doit lui chercher de chaudes expositions et des terres très-saines. On le multiplie par bouture, rejeton ou semis, et on le dirige comme arbre de plein vent, en forme de boule évasée. Lorsque le tronc se trouve gelé, on le coupe rez terre ; il pousse bientôt quantité de rejetons, parmi lesquels un ou deux sont ménagés pour reformer l'arbre. La récolte des olives se fait en automne ; étendues au grenier, elles prennent, au bout de quelque temps, toute leur richesse oléagineuse.

Amandier. — Feuillage et port du pêcher ; jolies fleurs blanches, très-précoces, souvent atteintes de gelée sous le climat du Nord ; dans le Midi seulement, fructification régulière ; variétés, les unes douces, les autres amères ; plantation sur coteaux calcaires et pierreux, jamais en lieu humide ; multiplication très-usitée dans les pépinières, pour former des sujets propres à recevoir les greffes de pêcher et d'abricotier ; reproduction par semis ou par greffe sur prunier ; conduite en plein vent ; croissance rapide ; vie courte.

Noyer. — Port majestueux et élevé ; feuilles ailées et aromatiques ; bois excellent pour l'ébénisterie ; fruits bons à manger et procurant une huile très-douce ; fructification médiocre dans les vallées humides, très-abondante au contraire sur le flanc des montagnes; sol profond; multiplication par semis; greffe en flûte.

Noisetier. — Feuilles arrondies; port buissonneux; brins droits et flexibles, excellents pour cercles; dans le Midi, culture de la grosse variété ronde dite *aveline;* sous le climat du Nord, on plante plutôt, comme mûrissant mieux, les *noisetiers francs,* qui produisent des noisettes allongées; multiplication par semis ou par rejetons; conduite en buisson.

Pistachier. — Arbre du Midi; feuillage ailé; tige droite; fruits d'un vert cramoisi, renfermant une amande d'un goût très-délicat; terre fertile; multiplication soit par semis, soit par greffe sur pistachier sauvage ou térébinthe; même culture que celle de l'amandier.

Pin à pignon. — Arbre résineux du Midi, remarquable par son port pittoresque en forme de parasol; fruits en cônes renfermant beaucoup de graines du goût et de la grosseur des noisettes; sol perméable; multiplication par semis.

6. FRUITS FARINEUX.

Châtaignier. — Arbre de première grandeur; croissance rapide; beau feuillage ovale; fruits isolés ou réunis deux à deux dans une coque couverte de pointes comme un hérisson. Les châtaignes sont le pain d'une partie de l'Auvergne et du Limousin. Les jeunes brins de châtaignier fournissent d'excellens cercles. Quant au bois d'un certain volume, il est bon pour charpente, mais mauvais à brûler. Dans une partie du Nord de la France, le châtaignier souffre des gelées printanières. Il peut être cultivé dans toutes nos autres régions, et c'est sur le flanc des montagnes du Centre et du Midi, au milieu des rochers de granit et de schiste, qu'il produit les plus beaux marrons. On le multiplie par semis, et on le greffe en flûte ou en écusson. En automne, on ramasse les châtaignes à mesure qu'elles tombent, et on sèche au feu, sur de vastes claies, celles dont on veut faire provision.

Chêne vert à glands doux. — Arbre du Midi, sensible aux gelées du Nord; rustique, et pouvant utiliser en Provence des terrains secs très-médiocres; port tortu et peu élevé; petites feuilles ovales et persistantes; glands farineux d'un goût agréable; conduite en plein vent; semis, sur place.

7. FRUITS SUCRÉS NON AQUEUX.

Cette série n'offre en France que le *caroubier,* arbre feuillage ailé, de croissance rapide, aussi sensible au froid que l'oranger; fleurs automnales; à l'automne suivant, production de longues gousses de goût sucré et agréable. Peu difficile sur le choix du sol, le caroubier craint principalement 'humidité. On le multiplie par semis.

QUESTIONNAIRE.

1. Faites la classification des arbres fruitiers. — 2. Parlez des arbres à fruits en baie et en particulier de la vigne et du figuier. — 3. *Id.* à fruits à noyau et en particulier du prunier, du cerisier, du pêcher. — 4. *Id.* à fruits à pepins et en particulier du pommier et du poirier. — 5. *Id.* à fruits oléagineux et en particulier de l'olivier, de l'amandier et du noyer. — 6. *Id.* à fruits farineux et en particulier du châtaignier. — 7. *Id.* à fruits sucrés non aqueux.

CHAPITRE XXI.

Arbres à produits divers.

1. *Mûrier blanc.* — Arbre de petite taille, à port étalé, dont les feuilles arrondies ou pointues et plus ou moins larges, suivant les variétés, servent de nourriture aux vers à soie. Il lui faut, pour donner de bons produits, une atmosphère plutôt chaude et claire que froide et brumeuse, un terrain plutôt sec et meuble que frais et compacte. En général, les variétés perfectionnées se multiplient par greffe en écusson sur sujets de semis. Quelques-unes se reproduisent aussi par bouture.

Le plus souvent, on dirige cet arbre en forme de .vase peu élevé, et l'on s'attache à lui faire produire de longues pousses verticales faciles à effeuiller. Si l'on tient à un produit annuel, on rase, aussitôt après la récolte de feuilles, les brins dépouillés, afin qu'il surgisse promptement de nouveaux jets; mais lorsque le sol et le climat ne sont pas des plus favorables, le mieux est de ne demander à l'arbre son feuillage que tous les deux ans; dans ce cas, on attend au printemps pour la coupe des jets effeuillés.

Osiers. — Arbustes de la famille des saules; feuilles pointues et allongées; brins flexibles, précieux pour la vannerie; quatre espèces principales :

Osier viminal. — Feuilles cotonneuses en dessous; brins très-élancés, employés surtout pour la grosse vannerie; écorce verte, brune, rougeâtre ou blonde, suivant les variétés; espèce rustique.

Osier rouge. — Feuilles sans duvet; écorce rouge; brins moins élancés que dans l'espèce précédente, convenant à la vannerie fine; espèce délicate.

Osier brun. — Un peu moins estimé que l'osier rouge; feuilles sans duvet et très-petites; écorce brune; espèce rustique.

Osier jaune. — Écorce très-jaune; brins petits, minces, très-flexibles, employés par les vignerons et les tonneliers; espèce délicate.

Ces divers osiers peuvent être cultivés dans toutes nos régions; ils exigent un terrain bien assaini, et cependant frais. On les multiplie par boutures, que l'on pique en terre bien défoncée. Au printemps de la seconde ou de la troisième année, on coupe rez terre; puis, à chaque printemps, on fait même récolte, en ayant soin de ne pas laisser la souche s'élever. L'oseraie doit toujours être parfaitement sarclée.

Micocoulier. — Arbre du Midi, qu'on cultive en Languedoc et en Provence pour faire de son bois flexible et tenace des manches de fouet, des fourches, etc. Il lui faut une terre friable et profonde; on le multiplie par rejetons ou par semis de ses petits fruits noirs et ronds. Le mode d'exploitation varie suivant le genre d'objet qu'on veut faire avec les brins.

Chêne-Liége. — Cet arbre, qui prend son nom de la substance fournie par son écorce, a le feuillage persistant et épineux, le bois très-dur, les glands petits et amers. On en distingue deux espèces : — l'une, à feuilles plus larges, se plaît sous le climat humide de l'Ouest, et peut être cultivée depuis Bayonne jusqu'en Bretagne; — l'autre, à feuilles étroites, est plus sensible au froid. C'est cette dernière qui donne le meilleur liége, et qu'on cultive surtout dans le Midi. Toutes deux réussissent sur sous-sol de schiste, de granit, de grès et de sable. On les multiplie par semis fait sur place. On émonde les jeunes sujets pendant quelque temps. Lorsque le tronc a atteint vingt à trente centimètres de circonférence, on détache le premier liége, et cette récolte se renouvelle ensuite tous les dix ans; on la fait lors de la séve de septembre, en soulevant le liége, qui, au préalable, a été ouvert par une fente longitudinale et par des fentes transversales; celles-ci sont espacées de 1 à 2 mètres.

Câprier. — Arbuste du Midi, épineux, grimpant, avec jolies fleurs jaunes dont les boutons confits au vinaigre sont connus sous le nom de câpres. On le multiplie en pépinière par boutures et par marcottes, et on le plante en terre défoncée sur coteaux pierreux et chauds. A chaque automne, on coupe les brins et on butte la souche.

Sumac des corroyeurs. — Arbuste du Midi, dont les feuilles ailées et astringentes sont employées au tannage du cuir; terres arides; multiplication par rejetons; récolte, tous les deux ou trois ans, par une coupe faite en été.

Réglisse. — Arbuste du Midi à feuillage ailé et à racines traçantes, de goût sucré, employées en médecine; terrain sablonneux; multiplication par rejetons; à chaque automne, coupe des tiges; au bout de trois ans de plantation, arrachage des racines.

Rosier. — Arbuste épineux, l'ornement des jardins dans toute la France; cultivé en grand à Provins, à Fontenay-aux-Roses, à Grasse (Alpes-Maritimes), pour le produit de ses fleurs, desquelles on extrait une essence estimée; terrain riche et léger; exposition chaude; multiplication par drageons ou par éclats de pied; sarclages corrects; conduite en buisson; récolte des fleurs en été de bon matin.

On cultive encore en grand à Grasse, pour leurs fleurs odorantes, quelques arbrisseaux des pays chauds, savoir : le *jasmin d'Espagne*, le *géranium rosat*, la *verveine*, l'*héliotrope*, l'*acacia de Farnèse*.

1. Dites quelques mots des arbres à produits divers, et en particulier du mûrier blanc, des osiers, du chêne-liége.

CHAPITRE XXII.

Arbres dont le produit principal consiste en bois d'œuvre et de chauffage.

1. — ARBRES RÉSINEUX.

Un bois imprégné de résine caractérise plusieurs espèces forestières, que, pour ce motif, on nomme *résineuses,* et dont les trois plus importantes, *pin, sapin, mélèze,* ont les fruits en forme de cônes écailleux, contenant un certain nombre de graines ailées.

Leurs feuilles sont en aiguilles, — isolées et persistantes en hiver chez les sapins; — réunies par groupes de deux au moins et de cinq au plus chez les pins, et également persistantes; — réunies par bouquets d'un certain nombre et tombant en hiver chez le mélèze.

Pin silvestre. — Arbre de première grandeur, qui compose dans les Vosges de magnifiques forêts; bois excellent pour les mâtures; feuilles réunies deux à deux, d'un vert glauque, longues de 8 centimètres au plus; port pyramidal d'abord, mais qui cesse de l'être à un certain âge; climat froid; toute espèce de sol, principalement terrains sablonneux.

Pin laricio de Corse. — Arbre des montagnes de Corse; mêmes dimensions et mêmes usages que le précédent; à tout âge, port pyramidal; feuilles deux à deux, d'un vert foncé, de 10 à 12 centimètres de long; climat froid; terrain léger.

Pin laricio noir d'Autriche. — Espèce très-voisine de la précédente, remarquable par son feuillage encore plus sombre; elle utilise de la manière la plus remarquable les terrains crayeux.

Pin maritime. — Moins élevé que les précédents, très-répandu sur le littoral océanien, dont on est parvenu à fixer les sables mouvants par des plantations de cet arbre ; feuilles deux à deux, longues de 12 centimètres, d'un vert clair ; bois de qualité médiocre ; résine très-abondante, recueillie près de Bordeaux à l'aide d'incisions verticales qui partent du collet et que l'on prolonge, chaque année, jusqu'à ce que le tronc soit incisé sur une hauteur de trois mètres ; climat doux ; terrain sablonneux.

Pin d'Alep et *pin cembro*. — Petites espèces, l'une sensible au froid et qui utilise dans le Midi certaines terres arides, tandis que l'autre se trouve dans les hautes régions des Alpes ; le bois du pin cembro est d'un grain très-fin.

Sapin commun ou *argenté*. — Arbre très-pyramidal, de première hauteur, qui compose de vastes forêts dans les Vosges et dans les Alpes ; sur chaque pousse, deux rangées de feuilles argentées en dessous ; bois excellent pour les mâtures ; climat froid ; sous-sol de schiste, de granit ou de sable.

Sapin pesse ou *épicéa*. — Feuilles d'un vert uniforme et réparties tout autour des pousses ; beaucoup d'analogie avec l'espèce précédente pour le port, l'élévation, la valeur du bois et les conditions de réussite ; en quelques lieux, on en recueille la résine, qui est très-abondante.

Mélèze. — Même port que celui des sapins ; bois de qualité supérieure ; mêmes terrains et mêmes régions ; il compose dans les Alpes de vastes forêts, croît très-rapidement et arrive parfois à une immense hauteur.

La France possède encore quelques espèces résineuses d'intérêt secondaire, savoir :

Cyprès commun. — Petit arbre très-pyramidal, que l'on plante souvent près des tombeaux.

Genévrier commun. — Autre arbre peu élevé, pyramidal, à feuillage piquant et dont les baies aromatiques procurent une agréable liqueur.

Genévrier de Virginie. — Même port ; pousses flexibles, couvertes de petites feuilles écailleuses ; bois rougeâtre et fin, qui sert à la confection des crayons.

If. — Feuilles d'un vert noir, en aiguilles comme celles du sapin ; croissance lente ; taille peu élevée ; bois très-dur.

Les arbres résineux étrangers qu'il conviendrait le plus de propager comme espèces forestières sont les suivantes :

Pin Weymouth. — Originaire d'Amérique; feuilles très-déliées et réunies par groupes de cinq; croissance rapide; terrain frais; climat du Nord; bois médiocre.

Pin austral. — Arbre des Florides; feuilles réunies par groupes de trois, ayant jusqu'à 35 centimètres de long; climat du Midi; terrain sablonneux.

Cèdre du Liban. — Arbre de première hauteur, qui étend majestueusement au loin des bras énormes; feuilles en aiguilles réunies par bouquets; bois excellent; végétation très-lente d'abord, très-rapide ensuite; terrain profond; climat des montagnes.

Séquoias de Californie. — Qui atteignent, dit-on, plus de 100 mètres de haut, et dont les pousses sont couvertes de feuilles triangulaires, appliquées les unes sur les autres comme les tuiles d'un toit; climat du Nord.

Cyprès chauve de la Louisiane. — Feuillage ailé très-élégant; au collet, forte protubérance; terrains tourbeux; climat du Nord.

La plupart des espèces résineuses se multiplient par semis et ne repoussent pas lorsqu'elles sont coupées au collet. La greffe des bourgeons terminaux réussit généralement avec facilité.

2. — ARBRES FORESTIERS NON RÉSINEUX OU FEUILLUS.

Chêne. — Plusieurs espèces, dont les unes perdent leur feuillage en hiver, tandis que les autres le conservent en toute saison.

FEUILLES TOMBANT EN HIVER.

Chêne rouvre. — Glands sans pédoncule; bois très-dur; croissance lente; climat du Centre et du Nord; terrain profond.

Chêne pédonculé. — Glands attachés à l'arbre par une queue plus ou moins longue, souvent en grappes; port plus élancé que celui du chêne rouvre; bois moins dur; même climat; même terrain. Ces deux chênes sont les arbres les plus précieux des forêts du Centre et du Nord.

Chêne pyramidal. — Port élevé et très-pyramidal; commun dans les Pyrénées.

Chêne tauzin. — Feuilles cotonneuses en dessous; bois très-dur; climat du Centre.

Chêne cerris. — Espèce plus petite, commune en Bourgogne; gland hérissé de filaments velus.

FEUILLES PERSISTANTES.

Chênes à glands doux et *chênes-liéges.* — (Voyez chap. 20 et 21.)

Chêne yeuse. — Feuilles petites, port tortueux, bois très-dur; climat du Midi; terrains secs.

Chêne kermès. — Ainsi nommé du nom d'un insecte qui vit sur son feuillage et dont on extrait une couleur rouge; petite espèce du Midi; terrains secs.

On pourrait sans doute propager utilement en France quelques chênes étrangers, savoir : — dans le Midi, le *chêne à la galle,* qui, piqué par certains vers, produit les excroissances rondes (*noix de galle*), à l'aide desquelles on fait la teinture noire de l'encre; le *chêne œgilops* d'Asie, qui donne cette même teinture par les larges cupules de ses glands; — dans le Nord, le *quercitron,* dont l'écorce procure une couleur jaune des plus solides.

Tous les chênes se multiplient par semis et ne peuvent être convenablement transplantés que très-jeunes.

Hêtre. — Arbre de première force; port élancé, écorce lisse, feuillage épais, branches pleureuses; graines oléagineuses, triangulaires (*faines*), renfermées dans une enveloppe épineuse; bois blanc, serré, cassant, propre à de petits ouvrages de tour, excellent pour le chauffage; climat du Nord; terrain perméable; multiplication par semis en lieu ombragé.

Orme. — Cette espèce offre un grand nombre de variétés, dont quelques-unes arrivent à la taille des plus gros chênes, et présentent un tronc très-droit, tandis que d'autres restent petites et ont un bois tortillard; feuilles ovales de dimensions très-diverses; écorce tantôt lisse, tantôt rugueuse; bon bois de chauffage et de charronnage; climat du Nord et du Midi; sous-sol frais ou profondément fendillé ; multiplication par semis de ses graines ailées qui mûrissent dès le premier printemps.

Frêne commun. — Arbre de première grandeur; port

très-élancé; écorce lisse; boutons noirs; feuillage ailé; croissance rapide; excellent bois de chauffage et de charronnage; même sol et même climat que pour l'orme; multiplication par semis. Le Midi possède un frêne plus petit et moins sensible à la sécheresse, *frêne à fleur*. On pourrait y propager aussi le *frêne de Calabre,* qui sécrète de son écorce et de ses feuilles la substance purgative appelée *manne.*

Dans le Nord, on devrait multiplier le *frêne blanc d'Amérique,* égal, si ce n'est supérieur, au nôtre pour la force et la qualité du bois.

Charme. — Par la couleur de son écorce et l'aspect de son feuillage, le charme pourrait se confondre avec le hêtre, si son tronc ne présentait des ondulations longitudinales très-prononcées; bois tenace, bon pour certains objets de charronnage, excellent comme combustible; climat du Nord; terrain perméable; multiplication par semis; première croissance très-lente; beaucoup de disposition à buissonner.

Tilleuls. — Deux espèces : 1° *tilleul de Hollande* ou des promenades; feuilles légèrement poilues; ombrage touffu; 2° *tilleul des bois;* feuilles lisses et beaucoup plus petites; chez les deux espèces, croissance rapide; bois recherché, à cause de sa légèreté, pour la confection des échelles; écorce tenace, dont on fait des liens et des cordes; fleur sudorifique; climat du Nord; terrain calcaire et perméable; multiplication par semis et par boutures.

Érables. — Feuilles anguleuses; bois léger, d'un grain fin, estimé des ébénistes et des luthiers; séve assez sucrée pour qu'on la recueille en Amérique, afin d'en extraire le sucre; plusieurs espèces, qui se plaisent en terrain calcaire et perméable, savoir : — *érable des bois,* petit arbre très-branchu, très-disposé à buissonner; climat du Nord; — *sycomore* et *plane,* autres espèces du Nord, beaucoup plus élancées et à feuilles plus larges; — *érable de Montpellier,* le plus petit de tous, tronc tortueux, pousses rougeâtres, bois très-dur, climat du Midi. Ces diverses espèces se multiplient par semis.

Platanes d'Orient et d'Occident. — Feuilles de même forme que celles des érables; écorce tombant chaque année par plaques; port très-élancé; bois de même qualité que celui du hêtre; sol frais et profond; climat du Nord et du Midi; multiplication par bouture et par semis.

Bouleau. — Port élevé et pyramidal; branches pleureuses; feuilles petites et triangulaires; bois blanc de seconde qualité; on fait avec ses rameaux flexibles des balais et des verges, avec son écorce blanche et tenace des tabatières et des boîtes, avec sa séve sucrée un vin passable; climat du Nord et des montagnes; il réussit sur presque toute espèce de sol; multiplication par semis.

Aune. — Feuilles arrondies et de couleur sombre; tige droite et élancée; écorce brune; boutons violets; végétation rapide au bord des eaux, dans nos différentes régions; bois rougeâtre, très-tendre et altérable à l'air, incorruptible dans l'eau; multiplication par semis et par bouture.

Saules. — Plusieurs espèces, savoir :

Osiers. — (Voyez chapitre 21.)

Saule marseau. — Feuillage ovale et cotonneux; port peu élevé; bois blanc, recherché pour la confection des fourches; plusieurs variétés, dont la plus grande mérite seule d'être propagée. Dans le Nord, il se plaît en presque toute espèce de sol; mais, sous climat sec, il exige un terrain frais; multiplication par semis.

Saule des rivières. — Deux variétés, l'une à feuillage vert, l'autre à feuillage argenté; souvent exploité en têtard; bois blanc très-tendre; croissance rapide; climat du Nord et du Midi; terrain frais et léger; multiplication par bouture.

Peupliers. — Bois tendre, blanc et léger; on en distingue plusieurs espèces, qui toutes aiment la fraîcheur et se plaisent dans les vallées, savoir :

Peuplier d'Italie. — Branches tellement serrées contre le tronc qu'il ressemble à un obélisque; terrain riche, frais et léger.

Peuplier suisse ou de Virginie et *peuplier de Canada.* — Port pyramidal; branches moins serrées contre le tronc que dans l'espèce précédente; terrain frais.

Peuplier noir. — Port élancé; écorce fendillée; arbre souvent exploité en têtard; terrain frais et léger.

Ces quatre espèces se multiplient très-bien par bouture.

8

Peuplier blanc. — Remarquable par le duvet blanc de neige qui couvre le dessous des feuilles ; port élancé ; écorce lisse et blanchâtre ; terrain calcaire ; multiplication par rejetons.

Peuplier grisard. — Duvet gris à la face inférieure des feuilles ; même port, même écorce, mêmes terrains que pour l'espèce précédente ; multiplication par rejetons ; bois très-estimé pour la confection des planchers.

Peuplier tremble. — Ainsi nommé de ce que son feuillage s'agite au moindre souffle ; commun dans les forêts du Nord ; même port, même écorce que le blanc de Hollande et le grisard ; feuilles sans duvet ; multiplication par semis.

Acacia. — Feuillage ailé et élégant ; grappes de fleurs roses ; bois épineux ; croissance rapide ; bon bois d'ébénisterie et de chauffage ; lieux abrités ; climat du Nord et du Centre ; terrain léger et perméable ; multiplication par semis.

Ailante ou *faux vernis du Japon.* — Feuilles ailées, propres à la nourriture d'une espèce de vers à soie nouvellement introduite ; croissance rapide ; bon bois de chauffage ; climat du Nord et du Centre ; terrain léger et perméable ; multiplication par semis et par tronçons de racines.

Buis. — Petit arbre toujours vert, commun sur les montagnes de l'Est et du Midi ; bois très-estimé pour le tour ; croissance plus lente dans le Nord que dans le Midi ; terrain perméable et calcaire ; multiplication par boutures et par rejetons.

Cytise des Alpes. — Feuillage trifolié ; fleurs jaunes en grappes ; bois brun très-dur ; première végétation rapide ; climat du Nord et des montagnes ; terrain calcaire ; multiplication par semis.

Comme forestiers, il faut encore mentionner plusieurs arbres fruitiers (voyez chapitre 20), savoir : *châtaignier, noisetier, alisier, sorbier, pommier, poirier.*

3. Nuisibles dans les bois où ils se multiplient souvent, certains arbrisseaux peuvent entrer utilement dans la composition des haies ; ce sont :

L'*épine blanche* ou *aubépine,* dont les branches se chargent au mois de mai d'admirables fleurs blanches.

Le *sureau*, au bois creux, aux pousses longues et vigoureuses, aux fleurs d'un blanc sale, odorantes et sudorifiques.

La *viorne cotonneuse* ou *mancienne*, aux feuilles ovales couvertes de duvet, et la *viorne obier*, dont le petit fruit, en forme de baie plate, est aimé des enfants.

Le *fusain* ou *bonnet carré*, remarquable par ses grappes de petits fruits carrés, de couleur rose.

Le *cornouiller sanguin*, qui diffère du cornouiller commun par la couleur rougeâtre de ses feuilles et par la petitesse de ses baies noires et rondes.

Le *houx*, au feuillage toujours vert et piquant.

La *bourgène*, *bourdène* ou *nerprun*, qui présente de petites baies noires isolées.

Le *troëne*, plus petit que toutes les espèces précédentes.

Ces arbrisseaux appartiennent surtout aux régions du Nord, du Centre et de l'Ouest.

Dans l'Ouest, le Sud-Ouest et le Midi, on trouve :

Le *genêt épineux* ou *ajonc*, aux jolies fleurs jaunes, au

Genêt épineux.

feuillage piquant ; arbuste dont non-seulement on fait des

haies impénétrables, mais que l'on sème encore en plein champ pour le couper jeune et le donner au bétail, après l'avoir découpé et légèrement broyé.

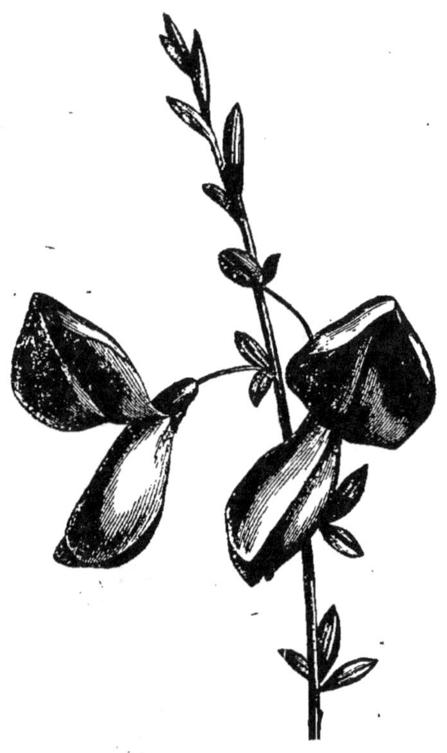

Genêt à balais.

Le *genêt d'Espagne*, que l'on cultive pour le même objet sur certains coteaux calcaires de très-peu de valeur.

Le *laurier commun* ou *franc*, aux feuilles persistantes, ovales et d'un vert foncé; fleurs d'un blanc jaunâtre.

La *viorne tin* ou *laurier tin*, à feuillage également persistant, plus petit que celui du laurier.

Le *térébinthe* ou *pistachier sauvage*, commun dans les landes du Midi.

Les *tamaris*, au port gracieux et léger, qui se plaisent seulement au bord de la mer.

Le *petit cytise* et le *cytise à fleurs ternées,* tous deux plus petits que celui des Alpes.

D'autres arbrisseaux presque toujours nuisibles sont :

L'*églantier* ou *rosier sauvage ;* les diverses espèces de *ronces; l'épine noire* ou *prunellier ;* les *bruyères;* le *myrtil,* dont on aime à trouver dans les landes la baie rafraîchissante; les *clématites,* le *chèvrefeuille* et le *lierre,* qui grimpent après les autres arbres ; le *gui,* qui pousse sur leurs branches et se nourrit de leur séve; le *genêt à balais :* ce dernier peut cependant être semé utilement sur de mauvais terrains pour produire de la litière.

QUESTIONNAIRE.

1. Décrivez les principaux arbres résineux qui existent en France et indiquez les espèces étrangères qu'on pourrait propager le plus utilement. — 2. Décrivez les principales espèces forestières non résineuses. — 3. Nommez plusieurs arbustes et arbrisseaux, les uns utiles, les autres nuisibles.

CHAPITRE XXIII.

Plantation, conduite, exploitation des arbres énumérés au chapitre précédent.

Les arbres et arbustes que nous venons de décrire peuvent être plantés en haies, en lignes isolées, en massifs.

1. Pour haies, les meilleures espèces sont : — dans le Nord, l'*épine blanche* et le *houx;* terrain frais et d'une certaine qualité ; le *charme,* terrain moins fertile et plus sec ; — dans l'Ouest, les espèces précédentes, plus l'*ajonc;* dans le Midi, le *laurier* commun et le *mûrier blanc.*

Si l'on craint l'humidité, il convient de planter la haie au sommet d'une haute levée entre deux fossés. En lieu sec, on l'établira au fond d'un fossé dans lequel une certaine quantité de bonne terre aura été jetée. Les sujets doivent être jeunes et vigoureux. Au bout de deux ou trois ans, on les coupe à quelques centimètres au-dessus du sol; puis, par des tailles courtes faites tous les ans ou tous les deux ans, on les laisse s'élever lentement. En même temps, on tient la haie défensive au moyen de perches horizontales solidement liées à des piquets.

2. Comme les arbres forestiers en lignes isolées nuisent beaucoup aux récoltes, il convient généralement de n'en placer ainsi que le long des cours d'eau et des chemins; de plus, les sujets doivent être très-espacés; enfin, le long d'un fossé, le mieux est de les planter au bas même du talus de l'excavation, afin que les racines tirent surtout leur nourriture du fond du fossé.

Ces arbres, qu'on met en place déjà grands et forts, peuvent être dirigés de deux manières : — ou bien, on exploite les branches de temps en temps pour en faire de menu chauffage, ce qui occasionne un grand nombre de plaies nuisibles à la qualité du tronc; — ou bien, on ne touche aux rameaux que pour la conduite du sujet, dont le tronc, sain et élancé, peut prendre une grande valeur comme bois de service.

Pour ce second mode de direction, à mesure que l'arbre grandit, on affaiblit successivement les étages des rameaux inférieurs, en les coupant à un mètre au moins du tronc; puis, lorsque la séve les a presque complétement abandonnés, on les supprime au ras du tronc. Tant que l'arbre est jeune, on le laisse garni de branches sur moitié de sa hauteur. Plus tard, on restreint la portion branchue à la moitié de l'élévation totale.

3. L'établissement des massifs forestiers peut se faire par semis ou par mise en terre de plants enracinés.

Pour la réussite des semis, il faut que les jeunes sujets soient abrités aussitôt après leur naissance. Dans ce but, on répand à la volée avec la graine forestière, sur terrain cultivé, une demi-semence de seigle ou d'avoine; ou bien, on sème la céréale et la graine d'arbres en lignes alternatives; enfin, si le terrain est couvert de bruyères et autres arbustes, on répand la graine forestière sur des bandes cultivées, de quarante à cinquante centimètres de large, séparées entre elles par des espaces non entamés de un à deux mètres de largeur. Toutes ces zones sont dirigées du levant au couchant, afin qu'à l'heure de midi l'ombre des arbustes qui se trouvent sur les parties incultes s'étende sur les parties semées.

Le semis ne convient qu'aux espèces forestières les plus rustiques : *pin maritime* et *silvestre, bouleau, aune, châtaignier, chéne, hétre.* Il réussit mieux fait à l'automne qu'au printemps, ne doit jamais être tenté sur terres arides, et en aucune circonstance il ne donne des résultats aussi certains que la mise en place de plants sur terrain que l'on a cultivé soit en totalité, soit par zones, et que l'on a divisé, s'il est humide, en banquettes élevées au moyen de fossés parallèles. Ce genre de plantation se fait, en général, avec des sujets de trois à quatre ans, que l'on coupe au-dessus du collet s'ils appartiennent aux espèces feuillues, et auxquelles on ne retranche rien s'ils sont résineux. Pendant deux ou trois ans, le terrain est sarclé au hoyau ou avec la houe à cheval.

On peut aussi effectuer la plantation pendant le labour, en mettant les jeunes sujets dans le sillon ouvert, la tige appuyée contre la tranche déjà renversée.

On ne doit pas généralement réunir dans une plantation plusieurs espèces résineuses; on ne doit pas non plus, en général, associer ces espèces avec les espèces feuillues. Au contraire, plusieurs de celles-ci se marient toujours très-bien ensemble et, à cet état de mélange, forment des bois plus épais que lorsqu'on les isole.

4. L'exploitation des massifs forestiers se fait suivant deux systèmes : 1° *futaie :* on coupe les arbres à un âge avancé, sans compter, pour le repeuplement, sur aucune pousse des souches; — 2° *taillis :* on coupe les arbres plusieurs fois pendant leur vie; après chaque exploitation, les souches et les racines produisent des jets nombreux qui repeuplent le bois.

Comme les arbres résineux ne repoussent pas du pied, on ne peut les aménager autrement qu'en futaie, et, parmi les arbres non résineux, les meilleurs pour ce mode d'exploitation sont : le *chéne,* le *châtaignier,* le *hétre,* l'*orme,* le *fréne,* le *platane,* le *peuplier grisard.*

Dans un bois livré à lui-même, la futaie s'établit naturellement : les sujets les plus vigoureux étouffent les autres, et ceux qui doivent atteindre le plus de hauteur, restent seuls maîtres du terrain. On favorise cette formation naturelle en enlevant, par des éclaircies successives, les arbres les plus faibles.

Pour déterminer l'instant de l'exploitation finale, il faut partir de ce principe : que la vie des arbres présente trois périodes : 1° de *croissance rapide;* 2ᵉ de *croissance lente;*

3° de *dépérissement.* Or il est de règle absolue qu'on doit couper les futaies avant la fin de la croissance active, si remarquable par la longueur des pousses et l'abondance du feuillage. D'un autre côté, plus complétement on laisse s'écouler cette période, plus la moyenne du produit se trouve élevée pour toutes les années de l'existence. Ainsi, telle futaie qui, à l'âge de 10 ans, égale en valeur 100 fr. (moyenne du produit, 10 fr. par an), pourra très-bien, à 50 ans, valoir 2,500 fr. (moyenne du produit, 50 fr. par an) ; enfin, à 80 ans, elle pourra valoir 6,400 fr. (moyenne du produit, 80 fr.).

Sur terrain approprié à chaque espèce, la croissance active dure : — pour le *chêne* et le *hêtre,* 100 à 150 ans ; — pour l'*orme* et le *frêne,* 80 à 100 ans ; — pour les *sapins,* les *pins silvestre* et *laricio,* le *mélèze,* 60 à 80 ans ; — pour le *pin maritime,* le *bouleau,* l'*aune,* le *peuplier grisard,* le *tremble,* 40 à 60 ans.

Si l'on veut que la futaie qu'on se propose d'exploiter se repeuple par semis naturel, comme ces semis réussissent particulièrement à la faveur d'un demi-ombrage, on n'abat pas tous les arbres du massif en une seule fois, mais à plusieurs reprises. Cette exploitation successive peut s'effectuer de plusieurs manières :

— Une première méthode, *jardinage,* consiste à couper çà et là, sans faire de vide étendu, les sujets qui sont arrivés à l'âge voulu. L'exploitation s'étend ainsi, chaque année, sur toute l'étendue du massif, qui n'est jamais rasé d'une manière complète. On évite de fouler et de détériorer les places qui sont en train de se repeupler.

— Par une seconde méthode, on enlève tous les arbres du massif dans l'espace de cinq à huit ans, au moyen de deux ou trois coupes successives nommées : la 1re *coupe sombre,* la 2e *coupe claire,* la 3e *coupe définitive.*

Enfin, les espèces à semences légères qui volent au loin, *pins, sapins, mélèze,* peuvent être coupées par zones parallèles, entre lesquelles on ménage des réserves en bandes étroites. On dirige ces bandes du couchant au levant, afin que l'ombrage soit aussi étendu que possible à l'heure de midi ; on peut aussi obtenir le réensemencement naturel en exploitant, chaque année, par le côté nord, une bande étroite sur toute la longueur du massif.

5. Bien que ce soit en futaie qu'une forêt rapporte le plus, la plupart des propriétaires, afin de jouir plus vite, préfèrent, pour les espèces non résineuses, l'exploitation en taillis. Les espèces qui s'accommodent le mieux de ces coupes fréquentes, sont : le *charme*, le *châtaignier*, le *chêne*, l'*orme*, le *frêne*, l'*aune*, le *tremble*, le *tilleul*, les *érables*, le *saule marseau*.

Exploités à un âge trop avancé, les taillis repoussent faiblement et s'éclaircissent. Coupés trop jeunes, ils se remplissent d'arbrisseaux nuisibles, que les grandes espèces n'ont pu étouffer faute de s'être élevées suffisamment. On évite ces deux inconvénients, en rasant les taillis à moitié du temps de leur croissance active, période moitié plus courte pour les arbres ainsi traités que pour ceux de futaie de même espèce. Ainsi, les taillis de chêne et de châtaignier doivent généralement être exploités de 25 à 35 ans ; ceux d'orme, de frêne et de charme, de 20 à 25 ; ceux de bouleau, d'aune, de tremble, de tilleul, d'érable, de 10 à 15 ans ; ceux de saule marseau et d'acacia, de 8 à 10 ans.

Pour toute espèce, moins la terre est fertile, plus le taillis doit être coupé jeune, et s'il se trouve en souffrance pour une cause accidentelle, gelée, pâturage, etc., le meilleur moyen de lui rendre vigueur est de le raser promptement.

Les brins des taillis portent rarement graine, et comme chaque souche finit elle-même par mourir, il s'ensuit qu'un bois ainsi traité s'éclaircirait à la longue, si on ne réservait çà et là des arbres de futaie, *baliveaux*, comme porte-graines destinés au repeuplement. C'est, du reste, une grande faute de les multiplier avec excès, parce qu'ils étouffent le taillis, tandis qu'espacés convenablement (50 à 60 par hectare), ils procurent aux jeunes pousses du taillis un abri salutaire. A chaque coupe, on réserve parmi les brins les plus élancés autant de jeunes baliveaux qu'on en coupe d'anciens ; il est bon de les élaguer ensuite d'après les principes indiqués au sujet des arbres isolés (voyez § 2 du chapitre).

L'exploitation des taillis se fait de deux manières : ou bien, on rase le taillis tout entier, moins les baliveaux ; ou bien, on coupe seulement les brins les plus forts de chaque

8.

souche. Les autres sont ménagés pour la coupe suivante, que l'on effectue en respectant à leur tour les brins qui ont surgi à la place des premiers coupés. Cette seconde méthode, dite *furetage,* convient particulièrement aux taillis de hêtre. Lorsqu'on suit l'autre méthode, qui est la plus usitée, il convient, quelques années avant l'exploitation, de nettoyer le bois de tous les arbrisseaux et des brins faibles.

La coupe des taillis doit se faire pendant le repos hivernal de la séve, quelque temps avant les fortes gelées, ou mieux après les grands froids, sans éclat ni déchirure, à un ou deux centimètres au-dessus du sol, pour les espèces *chéne, châtaignier, bouleau, tilleul, fréne, aune,* qui ne repoussent que du collet et jamais des racines. Il convient, au contraire, d'enlever les souches aux espèces *orme, charme, tremble,* dont les racines ont la faculté de produire des jets.

Le pâturage du bétail peut être permis sous les futaies d'un certain âge, jamais au milieu des taillis. D'un autre côté, il ne faut pas, en enlevant les feuilles tombées, priver le bois de ce genre d'engrais, qui lui est on ne peut plus utile.

QUESTIONNAIRE.

1. Comment les haies doivent-elles être plantées et conduites? — 2. Quelques mots de la plantation des arbres forestiers en lignes isolées et de leur conduite. — 3. Quelques mots des semis forestiers et des plantations forestières en massifs. — 4. Distinguez deux manières d'exploiter les massifs forestiers, et dites quelques mots de la formation des futaies, de leur exploitation et des réensemencements naturels. — 5. Quelques mots des taillis et de leur exploitation.

QUATRIEME PARTIE.

ANIMAUX DOMESTIQUES UTILES A L'AGRICULTURE.

CHAPITRE XXIV.

Économie du bétail. Principes généraux.

1. On ne comprendrait pas, en France, d'exploitation agricole sans *bétail,* puisque le bétail produit l'engrais et que l'engrais nourrit les plantes. Le soin des animaux de la ferme, voilà donc la base de l'agriculture.

2. Ce soin repose lui-même sur une véritable affection que le cultivateur doit aux compagnons de ses fatigues. Ce sentiment n'exclut d'ailleurs ni la fermeté, ni la prudence. Il ne faut pas jouer avec les jeunes, ni sans motif sérieux s'approcher de ceux qui sont méchants. Par la patience sans mauvais traitements, on vient à bout de la poltronnerie. Toute correction doit s'appliquer aussitôt après la faute commise. Dans le commandement, jamais de colère ; mais un mot bien accentué.

La saleté nuit singulièrement à la santé. Il faut, sur ce point, donner une attention particulière à tout sujet privé de liberté : ainsi, étriller régulièrement le cheval et le bœuf de labour ; s'ils reviennent en sueur, les essuyer avec de la paille et souvent ensuite les couvrir.

En été, aux heures les plus chaudes, on doit tenir le bétail à couvert ou à l'ombre ; à l'approche des orages, le mettre à l'abri ; en hiver, fermer les étables, sans cesser d'ouvrir les soupiraux destinés à renouveler l'air. Un cheval de force moyenne aspire en 24 heures 125 mètres cubes d'air, qui en altèrent quatre ou cinq fois plus. On juge par là combien l'aération des écuries est nécessaire.

Jamais on ne gagne à exténuer les bestiaux par excès de travail, principalement lorsqu'ils sont jeunes. Les femelles pleines et nourrices doivent être traitées avec des ménagements tout particuliers. A l'instant de la mise-bas, on leur donne une abondante litière, et on veille à ce que leurs petits ne soient ni froissés ni refroidis.

3. La nourriture se divise théoriquement en *ration d'entretien* et en *ration de production*. Par ration d'entretien, on entend ce qui suffit pour soutenir l'animal. S'il ne reçoit rien au delà, il ne donne de produit, lait, travail ou progéniture, qu'aux dépens de sa propre substance, c'est à-dire, en maigrissant. La ration de production comprend tout ce que l'animal peut consommer en plus. Ce qu'il produit est toujours proportionnel à cette seconde ration, et comme la dépense qu'elle occasionne est toujours précédée par une dépense égale en nourriture d'entretien, il s'ensuit que, plus les animaux consomment, plus ils rapportent; il est donc de règle absolue que l'on doit très-bien nourrir le bétail.

En tenant compte de la différence de valeur nutritive des divers aliments et en comparant cette valeur avec celle du foin naturel de première qualité, on a remarqué que la ration des gros animaux représente, en foin naturel, un soixantième de leur poids (environ 1 1/2 pour 100), et que la ration de production est en moyenne aussi d'un soixantième. Ainsi, des animaux qui reçoivent ces deux rations pleines, consomment par jour une quantité de nourriture équivalente à 1/30ᵉ (environ 3 pour 100) de leur poids en foin naturel. On portera au vingtième (5 pour 100), et même au quinzième (6 pour 100), la nourriture des femelles qui donnent le plus de lait, celle des jeunes élèves de moins d'un an et celle des animaux à l'engrais.

4. C'est par la variété des aliments qu'on parvient à composer un régime parfait. Or, les substances dont le cultivateur peut disposer, sont de trois genres : 1° fourrages secs et pailles; 2° légumes verts, résidus humides, fourrages verts; 3° grains, son, tourteaux et autres substances sèches très-nutritives.

Si l'on met à part le régime des cochons, qui ne mangent ni foin ni paille, le mieux est de donner à la fois aux animaux des substances des trois catégories; toujours, on doit associer des aliments, soit de la deuxième, soit de la troisième, avec des aliments de la première. Pour les jeunes sujets et les animaux d'engrais, il faut choisir, dans chaque classe, ce qui est le plus nourrissant ; donner aux femelles laitières une forte proportion d'aliments aqueux ; au contraire, des substances peu délayées aux animaux de travail.

Il faut, de plus, distribuer la nourriture par petites rations et à heures fixes, de sorte que chaque repas, composé de plusieurs rations, soit donné après la digestion complète du repas précédent : il faut effectuer graduellement tout changement de régime ; faire boire, au milieu des repas, de l'eau aussi pure que possible, et après les distributions, interdire l'entrée des étables.

Les tubercules et les racines doivent être lavés et découpés. La cuisson, qui en augmente les facultés nutritives, s'obtient économiquement par la vapeur. Quant aux grains, le mieux est de les donner moulus, broyés, cuits ou macérés dans l'eau. On rend la paille et le foin plus faciles à digérer et par suite plus nourrissants, en les hachant et les purgeant de poussière dans un cylindre creux en toile métallique. Il est bon de mêler ensemble les aliments ainsi préparés et de les faire fermenter pendant quelque temps, sans leur laisser prendre le goût de moisi.

Le sel est salutaire dans une certaine mesure. Il convient de s'en rapporter sur ce point à l'instinct de chaque sujet, et de mettre à sa portée dans le râtelier un bloc ou un sac de sel qu'il puisse lécher.

Pour le régime de la pâture, la consommation des gazons devra être réglée de telle sorte que les animaux trouvent à paître abondamment, sans que les plantes grandissent au point de durcir. A cet effet, on divise les pâturages en clos, dans lesquels on enferme successivement le bétail. D'un autre côté, en attachant les animaux chacun à un piquet de fer, on obtient la consommation parfaite d'herbes d'une certaine hauteur.

Aux époques de grandes chaleurs, le bétail doit pâturer le soir, la nuit, le matin. S'il fait froid et humide, on le conduit au pâturage à l'heure du jour où l'herbe se ressuie. Lorsqu'elle est insuffisante ou très-mouillée, on ajoute un supplément de nourriture. Ces soins essentiels ne peuvent être donnés, si tous les animaux d'un village vont

paître en commun sur les terrains récoltés ou sur des
landes. L'agriculture gagnerait donc beaucoup à ce que
la communauté de pâturage, qu'on nomme *vaine pâture*,
fût supprimée.

5. Chaque service, chaque régime crée dans nos différentes espèces de bétail des races particulières. Au milieu
de cette diversité, l'animal bien constitué réunit les caractères suivants :

— Dos solide, présentant dans son ensemble une ligne
droite sans dépression ; — poitrine large, haute et profonde, ce qui annonce un développement considérable des
poumons et du cœur, par conséquent, une respiration
puissante ; — pour que les autres organes intérieurs soient
à l'aise, côtes arrondies, corps cylindrique ; — ventre bien
soutenu et non pendant ; — flanc court et reins larges ;
— largeur de la croupe en rapport avec celle de la poitrine, du dos et des reins.

— Le quadrupède étant vu de profil, grande longueur
d'épaule et de croupe ; — membres courts relativement à la
hauteur du tronc, autrement ils manqueraient de force,
comme tout support trop élevé ; — tête et col peu volumi-
neux ; — front large cependant, car ce caractère indique
une excellente constitution du cerveau ; — oreilles et lèvres souples, œil vif, mâchoires sèches, naseaux très-ouverts ; — muscles (paquets de fibres dont se compose la
chair) très-développés : fermes au toucher, ils annoncent
la vigueur au travail ; de nature molle, ils indiquent la disposition à engraisser. L'animal de Boucherie se reconnaît
encore à des pelotes de graisse qu'il est facile de sentir
sous la peau à certaines parties du corps.

— Os fins ; — articulations nettement dessinées, sans mol-
lesse ni engorgements ; — poil lisse et non hérissé. Quant
à la couleur, chaque race a la sienne, qu'il faut rechercher comme étiquette des sujets d'origine pure.

— Membranes intérieures (*muqueuses*) de l'œil et de
la bouche de couleur rose : pâles, elles annonceraient un
sang pauvre et aqueux ; très-rouges, un sang trop épais ;
— mouvements énergiques ; — activité à manger ; — disposition des blessures légères à se cicatriser rapidement.

6. Dans une même espèce, les sujets des petites races
sont moins délicats et plus faciles à nourrir que ceux des

grandes. En revanche, ceux-ci utilisent mieux les fourrages abondants et les riches pâtures.

Certaines races atteignent très-vite leur plus forte taille. D'autres, au contraire, se développent lentement. Ce sont les races précoces qui produisent la viande au meilleur marché; mais aussi ce sont les plus délicates dans le premier âge. Les animaux vigoureux au travail appartiennent généralement aux races tardives.

7. On peut améliorer un bétail imparfait : 1° par le régime et l'éducation; 2° par un choix judicieux de reproducteurs.

Ayez des sujets de petite variété, nourrissez-les mieux que ne l'ont été leurs pères, non-seulement ils prendront plus de taille, mais probablement aussi des formes meilleures. Tandis qu'un travail prématuré altère les aplombs et amincit le corps, un exercice modéré fortifie les membres et grossit les muscles. Les bons traitements développent l'intelligence, la brutalité l'éteint.

Envoyez de jeunes animaux parcourir des lieux montagneux; ils auront les reins larges, les membres courts, un sang vif et pur, des articulations sèches, un sabot solide.

Le séjour dans les marécages leur donnera une constitution opposée.

En principe absolu, on ne doit admettre que des reproducteurs distingués chacun dans leur race, et, sauf quelques cas rares, il ne faut pas allier entre eux de proches parents.

Lorsque, sans recourir à des animaux étrangers, on perfectionne par elle-même la race du pays, les élèves améliorés qu'on parvient ainsi à obtenir, présentent l'avantage d'être bien acclimatés, et leurs qualités, dont le principe ne se trouve affaibli par aucun mélange de sang, sont très-solides. Aussi doit-on achever de cette manière le perfectionnement de toute race qui se rapproche déjà du point désiré. Au contraire, pour l'amélioration d'un bétail très-défectueux, il convient souvent de recourir au croisement des femelles du pays avec des mâles étrangers, et même quelquefois de substituer entièrement à la race du pays une race étrangère, pourvu que les sujets introduits puissent recevoir une nourriture égale à celle qu'ils avaient dans la contrée dont ils sont originaires, et pourvu

que leur nouveau genre de vie ne diffère pas trop de celui
auquel ils ont été accoutumés.

On peut condamner les animaux à la stérilité : le taureau devient *bœuf;* le bélier, *mouton;* le cheval entier,
cheval *hongre.* L'animal ainsi modifié perd de sa force;
mais il gagne en taille, en docilité, en qualité de chair, en
aptitude à l'engraissement.

QUESTIONNAIRE.

1. Pourquoi le bétail est-il nécessaire à l'agriculture? — 2. Comment faut-il traiter les animaux, et quels soins hygiéniques convient-il de leur donner? — 3. A-t-on intérêt à les nourrir peu ou
largement? — 4. Indiquez quelques règles au sujet de la variété des
aliments, de la manière de les distribuer et de les préparer; indiquez aussi quelques principes relatifs au pâturage. — 5. Quels sont
les caractères d'un animal bien constitué? — 6. Au point de vue
de l'entretien et du produit, quelle distinction doit-on faire entre
les petites races et les grandes, et sous quels rapports les races
précoces se distinguent-elles surtout des races tardives? — 7. Indiquez les règles générales de l'amélioration des races.

CHAPITRE XXV.

Espèce bovine.

1. Triplement précieux, puisqu'ils donnent du travail,
de la viande et du lait, les animaux d'*espèce bovine* ont le
pied fourchu, la faculté de *ruminer,* c'est-à-dire de mâcher
une seconde fois les aliments qu'ils ont avalés. La mâchoire inférieure seule est munie de dents incisives, et
celles-ci sont au nombre de huit. Chaque année, à partir
de l'âge de dix-huit mois, deux de ces dents, qui étaient
dents de lait, sont remplacées par de plus fortes; à cinq
ans, *la bouche est faite* et l'animal est adulte. Il vieillit
entre dix et quinze ans. Dans la plupart des races, la tête
est armée de cornes. Le taureau a le corps plus long que
la vache, le col plus épais, la tête plus forte, les cornes
plus grosses et moins longues. Les bœufs ont la physionomie des vaches et plus de taille que les taureaux.

En bonne chair et en vie, les vaches des plus petites
races pèsent 150 kilogr., et celles des plus grandes 700. Les

taureaux et les bœufs de chaque race pèsent un quart à une moitié en plus que les vaches. Par l'engraissement, chaque sujet peut gagner moitié en sus de son poids primitif.

La chair varie d'abondance et de qualité suivant l'âge, le sexe et la race. La meilleure se trouve aux reins, à la croupe, aux cuisses, et la moins bonne, à la tête, au col, aux jambes, au bas des côtes et au ventre. Celle des veaux de lait est blanche et ferme : après le sevrage, elle devient grise et de qualité médiocre ; enfin, lorsque l'animal est adulte, on la trouve succulente et colorée. Alors, une teinte trop prononcée fait déprécier celle des taureaux.

Suivant son état et sa construction, un bœuf engraissé rend, pour 100 de poids vif, 45 à 70 de chair, 3 à 13 de suif, 5 à 9 de peau ; et pour 100 de chair, 27 à 38 de viande de première qualité.

La plupart des vaches deviennent mères de deux à trois ans ; elles portent neuf mois et donnent en général un seul veau par gestation. Les meilleures laitières rendent, pendant cinq mois, un litre de lait par quantité de nourriture équivalente à un kilog. de foin. Ensuite leur lait diminue peu à peu, et elles peuvent encore être traites six semaines avant une nouvelle mise-bas ; on les reconnaît aux caractères suivants : tête sèche et col mince, parties postérieures du corps très-développées, poil fin et peau très-souple, principalement aux mamelles ; veines qui aboutissent à ces organes, très-apparentes ; l'animal étant vu par derrière, écusson de poil montant, dit *écusson guénon*, très-étendu près des mamelles.

2. Les races qu'on élève en France se distinguent à la première vue par la couleur :

Pelage fauve avec nuances plus ou moins foncées. — Les animaux de ce poil peuplent une grande partie du Midi et se groupent en plusieurs races, petites ou moyennes, qui ont toutes beaucoup de rusticité et d'énergie, mais peu de précocité et de facultés laitières. Telles sont les races d'*Aubrac* (Aveyron), de *Gascogne* (Gers), du *Basadais* (Gironde). Le poil fauve caractérise encore la race suisse de *Schwitz*, meilleure laitière que les précédentes, commune aujourd'hui dans le Jura.

Pelage blond clair. — A cette division appartiennent la

race *béarnaise*, remarquable par ses longues cornes blanches, et dont les variétés, qui sont moyennes et petites, ont beaucoup d'aptitude pour le travail, mais peu de facultés laitières; la race de *Lourdes* (Hautes-Pyrénées), remarquable au contraire par son aptitude à donner du lait; — la race *garonnaise* (Lot-et-Garonne et Gironde), la plus grande des races françaises, vaches mauvaises laitières mais très-fortes, bœufs énormes et très-vigoureux; — les races de travail, un peu moins grandes, du *Mézenc* (Ardèche) et du *Limousin;* — les races *parthenaise* (Vendée) et *mancelle* (Maine-et-Loire), l'une moyenne, l'autre petite, toutes deux peu laitières, mais s'engraissant avec une facilité remarquable; — la race *comtoise*, aptitudes diverses : variété *bressane*, bonne laitière; variété dite *fémeline*, forte au travail; dans quelques familles améliorées, disposition à l'engraissement précoce.

Pelage blanc, café au lait et jaune clair avec raie blanche sur le dos. — Ces robes caractérisent le bétail de la Nièvre, de l'Allier, de Saône-et-Loire, d'une partie de la Côte-d'Or, de l'Yonne et du Cher. La principale race du groupe est la *charollaise :* couleur blanche, taille grande et moyenne, aptitude au travail, production laitière très-faible; aptitude à l'engraissement précoce dans quelques familles améliorées.

Pelage rouge acajou. — De ce poil sont : — la race *flamande*, facultés laitières de premier ordre, taille grande et moyenne, très-belle conformation dans la variété de *Bergues;* — la race de *Salers* (Auvergne), l'une des plus belles de France, facultés laitières de second ordre jointes à beaucoup d'aptitude pour le travail et à d'excellents rendements à la boucherie.

Pelage bigarré de noir et de blanc, ou de rouge et de blanc. — Certaines races suisses de ce poil ont été introduites dans le Jura, les Vosges, l'Auvergne, la Lorraine et le Maine, ce qui a produit des variétés avec cuir épais, os gros, aptitudes diverses.

De ce poil diversement nuancé sont encore : la race *bretonne*, très-petite et très-bonne laitière; — la race *normande*, qui donne de bonnes laitières et des bœufs énormes; — la race *hollandaise*, très-répandue dans le Nord, l'une des meilleures laitières qui existent au monde, taille grande et moyenne; — enfin, la race anglaise de *Durham,* supérieure à toutes pour la carrure, la précocité et la disposition à l'engraissement.

3. Au milieu d'une telle diversité, chaque genre d'élève a ses règles :

Élève des bœufs de travail.—Choisir des reproducteurs avec muscles durs, excellents aplombs; atteler les vaches; dresser les bœufs dès l'âge de deux à trois ans; les faire travailler de plus en plus jusqu'à l'âge de six à sept ans, époque de leur plus grande vigueur.

Élève des vaches laitières. — Ne conserver que des génisses filles de bonnes vaches; par de fréquentes caresses les habituer à la main de l'homme; à partir du second veau, solliciter la fontaine de lait par des traites très-exactes et aussi prolongées que possible.

Élève des races d'engraissement précoce. — Dans les deux premières années, composer leur régime d'aliments très-nutritifs; au-dessus de l'âge de deux ans, éviter de trop nourrir les reproducteurs, de peur qu'ils ne deviennent inféconds par excès d'obésité; leur procurer un exercice modéré, jamais de fatigue.

4. Au pâturage, les animaux d'espèce bovine ne se plaisent ni dans les prés marécageux, ni sur les gazons très-courts. Dans les trèfles ou les luzernes, ils sont exposés à une indigestion qui les étouffe; à l'étable, on peut leur donner toute espèce de fourrages artificiels et de légumes verts.

Les veaux s'engraissent avec du lait, dont on porte graduellement la ration journalière jusqu'à 30 et 40 litres. Tués à l'âge de six semaines, ils rendent un kilog. de viande pour 10 à 12 litres de lait consommé.

Bien organisé, l'engraissement des animaux adultes dure trois mois et procure un kilog. de chair pour chaque dizaine de kilog. de foin consommé.

5. On attelle ordinairement les bœufs, en les mettant deux à deux sous une pièce de bois, *joug,* qu'on fixe sur leur tête ou sur leur col et à laquelle on attache l'objet à traîner. Ce mode, qui est très-économique, cause souvent de graves foulures. Le mieux serait donc d'atteler les bœufs au moyen de colliers en cuir. Pendant le travail, il faut les stimuler souvent; par la grande chaleur, les cou-

vrir d'une toile; s'ils fréquentent des chemins caillouteux, leur ferrer le pied. Pour dompter les taureaux, on leur passe dans le nez un anneau de fer.

QUESTIONNAIRE.

1. Quels sont les principaux caractères de l'espèce bovine, considérée par rapport aux formes extérieures, au poids des animaux, à la qualité de la chair, à la production du lait? 2. Quelles sont les principales races que possède la France? — 3. Indiquez quelques règles générales pour l'élève des bœufs de travail, des vaches laitières, des animaux d'engraissement précoce. — 4. Quelques mots de la nourriture ordinaire et de celle d'engraissement. —5. Quelques mots de l'attelage des bœufs et des soins à leur donner pour le travail.

CHAPITRE XXVI.

Espèce chevaline et asine; mulets.

1. Le *cheval* se montre à nous, dès l'antiquité la plus reculée, comme le compagnon de nos gloires. Sur le lieu du labour non moins qu'au champ d'honneur, son courage, sa soumission, son intelligence sont dignes de gratitude et d'admiration. Il a naturellement le pas beaucoup plus accéléré que le bœuf, et ceci est un avantage dans la plupart des cas; seulement, s'il s'agit de gravir une côte rapide, tandis que le bœuf avance avec une patiente lenteur, lui s'élance avec une excessive rapidité, perd haleine, recule, et souvent ne peut arriver jusqu'au sommet.

Ce superbe animal n'a qu'un onglon à chaque pied; il ne rumine ni ne vomit, ne respire que par le nez, porte à chaque mâchoire six dents incisives, qui, *dents de lait* d'abord, commencent à tomber à l'âge de trois ans et sont toutes remplacées à cinq, âge auquel le cheval est adulte. En général, il vieillit de quinze à vingt ans.

La jument reproductrice est ordinairement mère de quatre à cinq ans; elle porte onze mois et ne donne à la fois qu'un poulain.

Dans les deux sexes, la taille, prise à l'épaule, varie de 1 mètre à 1 mètre 80.

Les couleurs de robe sont : le *noir*, le *blanc*, le *rouge* de diverses nuances, le *café au lait* ; le *gris clair*, *foncé ardoisé*, *pommelé* ; l'*aubère* ou *fleur de pêcher*, mélange de poils blancs et rouges ; le *rouan*, mélange de poils noirs, rouges et blancs ; le *pie*, mélange de blanc avec rouge ou noir par grandes taches irrégulières.

Indépendamment des qualités propres à tout bétail, le cheval doit réunir les caractères suivants :

Yeux très-ouverts, limpides, égaux, ovales, sans suintement ; — paupières fines et clignotant au moindre signe ; — *naseaux larges,* dit l'Arabe, *comme la gueule d'un lion ;* — mâchoire inférieure très-écartée dans la partie qui touche au col et où passe la gorge ; — oreilles fines, droites, souples et mobiles ; — langue saine et mince ; — lèvres souples ; — menton circonscrit et ferme ; — bouche très-fendue ; — *barres* saines et sans cicatrices (les *barres* sont cette portion de mâchoire qui sépare les dents incisives des dents molaires et sur laquelle s'appuie le mors) ; — dents régulièrement usées suivant l'âge ; — corps trapu ; — flanc sans palpitation ; — croupe ferme, ne vacillant pas dans la marche ; — *garrot* ou sommet de l'épaule très-élevé ; — genoux droits et sans cicatrice ; — jarrets très-larges ; — *canons* (os qui sont au-dessous des genoux et des jarrets) courts ; — *boulets* (articulation inférieure des canons) très-developpés dans la partie postérieure et poilue qu'on nomme *fanon ;* — *pâturons* (os qui séparent les pieds des canons) inclinés de 45 degrés ; — sabots lisses et sans fissure ; — milieu du pied voûté en dessous, tandis que la partie postérieure ou *fourchette* est très-saillante ; — muscles durs et bien dessinés ; — naissance de la queue haute ; — crins abondants ; — tête nettement détachée du col ; — regard doux, fier et vif ; — peau foncée, quand même la robe serait de couleur claire ; — membres parfaitement d'aplomb dans leur ensemble.

2. On distingue, d'après la grosseur du corps et la conformation plus ou moins propre à la course et au trait : — le cheval *de selle,* — le cheval *de trait léger,* — le cheval *de gros trait.*

3. Les races de selle les plus célèbres sont les races *arabe* et *anglaise de pur sang.*

Le cheval arabe duquel il existe plusieurs variétés, est

généralement petit; il a la peau, le poil et les os très-fins, les articulations sèches, le col déprimé, les membres et les pieds excellents, une souplesse, une énergie, une sobriété, une intelligence merveilleuses.

Le cheval pur sang anglais est plus élevé et plus long que l'arabe : il a la croupe très-étendue et très-haute; le devant du corps plus bas que ne le comporte la solidité complète des membres antérieurs; la tête courte et fine, le front plat et large; un tempérament nerveux et irascible. Tandis que l'arabe s'entretient facilement, le pur sang anglais est délicat et il exige des soins exceptionnels.

4. La partie occidentale de la France est celle qui produit le plus de chevaux. Dans l'extrémité nord de cette vaste région pacagère, on élève d'énormes chevaux de trait (races *boulonnaise et flamande*); — en Normandie, des chevaux de gros trait et de trait léger, de grands chevaux de monture ou carrossiers provenant du croisement de l'ancienne race du pays avec la race anglaise pur sang, enfin des chevaux de selle petits et moyens; — dans la Beauce et le Perche, le cheval de trait léger, dit *percheron*, aujourd'hui très-recherché pour le service des cabriolets; — en Poitou, ces juments massives et au pied large qui, croisées avec de grands ânes noirs, donnent les plus beaux mulets du monde; — en Bretagne, des chevaux de tous les services; ceux de trait léger naissent sur le littoral nord du Finistère et diffèrent peu des percherons de petite taille. Les chevaux bretons de gros trait sont élevés sur les côtes du Nord. Les petits chevaux de selle peuplent tous les lieux montagneux de la presqu'île; ils sont infatigables et très-sobres. Quant à la race bretonne carrossière, elle ressemble à la race anglo-normande et est élevée au Conquet (Finistère). — Le littoral, depuis l'embouchure de la Loire jusqu'au Médoc, produit aussi des carrossiers distingués.

Le Limousin, l'Auvergne, le Rouergue, le Morvan, le Dauphiné, la Bresse possédaient autrefois des races de selle estimées qui n'existent plus aujourd'hui. Quant à l'ancienne race navarrine, qui descend de l'arabe, elle peuple encore une partie des Pyrénées, et a conservé les qualités du type oriental : élégance, noblesse, rusticité, vigueur.

Les plaines de la Franche-Comté, de la Bourgogne, de l'Alsace produisent de grands et lourds chevaux de gros trait. Les lorrains et les ardennais sont meilleurs; de gros trait et de trait léger, ils ont le corps trapu, et, pour la rusticité, ils l'emportent sur les percherons et sur les normands.

5. Dans certains pays, les juments poulinières vivent au pâturage, sans presque jamais travailler. Ailleurs, elles sont employées à la fois à la reproduction et aux ouvrages de la ferme; enfin, dans d'autres contrées, on conserve pendant trois à quatre ans de jeunes chevaux achetés sur les lieux de production, et on utilise à l'agriculture leurs forces naissantes.

6. L'espèce chevaline s'entretient sur toute espèce de pâturage naturel ou artificiel, pourvu que l'abondance et la qualité de l'herbe soient en rapport avec les besoins de la race. A l'étable, le cheval de selle et le carrossier doivent surtout recevoir paille et avoine; on ajoute, par jour, quelques kilogr. de fourrage sec très-nutritif, de nature cassante plutôt que molle. Le grain se distribue après la boisson. Les fourrages et les légumes verts grossissent le corps et ne peuvent convenir qu'aux chevaux de gros trait.

A quelque usage qu'il soit destiné, le cheval exige les meilleurs soins hygiéniques : étrillage, bain fréquent des jambes, lit très-sec. Il faut lui faire changer rarement de conducteur; — ne pas le lâcher dans la cour sans s'être assuré que rien ne peut le blesser; — s'il revient en transpiration, ne pas le déharnacher ni lui permettre de boire de suite et de se baigner, mais l'essuyer et le couvrir; — lorsqu'il est attelé, si le tirage est difficile, l'arrêter avant qu'il perde haleine, autrement il se rebuterait; — enrayer solidement les voitures dans les descentes; — tenir toujours les harnais graissés et propres;—mettre des coussins ou *faux colliers* sous les colliers lorsque l'épaule est foulée; —ferrer les jeunes chevaux dès qu'au travail leur corne s'use; — faire entretenir ensuite la ferrure avec beaucoup de soin par un maréchal habile.

7. L'*âne* présente dans l'ensemble la même conformation que le cheval, mais il est généralement plus petit; il a la tête plus forte, les oreilles plus longues, l'encolure et

le poitrail plus étroits, le garrot moins élevé, le dos plus droit, la croupe moins longue, les crins moins abondants. A taille égale, il est plus fort, surtout pour porter ; il a le pied plus sûr, vit plus longtemps et ne présente que deux couleurs de robe, le gris avec une raie foncée en forme de croix sur l'épaule, et le noir avec blanc au museau, autour des yeux et sous le ventre. Ce que nous avons dit des caractères du beau cheval, s'applique au bel âne.

On distingue en France, dans l'espèce asine, trois variétés principales : 1° la *race du Poitou,* taille très-élevée (1 mèt. 46 à 1 mèt. 65), fourrure épaisse et très-longue, oreilles remplies de poils, sourcils épais, tête énorme, physionomie sauvage ; cette race est précieusement conservée pour la production des mulets ; 2° la *race des Pyrénées,* plus petite et plus gracieuse, os moins gros, tête moins lourde, poil plus court ; dans presque tout le Midi, on trouve des ânes de cette race ou de variétés qui en dérivent ; 3° la *petite race du Centre et du Nord,* taille très-petite, souvent de moins d'un mètre, formes quelquefois très-gracieuses.

L'âne des grandes races est difficile à élever. Les petits souffrent du froid et périssent fréquemment d'indigestion.

L'âne adulte vit des mêmes aliments que le cheval ; mais il est plus sobre, et on le voit souvent manger avec plaisir beaucoup de plantes dures et épineuses.

8. Dans la *mule,* produit infécond des deux espèces précédentes, on trouve réunis la taille du cheval et les qualités de l'âne : résistance à la chaleur, facilité d'entretien, solidité de la corne, sûreté du pied, pas allongé, force exceptionnelle pour tirer et pour porter.

Le cheval peut être allié avec l'ânesse, ou bien la jument avec le baudet. On préfère en général ce second croisement.

Le Poitou et les Pyrénées sont les parties de la France qui produisent les plus beaux mulets. Très-gros à leur naissance, mais frileux et délicats, les muletons exigent les mêmes soins que les ânons de grande race. Ces animaux, ainsi que les ânes, sont intelligents, pleins d'amour-propre, et ils deviennent rebelles lorsqu'on les bat mal à propos ; aussi leur dressage exige les plus grandes précautions.

1. Quels sont les principaux caractères de l'espèce chevaline et quels sont les caractères particuliers du beau cheval? — 2. Comment classe-t-on les chevaux par rapport aux services auxquels ils sont propres? — 3. Quelles sont les races de selle les plus célèbres? — 4. Donnez quelques détails sur les races françaises. — 5. Quel parti l'agriculture tire-t-elle des juments et des jeunes chevaux? — 6. Parlez du régime des chevaux et des soins qu'il faut leur donner. — 7. Parlez de l'âne : caractères principaux, races, régime. — 8. Parlez des mulets : caractères principaux, races, régime.

CHAPITRE XXVII.

Espèces ovine, caprine et porcine.

1. La *brebis* appartient, comme le bœuf, à la famille des ruminants avec pied fourchu et mâchoire inférieure pourvue de huit dents incisives, qui, de deux à cinq ans, se renouvellent deux par deux, chaque année, en commençant par celles du milieu.

La brebis est, en général, adulte à trois ans et vieille à dix. Elle porte pendant cinq mois, et produit à chaque gestation un ou deux agneaux. Les béliers de la plupart des races ont des cornes, tandis que les moutons et les brebis n'en portent pas ou n'en ont que de petites.

Les femelles des petites races pèsent, vivantes et en bonne chair, 15 kilog., et celles des grandes, 45. Les moutons, dans chaque race, pèsent 1/3 de plus que les brebis. Engraissés, ce qui augmente leur poids de moitié en sus, il rendent, pour 100 de poids vif, 45 à 65 de viande, 2 à 11 de suif, 4 à 10 de peau. Quelques variétés ont la croupe et la queue chargées de fortes masses de graisse.

2. La robe de la brebis se compose de laine et de poil. Le poil, appelé *jarre*, se montre surtout à la tête et aux jambes; c'est un défaut grave, lorsqu'il s'en trouve de mêlé avec la laine sur tout le corps; les meilleures toisons en sont complétement pures.

Composée de brins régulièrement frisés, la laine ne tombe pas comme le poil, mais pousse toujours. Elle varie en longueur, suivant les races, de 40 à 180 millimètres. La finesse, la douceur, l'élasticité, l'éclat, l'épaisseur, la régularité des brins en sont les principales qualités. Il en est de rousses, de noires et de blanches; celles-ci sont les plus estimées. La toison tout entière est imprégnée d'une huile, *suint,* qui la protége contre les altérations extérieures. Les laines courtes sont généralement les plus grasses et les plus frisées. Des soins judicieux, un bon régime disposent l'animal à produire de belle laine ; la négligence et une mauvaise nourriture ont des résultats opposés.

On tond généralement les brebis une fois par an, au printemps. Dans certains pays, on commence par les laver; ailleurs, on s'abstient de cette opération.

Les toisons, sans être lavées, pèsent, suivant les races, de 1 à 6 kilog. ; au dégraissage, elles perdent depuis 50 jusqu'à 82 pour 100.

3. Au dernier siècle, les troupeaux français étaient en pleine décadence, lorsque l'importation, faite par Louis XVI à Rambouillet, de la race *mérinos* espagnole, à laine courte, fine et abondante, fut le point de départ de l'heureuse transformation de beaucoup de nos races.

Parmi celles qui se rapportent encore aux anciens types, se trouvent : 1° plusieurs variétés sans cornes, de taille élevée, avec laine longue, ne couvrant ni la tête ni les jambes, telles que les races *flamande, artésienne, cauchoise, cholletaise, poitevine* dite *de la plaine,* des *Causses* (plateaux calcaires de l'Aveyron), de *la Limagne* (Auvergne), du *Crévant* (Berry); 2° toutes les petites races blanches, noires ou rousses des pays de landes, savoir les races *bretonne, solognote,* etc.; 3° les races laitières du Midi, notamment celle des *Pyrénées,* à nez très-arqué, celle du *Lauraguais* (environs de Castelnaudary); enfin la race du *Larzac* (Aveyron), dont le lait sert à la fabrication des fromages de Roquefort.

Aujourd'hui, sur 35 millions de bêtes à laine dont se composent les troupeaux français, 18 appartiennent aux races précédentes, et le surplus, aux variétés mérinos et métis-mérinos. D'un autre côté, la France possède quelques animaux des types anglais, *Dishley, Cotswold, Southdown, New-Kent;* excellentes races de boucherie, délicates à la chaleur, peu marcheuses et donnant une laine de seconde qualité. De ces races anglaises croisées avec d'autres, descendent les moutons très-bien faits et plus rustiques, dits *de la charmoise,* et quelques variétés dites *anglo-mérinos, anglo-artésiennes,* etc. Enfin, on a tiré de la race mérinos la variété *de Mauchamps,* à laine demi-longue, soyeuse et d'un éclat remarquable.

Ces diverses races ne se plaisent pas également dans toutes nos régions. Les mérinos et métis-mérinos conviennent aux contrées sèches avec pâturage succulent. Aux pays plus humides, il faut d'autres races à laine plus longue. Les races anglaises pures ne réussissent généralement que dans l'Ouest.

4. Comme les bêtes à laine broutent les herbes les plus courtes, la pâture doit être considérée comme leur régime par excellence. Dans le Midi, de nombreuses troupes vivent, en été, sur les montagnes; en hiver, au milieu des plaines. Sous le climat doux et frais de nos régions occidentales, le séjour permanent dans des enclos peut être adopté. Si les conditions sont différentes, il faut, en été, conduire les bêtes à laine sur des pâtures naturelles ou artificielles, et, en hiver, les nourrir à la bergerie. Les troupeaux ainsi entretenus, principalement les mérinos, ne doivent jamais manger au milieu d'herbes mouillées ni sur des gazons marécageux. Ils gagneraient promptement les germes d'une maladie mortelle appelée *pourriture* ou *cachexie,* par suite de laquelle le sang devient aqueux au dernier degré. Par l'examen de l'œil, on s'assure souvent de l'état des animaux, et si l'on remarque de la pâleur, on cherche aussitôt à rendre la nourriture plus substantielle. Sur terrain humide, il faut plutôt engraisser qu'élever, afin que le troupeau, souvent renouvelé, soit moins exposé à ce mal dangereux.

Le cultivateur qui élève doit, autant que possible, réunir des brebis de même taille et de même lainage;— n'exiger des mères qu'une seule gestation par an;—faire en sorte que la mise bas tombe à une époque où il y ait quantité d'excellents vivres, au printemps plutôt qu'en janvier, si les provisions d'hiver ne sont pas suffisantes; — tuer les agneaux faibles; — ne les lâcher en pâture que par un très-beau temps; — leur donner une ration de grain; — engraisser les vieilles brebis lorsque le régime ordinaire ne les entretient plus en bon état.

5. La *chèvre* est l'amie de l'homme, la vache du pauvre, la bonne mère par excellence ; elle adopte volontiers toute espèce de nourrissons et même nos enfants. On lui voit dévorer le feuillage des arbres, quantité d'herbes dures et vénéneuses, de sorte qu'elle paraît créée pour convertir en lait ce que tout autre bétail refuserait. Sa tête fine et barbue, sa robe grise, blanche ou noire, ses longs poils, sa constitution sèche et osseuse la distinguent de la brebis, dont elle se rapproche du reste pour la conformation générale et la taille. La plupart des variétés sont cornues.

La chèvre porte cinq mois, entre d'ordinaire en gestation dès la première année, et souvent elle donne encore à l'âge de douze ans beaucoup de lait. Sa viande a peu de valeur. Suivant la race, elle porte à chaque gestation un ou deux chevreaux, qu'on tue, en général, à l'âge de trois semaines. On peut traire ensuite la mère pendant sept à huit mois. Il faut lui donner à boire et à manger abondamment, avec grande propreté et par petites rations. Le mieux est de la tenir à l'étable, suivant l'usage du Mont-d'Or, près de Lyon ; car en pâture elle fait mille dégâts.

On cherche aujourd'hui à propager en France deux races asiatiques très-renommées : l'une, la race *angora,* pour son poil fin et long, dont on fait de belles étoffes ; l'autre, la race *cachemire,* pour un duvet qui se trouve au milieu du poil, et avec lequel on confectionne des châles admirables.

6. Tandis que la chèvre dévore toute espèce de feuillage, le *cochon* convertit en graisse mille débris d'aspect repoussant. Avec son nez, il creuse le sol, pour trouver des racines et des vers. D'autres fois, il pâture l'herbe. Dans les bois, il cherche les glands et les châtaignes. Sur les plages marines, il se nourrit de coquillages. Les mâles ou *verrats* ont des crocs redoutables, et ils portent à l'épaule une impénétrable cuirasse. Armés ainsi de toutes pièces, ils aiment la bataille et sont dangereux.

Le porc a quatre ongles au pied et la mâchoire garnie de dents très-fortes qui ne se renouvellent pas. Il est adulte à deux ans, vieux à huit. Les truies font généralement à chaque portée huit à douze petits, et leur gestation dure cent quinze jours, ce qui leur permet d'élever par an deux familles.

Le poids de la plupart des sujets engraissés varie de

150 à 250 kilog.; quelquefois, il atteint 500 kilog. Vidés et la tête coupée, ils rendent, pour 100 de poids vif, 70 à 85 de chair et de lard.

Là race la plus répandue en France a les oreilles pendantes, le dos arqué, les membres élevés, les os gros, le corps long et étroit, le poil noir, blanc, roux ou mélangé de ces couleurs. Les sujets de ce type marchent et pâturent bien, mais sont lents à croître et difficiles à engraisser. L'Angleterre, qui était autrefois peuplée de cochons semblables, ne possède aujourd'hui que des variétés améliorées. Plusieurs de ces races, notamment les hampshire, berkshire, windsor, essex, ont été introduites en France, et les animaux qui proviennent de leur croisement avec les porcs français, l'emportent de beaucoup sur ces derniers.

Pour être féconds, les reproducteurs d'espèce porcine ont besoin d'exercice; aussi doit-on, s'ils ne vont pas en pâture, les laisser s'ébattre dans une cour. A l'âge de cinq mois, on sépare les sexes, sans permettre de gestation aux femelles avant l'âge d'un an. Les verrats sont casés chacun à part. Il en est de même des truies avancées en gestation, dont il importe de bien surveiller la mise bas, de peur que les petits ne soient écrasés; ceux-ci sont sevrés à six semaines.

Le régime ordinaire des reproducteurs ne doit être ni trop maigre ni trop copieux. On peut leur donner des débris d'abattoir et de la chair cuite, pourvu qu'à cette nourriture échauffante on ajoute de l'herbe ou des légumes verts.

La meilleure nourriture des cochons d'engrais consiste en pommes de terre, farines, grain cuit, glands, laitage.

Le porc doit pouvoir se baigner souvent par les grandes chaleurs, et trouver, pour lieu de repos habituel, une place très-sèche. Dans la plupart des fermes, les loges sont trop étroites et mal tenues.

QUESTIONNAIRE.

1. Quels sont les principaux caractères des animaux d'espèce ovine? — 2. Quelques mots de la laine et des toisons. — 3. Quelles sont les différentes races qui existent en France? — 4. Parlez du régime et de l'entretien des bêtes à laine. — 5. Quelques mots de la chèvre; caractères, produit, entretien. — 6. Quelques mots du porc; caractères, races, produit, entretien.

CHAPITRE XXVIII.

Oiseaux de basse-cour.

1. Sans parler des oiseaux de fantaisie, les volatiles de la basse-cour sont l'ornement de la ferme, et pour l'habile ménagère une source de profits notables.

Il faut leur procurer un logement sain et propre, une nourriture abondante, une boisson très-pure; choisir dans les races les mieux appropriées au pays des reproducteurs larges et bien conformés; faire venir les couvées de bonne heure au printemps plutôt que tard, afin que les jeunes soient grands et forts avant les froids d'automne.

2. Toute ferme doit avoir un certain nombre de *poules*. Occupées à becqueter l'herbe, à chercher les grains perdus et les insectes, elles coûtent peu et donnent des œufs qu'on recueille chaque jour avec profit.

Quelques-unes de nos principales races de poules sont: la race de *Crèvecœur* (Normandie) : taille très-forte, plumage noir, tête huppée; race bonne pondeuse, excellente à engraisser;

La race de *La Flèche* : même plumage, taille moins forte, crête simple et dentelée; élèves excellents à engraisser;

La race de *Houdan* : plumage mêlé de blanc et de noir, cinq doigts à chaque pied, au lieu de quatre, nombre habituel; sur la tête, huppe de plumes et petite crête; race rustique et bonne pondeuse;

La race de *Gournay* (Normandie), qui ne diffère notablement de la race de Houdan que par sa crête sans huppe et par ses doigts au nombre de quatre;

La race *flamande* : plumage gris ardoise chez les poules, brun rouge chez les coqs; petite crête, taille forte; race très-bonne en Flandre, délicate hors de son pays;

La race *cochinchinoise* : plumage soyeux, le plus souvent jaune; ailes très-petites et cuisses très-grosses, taille forte, allures lourdes, os gros, pattes jaunes et emplumées; œufs petits et rougeâtres; chair moins bonne que celle des races précédentes; beaucoup de disposition à couver;

La race *Brahma-Poutra* : plumage blanc avec du noir à la queue et aux ailes; variété perfectionnée de la précédente;

La *Bantam blanche* à pattes emplumées; petites poules très-bonnes mères.

Avec une race pondeuse, il convient d'avoir dans chaque ferme quelques sujets cochinchinois ou Brahma-Poutra comme couveuses, et même quelques Bantams blanches pour la conduite des petits.

La poule est adulte à un an, vieille à quatre. Elle pond à deux ou trois reprises dans l'année et, par an, donne en moyenne 50 à 120 œufs, suivant la race et les soins qu'elle reçoit. On s'aperçoit qu'elle veut couver à son obstination à garder le nid. Pour lui faire passer ce désir, on peut l'enfermer quarante-huit heures, en un lieu obscur, avec de l'eau pour tout aliment; mais si l'on veut en tirer parti pour avoir des poussins, on met la poule en lieu calme dans un panier couvert, sur 10 à 15 œufs. Tous les jours, on la prend une fois pour lui donner à manger et à boire. Du dix-huitième au vingt et unième jour, les poussins naissent. Le mieux est de les mettre alors, eux et leur mère, dans une cage divisée en deux compartiments par une cloison à claire-voie, de sorte que les petits puissent sortir et manger à part, tandis que la poule reste de son côté. La première nourriture consiste en un mélange de mie de pain, de viande et d'œufs. Le froid, l'humidité et toute occasion d'accident doivent être évités.

Afin d'avoir d'excellents œufs à faire couver, il convient de mettre à part quatre ou cinq des plus belles poules et un beau coq dans un petit poulailler avec parc engazonné. On tient à leur portée de l'eau pure et du sable, dans lequel ils puissent se rouler pour se purger de vermine.

3. Précieuse volaille de luxe, le *dindon* mange de tout aliment comme la poule, et vit surtout de grains et d'insectes. La dinde, plus petite que le mâle, pond à deux ou trois reprises dans le cours de l'année; elle couve bien, et les poussins éclosent au bout de trente jours. Ceux-ci exigent une nourriture fortifiante et les soins les plus mi-

nutieux contre le froid et l'humidité, jusqu'à ce qu'ils aient formé les membranes rouges, charnues et sans plumes qu'on remarque à la tête et au cou. A partir de cet instant critique qui a lieu vers l'âge de deux mois, ils deviennent très-robustes, vivent en pâture au milieu des chaumes et perchent en plein air. Ils sont adultes à un an et vieux à cinq.

4. Oiseau marcheur et pâtureur, l'*oie* se nourrit surtout d'herbes fines et courtes. Si l'on dispose de marécages, on peut en tirer bon parti en y envoyant de nombreux troupeaux de ce volatile. La race de *Toulouse* est la plus grosse, mais aussi la plus délicate.

Cet oiseau est adulte à deux ans, vieux à douze. Chaque femelle pond au printemps 15 à 20 œufs, que le mieux est de faire couver par des poules. Les petits éclosent au bout de trente jours; alors, on leur donne de la mie de pain et on ne leur permet de sortir que par le soleil; au bout de quinze jours, on peut leur laisser plus de liberté, et bientôt après les faire conduire au pâturage, en leur distribuant jusqu'au temps des moissons un peu de grain matin et soir. Deux fois par an, on enlève aux oies le duvet qu'elles ont au ventre, autour du cou et sous les ailes.

Beaucoup plus aquatique que l'oie, le *canard* cherche surtout sa nourriture dans les ruisseaux, et il coûte très-peu à nourrir. Indépendamment de l'espèce commune, on élève en France le canard de *Barbarie*, qui est plus gros et de goût musqué. Les produits des deux espèces croisées ensemble sont très-beaux, excellents à manger, mais inféconds. Cet oiseau est adulte à dix-huit mois et vieux à dix ans; les femelles pondent au printemps quantité d'œufs. L'incubation, qu'il convient de confier aux poules, dure vingt-huit jours. Les jeunes, quoique peu délicats, exigent d'abord une nourriture souvent renouvelée. De peur d'accident, on ne doit pas les laisser aller aux ruisseaux avant qu'ils n'aient trois semaines; et lorsqu'ils sont gros, il convient, pour les rappeler au logis, de leur donner un peu de grain dans la cour matin et soir. On les loge avec les oies, et, au temps de la ponte, on ne permet ni aux uns ni aux autres de sortir le matin avant que les œufs aient été déposés.

5. Les *pigeons* sont essentiellement mangeurs de grains,

surtout de légumes secs et de graines oléagineuses. Les uns, dits *fuyards,* vont chercher ce genre de nourriture au milieu des récoltes, auxquelles ils font beaucoup de tort ; les autres, plus sédentaires, vivent, comme les poules, dans la cour de ferme. L'éducation des meilleures variétés de ces derniers doit seule être conseillée.

Cet oiseau est adulte à six mois, vieux et peu productif à quatre ans. Dans le cours de l'année, il pond à plusieurs reprises deux œufs, que le mâle et la femelle couvent alternativement et qui éclosent au bout de dix-huit jours. Les races les plus fécondes font une couvée par mois, pourvu qu'elles disposent de deux nids séparés, dans l'un desquels se trouvent les œufs, tandis que l'autre est occupé par les jeunes.

QUESTIONNAIRE.

1. Quelques mots des soins généraux à donner aux oiseaux de basse-cour. — 2. Parlez de la poule : races principales, ponte, couvées, élève. — 3. Quelques mots du dindon. — 4. Quelques mots de l'oie et du canard. — 5. Quelques mots des pigeons.

CHAPITRE XXIX.

Vers à soie, Abeilles.

VERS A SOIE.

1. En 555, deux moines, venant de pays lointains, rapportèrent dans leurs cannes et offrirent à l'empereur Justinien les œufs d'un papillon appelé *bombyx,* dont on élevait la chenille en Orient de temps immémorial, pour faire, avec le fil dont elle s'enveloppe au moment de ses métamorphoses (*Voy.* la note du chap. 13), les admirables tissus de soie. Bientôt, l'éducation du précieux insecte s'étendit en Asie-Mineure et en Grèce. Plus tard, Louis XI et Henri IV la propagèrent en France de tout leur pouvoir.

En grand progrès depuis trente années, cette industrie enrichissait plusieurs départements de l'Est et du Midi, et commençait même à s'établir sous le climat moins favorable des environs de Paris ; mais aujourd'hui une maladie terrible, la *gattine,* attaque les vers et en diminue le produit des trois quarts.

9.

Lors du développement printanier des premières feuilles du mûrier blanc, l'éleveur tire les œufs de la cave sèche où il les a conservés depuis l'année précédente, et il les fait éclore, en les mettant soit sous ses vêtements, soit dans un appareil appelé *couveuse,* qu'il chauffe peu à peu jusqu'à une température de 25 degrés.

Aussitôt après, commence un soin capital, qui doit se continuer pendant toute l'éducation : celui de régler les choses de telle sorte, que les vers d'une même division accomplissent tous ensemble les phases de leur existence. Dans ce but, supposé que l'éclosion dure quatre jours, on supprime les quelques vers qui naissent le premier jour et les retardataires du quatrième. Les autres sont partagés en deux divisions, l'une du premier jour, la seconde du second jour. Ces vers sont placés sur des claies distinctes, et on leur donne, aussitôt après leur naissance, de la feuille de mûrier découpée en lanières très-fines.

Quatre fois pendant leur vie, les vers à soie cessent de manger, s'endorment et changent de peau. A chacune de ces crises, on supprime les retardataires et les faibles.

Après la quatrième mue, l'appétit des vers devient tel, qu'ils mangent par jour, proportionnellement au poids de leur corps, trente-six fois autant que des chevaux. Mais bientôt cette voracité diminue, et on les voit errer çà et là, comme s'ils cherchaient autre chose que de la nourriture. On place alors, entre les différents étages de claies, soit des touffes de bruyère fichées verticalement et recourbées par le haut, soit d'autres appareils, appelés *claies coconnières,* dans lesquels les vers trouvent à se loger plus commodément. Chacun d'eux ne tarde pas à y monter et à se choisir un quartier, qu'il enveloppe de soie, en faisant sortir de l'intérieur de son corps le fil soyeux, au moyen d'une trompe dont sa tête est pourvue. Ce travail dure trois jours et s'effectue par des mouvements de tête évalués (ce qui est incroyable) au nombre de 300,000. Le fil, qui n'a pas moins de mille mètres de long, se trouve replié sur lui-même en une multitude de zigzags. Comme il est enduit d'une colle très-forte, tout tient ensemble et présente un feutre solide en forme de coque ovale.

Après avoir filé, la chenille reste dans cette coque pendant quatre jours ; puis, elle se change en chrysalide, qui devient elle-même papillon au bout de dix à douze jours.

En général, on récolte les cocons sept jours après la montée des vers ; on les emballe aussitôt dans des paniers plats, en évitant de les froisser, et on les expédie aux filatures, où d'adroites ouvrières les dévident, après qu'on les a fait chauffer pour étouffer les chrysalides.

Les feuilles de mûrier blanc que l'on donne aux vers, doivent être fraîchement cueillies, non mouillées, non fermentées, et découpées en lanières d'autant plus minces que les insectes sont plus jeunes. Il faut que les repas soient très-nombreux.

Plus la température est élevée, plus les vers à soie mangent, et plus leur existence est courte. Le mieux est de leur procurer 22 à 24 degrés de chaleur. Dans ce cas, l'éducation dure trente jours. Au moyen d'appareils ingénieux, on entretient à ce degré la température des chambres, et tout à la fois on en renouvelle l'air.

La plus grande propreté est un point capital, qu'on obtient sans peine de la manière suivante : On place sur les vers des papiers à claire-voie avec de la feuille fraîche par-dessus ; afin de manger, les vers traversent bientôt cette espèce de grillage flexible, avec lequel on les enlève tous ensemble, ce qui permet de nettoyer les claies. Chaque fois, on jette au feu les malades et les faibles ; à mesure qu'ils grandissent, on donne aux survivants plus d'espace, et les papiers à claire-voie permettent encore d'effectuer facilement ces divisions.

On réserve, sans les chauffer et sans les dévider, les cocons destinés à produire les papillons qui doivent pondre les œufs. Afin que cette précieuse semence soit d'excellente qualité, il faut, dès le troisième âge, mettre à part les plus beaux vers, réserver seulement les mieux faits de leurs cocons ; enfin, parmi les papillons, supprimer ceux qui sont faibles ou de conformation défectueuse.

Depuis quelque temps, on essaye en France l'éducation de plusieurs autres espèces de vers à soie. L'un d'eux, chenille du *bombyx cynthia,* vit en plein air, sans exiger presque aucun soin, sur un arbre, l'*ailante* ou *faux vernis du Japon,* qui réussit lui-même sur les plus mauvais terrains.

ABEILLES.

2. Productrice laborieuse de cire et de miel, l'abeille, ainsi que personne ne l'ignore, vit en société.

Parmi les vingt à quarante mille habitantes de la ruche, on en distingue une dont le corps est très-allongé, et pour laquelle les autres ont un attachement extraordinaire. Cette abeille, qu'on nomme la *reine,* est la seule femelle parfaitement féconde de la colonie. La ponte des œufs constitue son occupation exclusive et presque constante.

La ruche présente, en second lieu, une multitude d'abeilles plus petites que la reine, mais à peu près de même forme et armées, comme elle, d'un dard venimeux. Ces mouches, dites *ouvrières,* qui sont des femelles infécondes, travaillent à recueillir le miel, à bâtir les rayons, à nourrir les larves, à nettoyer la ruche, à en renouveler l'air, s'il fait trop chaud, par le mouvement continu de leurs ailes, à combattre toute espèce d'ennemis. Enfin, on remarque au printemps seulement un certain nombre de *bourdons,* ou mâles, privés d'aiguillons, plus gros et plus velus que les ouvrières.

Dans l'intérieur de la ruche, on voit plusieurs gâteaux de cire parallèles les uns aux autres et suspendus dans le sens vertical, gâteaux composés d'un grand nombre de cellules presque horizontales, à six côtés, les unes remplies de miel, les autres vides, d'autres enfin contenant ou un œuf, ou une larve, ou une nymphe, ou une jeune abeille. On remarque aussi quelques cellules isolées, beaucoup plus grandes que les autres, de forme ronde et fixées verticalement au bord des gâteaux. Ces dernières servent de logement aux larves destinées à être reines, larves qui, dans des cases ordinaires, seraient devenues femelles infécondes; mais, dans ces habitations royales, on leur apporte une nourriture choisie, ce qui, joint à l'effet d'une habitation plus commode, leur permet de prendre tout le développement nécessaire à la fécondité.

Vingt et un jours suffisent pour l'éclosion des œufs et pour toutes les métamorphoses qui produisent l'insecte parfait. C'est au printemps que la reine pond le plus; il en résulte surabondance de population, et, par suite, départ d'es-

saims, qui, conduits par l'ancienne reine ou par une jeune
(sur ce point les opinions sont partagées), vont se fixer
ailleurs. En quinze ou dix-huit jours, une ruche peut produire ainsi jusqu'à quatre essaims. Quelquefois même, un
essaim donne naissance à une nouvelle colonie trois à
quatre semaines après sa formation.

Lorsque la reine d'une ruche meurt ou disparaît, sans
qu'il y ait de larve nourrie spécialement pour devenir
reine, les abeilles élargissent quelques-unes des cellules
où se trouvent les plus jeunes larves d'ouvrières, et elles
leur donnent la nourriture royale. Grâce à ces soins,
celles de ces larves qui n'ont pas plus de trois jours, peuvent devenir femelles fécondes. S'il ne se trouve pas de
larve assez jeune pour que la perte puisse se réparer ainsi,
la colonie languit, cesse de travailler et finit par s'éteindre.

En principe, une société ne peut subsister sans reine,
et deux reines ne peuvent rester ensemble dans une société. La plus forte tue l'autre, ou bien celle-ci s'éloigne
à la tête d'un essaim. Quant aux mâles ou bourdons, ils
sont impitoyablement massacrés, chaque année, par les
ouvrières, après la sortie du dernier essaim. Les ouvrières
et les reines peuvent vivre plusieurs années.

Les abeilles recueillent le suc des fleurs et la poussière, *pollen,* renfermée dans leurs étamines. Cette dernière substance, dont elles remplissent un certain nombre
de cellules, sert principalement à la nourriture des larves.
Indépendamment de la cire et du miel, elles savent composer un enduit résineux, dit *propolis,* qui leur sert à
fermer toute communication inutile de l'intérieur de la
ruche avec l'extérieur ; elles couvrent de cette même
substance les parois internes de la ruche et les corps
étrangers qu'elles ne peuvent porter dehors.

Les rayons nouvellement faits ont une cire extrêmement
fine et transparente. A mesure qu'ils vieillissent, ils prennent une couleur plus foncée, et l'intérieur des alvéoles
se rétrécit au point que les larves n'y trouvent plus assez
de place. Les vieux rayons sont exposés, d'autre part, aux
dégâts de la *galerie de la cire* ou larve d'un petit papillon
du genre des teignes.

Les pays entrecoupés de bois, de prairies, de vergers,
de cultures variées, conviennent beaucoup aux abeilles.

Elles se plaisent aussi dans les lieux incultes, principale-ment au milieu des bruyères. Au contraire, les pays couverts de vignes et de céréales leur procurent peu d'aliments.

3. Basés sur les notions précédentes, les principes de l'éducation des abeilles peuvent se résumer ainsi :

—Ruche de grandeur moyenne (35 à 40 centimètres de haut sur 30 de diamètre), cylindrique avec dôme plutôt que de toute autre forme, solidement établie à quelque hauteur au-dessus du sol sur une planche, dite *tablier*, faisant saillie en avant de la très-petite ouverture destinée à la sortie des mouches; tout le tour bien mastiqué; par-dessus, épais capuchon de paille, qu'on renouvelle chaque année.

—Exposition au levant; ombrage en été contre l'ardeur du soleil; situation abritée; si l'eau manque dans le voisinage, abreuvoir artificiel avec eau souvent renouvelée.

— Ruches en nombre modéré dans chaque lieu, afin que les abeilles trouvent à butiner, sans perdre leur temps et leurs forces à aller très-loin.

— Dans les premières journées chaudes du printemps, de dix heures du matin à trois heures de l'après-midi, surveillance assidue, pour que les essaims qui sortent soient suivis et recueillis; afin de les déterminer à se poser, on jette sur eux de la poussière et de l'eau. En général, ils s'attachent aux arbres, et on s'en empare en les faisant tomber dans une ruche vide, qu'on laisse ensuite près de là jusqu'au lendemain.

—Essaims faibles réunis à d'autres, afin que toutes les ruches soient très-peuplées, point essentiel.

— Si, dans le cours du printemps ou de l'été, la ruche est remplie de rayons, agrandissement du local par des hausses, qu'on met en dessous, avec grillage double et croisé séparant la nouvelle place de l'ancienne; plus tard, on prend sans inconvénient les rayons de miel que les abeilles font sous le grillage, ou bien, on se sert de ruches dont la calotte est mobile; or, comme c'est dans cette partie supérieure que se trouve toujours le plus de miel, on l'enlève de temps en temps et on la remplace par une calotte vide.

—A l'automne, suppression des ruches de plus de trois

ans, et de celles dont la faiblesse en population ou en provisions se reconnaît à un poids inférieur à 12 kilog., non compris le poids de la ruche vide. Les abeilles de ces ruches ne doivent jamais être étouffées; mais il faut les faire passer dans les ruches que l'on conserve. A cet effet, on ouvre un trou au sommet de la ruche à détruire, on met dessus une ruche vide; puis, on projette dans la première de la fumée de vieux chiffons. Les abeilles enfumées se réfugient dans la ruche supérieure. Ainsi casées, on les emporte, et on les fait tomber sur le tablier de la ruche à la population de laquelle on veut les réunir.

En hiver, plus les mouches sont nombreuses dans chaque colonie, plus elles se tiennent chaud et mieux elles se portent. Dans cette saison, il convient de ne pas les laisser sortir, de les visiter quelquefois, et, si les provisions leur manquent, de leur rendre du miel; on conserve à cet effet les rayons de la dernière récolte dans lesquels se trouve le plus de pollen.

QUESTIONNAIRE.

1. Donnez quelques détails sur l'éducation des vers à soie. — 2. Donnez un aperçu de l'histoire naturelle des abeilles. — 3. Posez quelques règles sur leur éducation.

CINQUIÈME PARTIE.

COMBINAISONS ET MOEURS AGRICOLES.

CHAPITRE XXX.

Capitaux agricoles; fermier, métayer, propriétaire; achat et location d'un domaine.

1. En langue scientifique, on appelle *capital* tout objet ou réunion d'objets présentant une valeur. Lorsque les capitaux sont bien employés, il en résulte de nouvelles richesses; c'est même de cette propriété créatrice que vient le nom *capital* (*caput* en latin veut dire *tête*).

On distingue, en agriculture, deux genres de capitaux :
— l'un, *capital foncier,* comprend la terre et tout ce qu'on
ne-peut en faire disparaître sans en altérer la valeur : constructions, arbres, gazons naturels, etc. ; — l'autre, *capital mobilier,* se compose de tout ce qui sert à exploiter
le sol : instruments, bestiaux, semences, etc.

Le cultivateur *propriétaire* réunit ces deux capitaux
dans sa possession. Le *fermier* possède seulement le capital mobilier, et il prend l'autre en location. Le *métayer*
n'en possède aucun, et il est locataire de tous deux moyen-
nant une part du produit en nature.

La fécondité du sol résulte presque toujours de travaux persévérants, qu'on effectue rarement sur la terre
d'autrui ; aussi *l'agriculture* du propriétaire tend généralement à l'emporter sur celle du fermier et du métayer.

2. Pour que la terre donnée en location se trouve elle-
même dans des conditions favorables, il importe que le
prix du bail soit modéré. Si, dépassant de justes limites,
ce prix absorbe tout ou portion du profit qui doit revenir
au fermier, celui-ci cherche à se dédommager en forçant
la production, et, par suite, les terres s'épuisent ; ou bien,
il tombe dans le découragement, et ses travaux lan-
guissent.

Dans l'état actuel de la société, deux et demi pour cent
du prix vénal d'une ferme, voilà le chiffre normal du produit que le propriétaire doit en tirer. Le fermier doit
avoir pour lui-même un produit égal de deux et demi pour
cent, et tirer en outre cinq à dix pour cent de son capital
mobilier.

Après un taux de redevance modéré, rien ne dispose
plus le fermier au bon entretien de la propriété que la
longue durée de la location. Quant aux *sous-locations,*
c'est-à-dire aux locations que le fermier pourrait faire à
une tierce personne, de tout ou partie de la propriété
qu'il loue lui-même, le propriétaire doit les interdire, puisqu'elles exposent la terre aux inconvénients des baux à
courts délais. Au renouvellement du bail, si les champs
sont améliorés, il ne faut pas qu'il exige des augmentations
rigoureusement relatives à cet accroissement de valeur :
ce serait dégoûter le cultivateur de tout travail progressif.

Au contraire, il l'encourage beaucoup en coopérant à certains travaux utiles, drainage, marnage, etc.

Si le fermier a peu de tendance à améliorer un sol qui ne lui appartient pas, du moins est-il intéressé à perfectionner le bétail et les instruments, puisque ce matériel est à lui. De la part du métayer, terre, bétail, instruments, rien ne tend au progrès, parce que rien n'est la propriété de celui qui cultive. Par son action incessante, un propriétaire intelligent peut cependant donner de la vie à ce genre de culture, qui resterait misérable, si, toujours absent, il ne s'en occupait que pour le partage des récoltes.

3. Avant de louer ou d'acheter une terre, il faut nonseulement en examiner les produits, mais encore étudier avec grande attention la nature du sol et du sous-sol.

Imperméabilité, absence du principe calcaire, pauvreté en humus, ténacité, voilà des vices capitaux, dont la gravité est surtout très-grande, lorsque l'exploitation se compose de terrains d'un seul genre. La fécondité elle-même est moins précieuse, si l'on n'a pas de champs médiocres à fertiliser avec l'excédant d'engrais que les bonnes terres peuvent procurer.

Un domaine d'un seul gazon ou composé de grandes pièces, des bâtiments commodes, suffisants et solides, de l'eau en abondance, un air pur, de bons chemins ruraux, une certaine étendue d'excellente prairie naturelle ou de pâturage fin, des débouchés faciles, une population active, morale et nombreuse: voilà autant de circonstances heureuses qu'il faut apprécier à leur valeur.

4. Quant à l'étendue du faire-valoir, chacun doit la proportionner à ses moyens, d'après cette règle, qu'il faut avoir des ressources suffisantes pour pouvoir se procurer des semences parfaites, un matériel solide et complet, des animaux d'élite pris dans les races les mieux appropriées au pays; toutes ces dépenses prélevées, il faut encore tenir en réserve un certain capital pour le cas d'éventualités malheureuses.

L'agriculture française emploie généralement trop peu de capitaux. Combien de cultivateurs ont des bâtiments insuffisants, un bétail chétif, des terres qui réclament le marnage, le drainage, l'irrigation! S'ils réalisent quelque profit, s'en servent-ils pour améliorer leurs champs ou leur mobilier? Nullement; mais ils achètent plus de terre qu'ils n'en peuvent payer; puis, ils vivent misérablement afin de solder leurs dettes.

5. Une dernière condition indispensable à la réussite de l'entreprise agricole, c'est la vie de famille. Celui qui possède, avec une épouse vertueuse et habile, des enfants nombreux et forts, voit sa capacité et ses moyens personnels comme décuplés.

QUESTIONNAIRE.

1. Qu'entend-on par capital? Distinguez les deux genres de capitaux employés en agriculture, et partant de cette distinction, définissez la culture du propriétaire, celle du fermier, celle du métayer. — 2. Quels principes le propriétaire doit-il observer dans l'administration des fermes et des métairies? — 3. Indiquez les points principaux sur lesquels doit se porter l'attention de celui qui veut acheter ou louer une terre. — 4. Est-ce une grande faute que de cultiver trop d'étendue? — 5. Quel est le genre de vie nécessaire à la réussite du faire-valoir?

CHAPITRE XXXI.

Assolements ou successions de cultures, jachère, repos, organisation du travail agricole.

1. L'art des *assolements* ou successions de cultures repose sur les principes suivants :

1er *principe.* — Varier les récoltes autant que possible; particulièrement faire alterner les plantes légumineuses, *trèfle, luzerne,* etc., avec les céréales graminées, *blé, seigle,* etc., et ne laisser en gazons perpétuels que d'excellentes prairies ou des terrains qu'on ne saurait utiliser autrement. Par exception, quelques plantes, *chanvre, tabac, topinambour,* peuvent se succéder à elles-mêmes, sans inconvénient, pendant plusieurs années.

2e *principe.* — Tout combiner de telle sorte, qu'entre chaque récolte et la semaille suivante on puisse parfaitement cultiver la terre. Sous ce rapport, les ensemencements automnaux succèdent convenablement à tous les fourrages printaniers; ils succèdent moins bien aux végétaux récoltés dans le cours de l'été, et plus le moment de débarrasser le terrain se rapproche du semis automnal, moins les conditions sont favorables. Quant aux ensemencements printaniers, ils peuvent, pour la plupart, succéder dans de bonnes conditions aux plantes récoltées l'été précédent, pourvu qu'on mette à profit, pour la culture du champ, l'espace de plusieurs mois pendant lequel il reste inoccupé. Si la terre est riche et nette de mauvaises herbes, ce temps peut être utilisé, dans beaucoup de cas, par des navets ou par quelque plante fourragère de végétation rapide, telle que *seigle, navette,* etc.

3e *principe.* — Réparer promptement, soit par la jachère, soit par la culture de plantes *nettoyantes,* la multiplication de mauvaises herbes que la culture de végétaux dits *salissants* a pu déterminer.

On entend par *jachère* un an de travail aratoire sans ensemencement. Dans le cours d'une jachère, on donne ordinairement au sol trois ou quatre labours et des hersages.

Les plantes cultivées dites *salissantes* sont : 1° la plupart de celles qui, semées à la volée, viennent à maturité sans recevoir de sarclage, telles que, dans la plupart des cas, le *blé,* l'*avoine,* le *scigle,* l'*orge,* etc.; 2° les végétaux fourragers vivaces, *trèfle violet, luzerne, sainfoin,* etc.

Les plantes *nettoyantes* sont : 1° celles que l'on sarcle, *pommes de terre, colza,* etc.; 2° les végétaux fourragers annuels qui occupent la terre peu de temps, *vesce, bisaille,* etc.; 3° quelques plantes qu'on récolte à maturité sans les avoir sarclées, mais dont la végétation vigoureuse étouffe les mauvaises herbes, *chanvre, sarrazin.*

Tout assolement doit commencer par une culture très-nettoyante; on sème généralement ensuite une céréale. Si le cours des récoltes s'arrête là, on a l'assolement de deux ans, *biennal,* usité dans une grande partie du Midi; si l'on allonge cette rotation par une céréale de printemps succédant à la céréale d'automne, voilà l'ancien assolement *triennal* du Nord.

Lorsqu'on veut se procurer des fourrages abondants, il faut nécessairement recourir à d'autres combinaisons telles que :

<table>
<tr><td>1º Culture nettoyante.</td><td>1º Culture nettoyante.</td><td>1º Culture nettoyante.</td></tr>
<tr><td>2º Céréale.</td><td>2º Céréale.</td><td>2º Céréale d'automne.</td></tr>
<tr><td>3º Trèfle violet.</td><td>3º Trèfle violet.</td><td>3º Céréale de printemps.</td></tr>
<tr><td>4º Céréale.</td><td>4º Céréale.</td><td>4º Trèfle violet.</td></tr>
<tr><td></td><td>5º Culture fourragère.</td><td>5º Céréale.</td></tr>
<tr><td></td><td></td><td>6º Culture fourragère.</td></tr>
</table>

Tout végétal vivace, destiné à durer plusieurs années, tel que *luzerne, sainfoin,* doit être semé sur terre parfaitement purgée de mauvaises herbes, par conséquent trèsprès d'une culture nettoyante.

Sous un ciel humide, on a souvent intérêt à faire alterner les récoltes avec le pâturage. Dans ce cas, on termine, en général, la série des ensemencements par un semis d'ivraie vivace et de trèfle blanc.

4ᵉ principe. — Chercher à obtenir les récoltes les plus abondantes sur le moins d'étendue possible, 1º parce qu'on dépense, d'après ce système, d'autant moins en semence et en frais de culture ; 2º parce que ce sont les plantes les plus touffues qui laissent le sol dans le meilleur état.

Pour obtenir ces riches récoltes qui font la prospérité de l'agriculture, on peut employer trois moyens réparateurs de l'épuisement des terres : la *jachère,* le *repos,* les *engrais.*

Si les travaux de la jachère sont bien exécutés, ce qui est très-essentiel, la terre, que des cultures énergiques ont fortement soumise aux influences atmosphériques, se trouve sensiblement améliorée.

Le *repos* est l'état inculte. La terre, ainsi abandonnée, se ressent encore de l'heureux effet des influences de l'air, mais à un degré moindre que si elle est en jachère.

Celui qui n'a pas assez d'engrais pour espérer des récoltes continues d'une beauté satisfaisante, doit recourir de temps en temps au repos ou à la jachère, et tout combiner cependant pour pouvoir s'en passer le plus possible, en produisant sur la ferme même des engrais très-abondants.

Au point de vue de la quantité d'engrais qu'elles procurent, les plantes cultivées se divisent en trois classes :

1º Les unes, *tabac, colza,* etc., épuisent fortement le sol, et cela, sans presque rien donner qui puisse procurer du fumier.

2º D'autres sont épuisantes ; mais, comme une partie

notable de leur produit est consommé par le bétail, elles rendent à l'exploitation une quantité d'engrais correspondant à tout ou partie de ce qu'elles ont absorbé. Tels sont les *céréales*, les *légumes verts*, les *fourrages annuels*.

3° Enfin, d'autres plantes, *trèfle, luzerne, sainfoin,* laissent dans le sol de nombreux débris améliorateurs, et leur produit, que le bétail mange en totalité, se change en fumier d'une manière complète.

Puisque ces dernières cultures sont doublement améliorantes, on ne peut, en quelque sorte, trop les étendre, si la nature du terrain le permet et si le sol n'est pas encore parvenu au dernier degré de fécondité. Quant aux champs riches, les cultures épuisantes de la première catégorie leur enlèvent très-utilement, aussitôt après les fumures, cet excès de substances nutritives qui compromettrait les céréales, en les faisant verser.

5ᵉ *principe.* — Combiner les cultures de telle manière qu'il n'y ait, à aucune saison, ni labeur extrême, ni repos complet. Pour utiliser les temps de gelée ou de sécheresse qui empêchent de cultiver la terre, on réserve le battage des grains, le transport des fumiers et des marnes, etc. Si, par suite des intempéries du climat, on est exposé à de longs chaumages, on emploie surtout de jeunes animaux ou des femelles reproductrices, afin que le produit qu'on en tire par l'élève compense jusqu'à un certain point la perte d'une partie de leur temps. Il peut être aussi très-avantageux de se livrer en hiver à quelque fabrication accessoire, de *sucre,* de *fécule,* d'*eau-de-vie,* etc., fabrication qui, en échange de matières premières tirées de la ferme, procure des résidus précieux pour la nourriture des animaux.

2. Au sujet de l'organisation du travail et de la direction, voici d'autres principes très-importants :

—S'attacher à réunir peu d'animaux dans chaque attelage, afin d'éviter les pertes de force, qui ont toujours lieu lorsque beaucoup de chevaux ou de bœufs assemblés tirent à la fois le même objet.

— Simplifier le travail salarié par l'emploi de machines et d'instruments bien faits, *houes à cheval, machines à battre,* etc.

— Avoir peu de travailleurs payés *au temps,* c'est-à-dire

à la journée, au mois, à l'année; mais salarier plutôt par *tâche,* c'est-à-dire, donner tant de salaire pour tant d'ouvrage fait; de la sorte, on n'a pas à s'occuper de l'emploi des journées, mais seulement de la bonne exécution des choses. Intéressés de leur côté à tirer tout le parti possible de leur force et de leur adresse, les ouvriers travaillent plus et gagnent davantage.

— Procurer une occupation continue d'hiver et d'été aux ouvriers qu'on emploie. De la sorte, on obtient le travail à meilleur compte et l'on prévient les désertions de la population ouvrière, désertions trop souvent déterminées par la discontinuité des travaux dans l'exploitation agricole.

— Surveiller tout assidûment, en particulier, ce qui exige du soin; donner des ordres directs et précis; proportionner la réprimande à la nature des fautes; ne jamais s'emporter ni adresser d'injure; user à propos de l'éloge comme du blâme; ne pas payer d'avance; acquitter avec une scrupuleuse exactitude le salaire convenu; ne confier qu'à un homme très-éprouvé la mission d'en surveiller d'autres, et lui conserver ensuite, pleine et entière, l'autorité dont on l'a investi.

— Sur tous les points, donner l'exemple; car chacun suit, en général, l'impulsion du père de famille : exemple d'ordre, de travail, de soin, de sobriété, d'économie, de soumission scrupuleuse aux lois divines et humaines.

QUESTIONNAIRE.

1. Indiquez les principes relatifs aux assolements. — 2. Indiquez les principes relatifs à l'organisation et à la direction du travail agricole.

CHAPITRE XXXII.

Influence de diverses circonstances sur les systèmes agricoles ; début de l'entreprise ; comptabilité agricole.

1. INFLUENCE DE LA NATURE DU SOL, CONSIDÉRÉE AU POINT DE VUE, 1° DE LA FÉCONDITÉ, 2° DE LA FRIABILITÉ, 3° DE LA FRAÎCHEUR.

Fécondité. — Moins le sol est fertile, plus on doit étendre les cultures améliorantes, et, si elles ne peuvent réussir, plus il faut recourir au repos et à la jachère. Au contraire, plus le sol est fécond, plus on doit restreindre les jachères, et plus on peut développer les cultures épuisantes. D'un autre côté, plus la terre a de richesse, plus il est facile de se procurer d'excellente noūrriture pour le bétail, et par conséquent plus on peut se livrer à l'élève des races perfectionnées et délicates. Si, au contraire, les champs sont pauvres et les bons fourrages peu abondants, il importe de s'en tenir aux races rustiques.

Friabilité. — En terre friable et riche, on peut cultiver tout ce que comporte le climat; on recueille beaucoup et l'on dépense peu. Même avec de faibles récoltes, le champ facile à cultiver procure souvent de notables bénéfices. Quant aux sols pauvres et tenaces, ils couvrent rarement leurs frais de culture; aussi convient-il ou de les améliorer promptement par d'abondants engrais, ou de les utiliser, soit par le pâturage, soit au moyen de plantations. Les plantes sarclées ne doivent jamais être cultivées en grand sur ce genre de sol, à cause de la difficulté des sarclages.

Fraîcheur. — Sur terrain frais, il faut développer les herbages, et restreindre l'espace cultivé à un point tel, que les terres arables puissent toujours être parfaitement assainies et purgées de chiendent; — ne semer aucune plante qui exige des sarclages minutieux;—en bétail, élever des chevaux et des bœufs, plutôt que des bêtes à laine.

Sur terrain trop sec, on doit surtout cultiver, comme plantes fourragères, celles qui ont les racines profondes, *luzerne* et *sainfoin ;* entretenir des moutons plutôt que de gros animaux, afin de bien utiliser le pâturage très-court des champs arides.

2. INFLUENCE DU CLIMAT.

On peut distinguer en France, au point de vue agricole, cinq climats :

1° *Climat des cultures arbustives* (Provence et contrées voisines) : ciel tellement aride, que la plupart des récoltes herbacées souffrent de la sécheresse ;

2° *Climat des ensemencements automnáux* (partie du Midi et du Centre) : moins aride que le précédent et cependant très-sec encore, ce qui le rend peu favorable aux semailles printanières ;

3° *Climat des ensemencements automnaux et printaniers* (Nord et Nord-est) : tempéré au point de vue de la fraîcheur, convenant également aux semailles printanières et aux semis automnaux ;

4° *Climat herbager* (littoral de l'Océan) : doux en hiver, frais en été, ce qui est très-favorable aux gazons ;

5° *Climat des pâturages d'été* (montagnes à une certaine hauteur) : très-rigoureux en hiver, frais en été, excellent pour le pâturage estival.

Appliqués à chacun de ces climats, les principes relatifs aux combinaisons agricoles peuvent se résumer ainsi :

Climat des cultures arbustives : autant que possible, irrigation des terres; sur terrain non arrosé, peu de cultures de plantes herbacées, mais vastes cultures arbustives, *vignes, mûriers,* etc.; pour suppléer à l'insuffisance des engrais, jachère et repos plus étendus que dans aucune autre région.

Climat des ensemencements automnaux : irrigations très-étendues; sur terrain non arrosé, plus de cultures de plantes herbacées, plus de fourrage, plus de bétail, moins de terres en jachère et en repos, moins de cultures arbustives que sous le climat précédent; prédominance des semis automnaux; semis printaniers associés aux autres dans les lieux les plus fertiles.

Climat des ensemencements automnaux et printaniers

irrigation réservée aux prairies naturelles; vaste extension des cultures de plantes herbacées; semailles réparties également entre le printemps et l'automne; beaucoup de prairies artificielles; le moins possible de terres en jachère et en repos.

Climat herbager : vastes herbages, ou permanents ou alternant avec les cultures; travaux aratoires très-énergiques pour la destruction des mauvaises herbes, dont la multiplication est singulièrement favorisée par la fraîcheur.

Climat des pâturages d'été : à cause de la longueur de la saison morte qui, sous ce climat, rend le travail aratoire très-dispendieux, culture exclusivement réservée aux meilleures terres; ailleurs, gazons et forêts.

3. INFLUENCE DU PRIX DE LA MAIN-D'OEUVRE.

Partout où les ouvriers sont payés cher, point de culture qui exige un travail minutieux, et soin du bétail simplifié par le régime du pâturage; si, au contraire, la main-d'œuvre est à bas prix, ou si, opérant en petit, le cultivateur l'obtient de sa propre famille sans bourse délier, cultures compliquées et délicates, semis succédant rapidement aux récoltes; animaux nourris à l'étable.

4. INFLUENCE DES DÉBOUCHÉS.

« Favorisez, étendez, améliorez, dit Jacques Bujault, le commerce du pays; mais ne tentez pas de lui en substituer un autre. »

Si les chemins sont mauvais et les débouchés difficiles, cherchez à produire du bétail, qu'il est toujours facile de conduire en foire, ou des denrées qui ont beaucoup de valeur sous un poids faible, *tabac, huiles, soie, fromages,* etc. Voisin des villes, vous pourrez y vendre en nature une foule de produits lourds et encombrants, *pailles, fourrages,* etc. En retour, vous achèterez du fumier à bon compte. Dans ce cas exceptionnel, peu de bétail.

5. INFLUENCE DU CAPITAL PLUS OU MOINS ÉLEVÉ QUE POSSÈDE LE CULTIVATEUR.

Il importe en agriculture de savoir combiner les intérêts du présent avec ceux de l'avenir. Dans ce but, on ne doit pas perdre de vue que ce dont le bétail se nourrit ne peut toujours être promptement réalisé en argent. Ainsi, le fumier entre en terre sans rien donner d'immédiat; il en est de même du travail des bêtes de trait. Les autres fruits du bétail se convertissent en argent au bout d'un temps dont la durée varie. Les vaches par leur lait, les moutons par leur laine, remplissent la caisse assez vite; mais les sujets qu'on élève ne présentent pas le même avantage.

Partant de là, on peut, sous le rapport du profit plus ou moins promptement réalisable, classer les récoltes dans l'ordre suivant : 1° *lin, chanvre,* et autres végétaux dont le produit se vend en totalité, sans que le bétail en consomme aucune portion; 2° *céréales* et *légumes secs,* dont on porte le grain au marché, tandis que les pailles sont consommées dans la ferme; 3° récoltes entièrement destinées au bétail, *fourrages* et *légumes verts.*

L'agriculteur pourvu de capitaux suffisants a grand intérêt à développer les cultures de cette troisième classe, bien que le profit s'en fasse attendre; comme il nourrit plus de bétail, il produit par là même plus de fumier, et toutes ses récoltes sont meilleures. Au contraire, moins on a de ressources, plus on est forcé de s'attacher aux plantes des deux autres séries, sauf à nourrir moins d'animaux et à faire moins de fumier. La pauvreté trop fréquente des cultivateurs explique ainsi, jusqu'à un certain point, l'extension souvent démesurée des cultures de céréales. Ce système n'en est pas moins défectueux toutes les fois que, par pénurie d'engrais, les blés sont semés dans de mauvaises conditions. Celui qui a commis la faute d'entreprendre une culture trop vaste relativement au capital dont il dispose, doit concentrer son fumier et son travail sur les meilleurs champs et faire pâturer les moins fertiles, sauf à étendre plus tard l'espace cultivé en raison du progrès naturel des choses et de l'accroissement de ses ressources.

6. INFLUENCE DE DIVERSES CIRCONSTANCES ACCIDENTELLES.

Le mieux serait de déterminer les ensemencements de chaque année d'après l'état du sol, le cours probable des denrées et le caractère de la saison. Ces combinaisons libres s'appliquent aisément à la petite culture ; mais plus l'exploitation s'étend, plus le système général doit être régulier. Toutefois il faut savoir encore le modifier judicieusement, en cas de nécessité accidentelle. La routine est la plus dangereuse ennemie du bien.

7. INFLUENCE DES HABITUDES LOCALES.

Quand tout le monde a tort, tout le monde a raison. Ainsi, élever des animaux de race perfectionnée dont personne n'apprécie le mérite ; imposer à ses domestiques un instrument dont ils ne veulent pas se servir ou que les ouvriers du village ne savent pas réparer ; changer les usages de la contrée pour la nourriture et le salaire des gens : voilà autant de fautes à éviter.

8. Au début d'une entreprise agricole, afin d'étudier sans risques toutes les circonstances qui peuvent influer sur le système définitif, on doit provisoirement adopter celui du pays ; ce qui n'empêche pas de bien choisir ses animaux et ses semences, de soigner ses engrais, de faire une guerre à outrance aux mauvaises herbes, de marner, d'assainir, de drainer, d'irriguer. Tout d'abord, loin de supprimer les jachères, il convient généralement de les étendre, afin de remettre promptement les terres en bon état. La plus grande folie serait d'épuiser ses capitaux en constructions luxueuses et en achats de bestiaux étrangers.

9. Un moyen sûr de ne pas faire longtemps fausse route, c'est de tenir note exacte de tout ce qui se passe dans l'exploitation. On ouvre à cet effet plusieurs registres.

Livre de caisse, pour l'inscription des recettes et des dépenses.

Livre de magasin, où chaque objet emmagasiné a son compte en deux colonnes : à gauche, l'entrée en magasin ; à droite, la sortie.

Livre des récoltes, sur lequel on marque le produit de chaque pièce de terre.

Livre des animaux, où l'on inscrit jour par jour le produit et la consommation de chaque genre de bétail.

Livre des travaux, sur lequel figure l'emploi du temps de chaque travailleur.

Livre des employés, pour les comptes des serviteurs et des ouvriers : d'une part leur salaire, de l'autre leur travail à la journée ou à la tâche.

Livre du battage des grains, où l'on marque les quantités de paille et de grain résultant de chaque battage.

Livre de ménage, sur lequel figure la dépense ménagère en argent et en nature.

Livre des engrais, où l'on inscrit l'emploi des fumiers et autres substances fertilisantes.

· *Livre* spécial pour les comptes des divers débiteurs et créanciers de l'exploitation.

Lorsque ces registres sont rayés d'avance, l'inscription journalière dans une exploitation moyenne nécessite un quart d'heure au plus. Chaque mois, on consacre deux ou trois heures au relevé mensuel. Enfin, une fois par an, on fait l'inventaire de tout ce qu'on possède, en déduisant de cet inventaire le chiffre de ses dettes.

La différence d'un inventaire sur l'autre indique le total des bénéfices ou de la perte de l'année. Quant aux résultats de détail, il est facile de les constater, en ouvrant à chaque branche de la ferme un compte spécial de dépense et de produit, compte dont les registres ci-dessus spécifiés fournissent tous les éléments. (Voyez l'*Appendice.*)

QUESTIONNAIRE.

1. Quelle est l'influence de la nature du sol sur les combinaisons agricoles ? — 2. Quelle est celle du climat ? — 3. Quelle est celle du prix de la main-d'œuvre ? — 4. Quelle est celle des débouchés ? — 5. Quelle est celle du capital plus ou moins élevé que possède le cultivateur ? — 6. Quelle est celle de diverses circonstances accidentelles ? — 7. Quelle est celle des habitudes locales ? — 8. Comment faut-il procéder au début d'une entreprise agricole ? — 9. Comment s'assure-t-on du résultat des opérations agricoles ?

CHAPITRE XXXIII.

Mœurs agricoles.

Pour être heureux dans la profession de cultivateur, il faut avoir l'esprit spécial de ce noble état, et d'abord aimer la simplicité. Aux champs, où l'on a moins qu'à la ville occasion de voir et de recevoir, le luxe citadin serait sans objet. La beauté des récoltes et du bétail, l'ordre dans les bâtiments, dans la cour de ferme, à la maison, au milieu des champs, voilà le luxe de l'agriculture. Celui-là donne du profit, tandis que l'autre exige de la dépense.

Puisque la vie rurale offre peu de distractions extérieures, le cultivateur doit trouver sa joie dans le travail : ce qui ne peut guère avoir lieu, si le travail ne répond lui-même à la double nature de l'homme ; si tantôt il ne délasse l'esprit en fatiguant le corps ; si d'autres fois il ne repose le corps en exerçant l'esprit ; s'il ne se compose, en un mot, d'occupations manuelles et d'études intellectuelles.

Par sa participation aux ouvrages manuels du faire-valoir, le cultivateur inspire à chacun l'activité, et il entretient dans sa propre personne cette force de constitution qui lui permet d'exercer une surveillance exacte à toute heure et par tous les temps. Au moyen du travail intellectuel, il ennoblit sa profession, et il prend dans le monde un rang distingué. Pour ce second genre d'occupation, n'a-t-il pas toujours devant lui le livre de la nature tracé par la main de Dieu? Lire dans ce livre sublime avec reconnaissance, amour et respect, y chercher ce qui peut éclairer son art et le rendre plus productif; s'aider à cet effet du secours des sciences acquises; révéler à ses semblables les découvertes utiles qu'il peut faire : quel beau travail ou plutôt quelle admirable récréation!

Le cultivateur doit être non-seulement laborieux, mais encore patient et persévérant; le résultat de ses efforts ne se fait-il pas souvent attendre pendant plusieurs années?

S'il a connaissance d'un procédé nouveau, il l'essayera d'abord en petit, afin de l'adopter ensuite, s'il y a lieu, avec pleine et parfaite connaissance de cause.

A cette sage prudence, qu'il joigne l'impatience d'agir

lorsque le moment favorable est arrivé. En agriculture, *faire tard, c'est faire mal.*

A peu de chose ajoute un peu, disait Hésiode ; *fais cela souvent, et ce peu deviendra beaucoup.* Cette économie essentielle ne doit pas empêcher d'appliquer à chaque branche de l'exploitation tout ce qu'elle réclame : *Ce que tu fais, fais-le bien!* Elle admet aussi certaines habitudes d'une vie très-confortable. Ainsi, je veux voir sur la table du cultivateur des mets copieux et substantiels, et, lorsqu'il revient fatigué, une flamme bienfaisante pétiller dans son foyer. A certains jours de fête qu'il doit célébrer joyeusement, j'aime à trouver sous son toit la généreuse hospitalité des temps antiques. Ses vêtements et sa chaussure seront tels, qu'il ne craigne ni de les salir ni de les mouiller.

A la ville, on se lève tard. A la ferme, il faut se réveiller au chant du coq. Dans les longs jours d'été, qu'un peu de sommeil à midi répare les forces de chacun, et que, sauf quelques cas exceptionnels, le repos du septième jour soit fidèlement observé, comme dû à Dieu et nécessaire à tous. *Le travail impie appauvrit.*

En résumé, les mœurs agricoles ont leur cachet spécial; mais elles ne comportent nullement, comme quelques personnes le supposent, la grossièreté, la malpropreté, l'ignorance.

On peut vivre simplement et avoir une grande noblesse de sentiments, de manières et de langage. On peut avoir des bras vigoureux et une intelligence non moins active. On peut ne pas craindre de marcher sur la terre humide et aimer à tenir nette de fange la cour de ferme. On peut s'enrichir par une sage économie et exercer largement la charité. On peut travailler avec ardeur et trouver le temps de servir Dieu.

Tel doit être le cultivateur : simple et distingué; fort de corps et studieux d'esprit; économe et généreux; ardent au travail et fidèle à ses devoirs de chrétien.

Par la réunion de telles vertus, il attirera sur ses moissons la rosée céleste, et sur lui-même l'estime et l'amour de ses semblables.

QUESTIONNAIRE.

Dites quelques mots des mœurs agricoles.

CHAPITRE XXXIV.

Coup d'œil historique sur l'Agriculture française.

Lorsque la terre est en friche, l'homme reste sauvage ; car les abondants produits du sol cultivé permettent seuls la multiplication de l'espèce humaine, et, de plus, ce sont les occupations paisibles de la vie rurale qui adoucissent nos mœurs, au point de rendre possible la vie sociale.

De là, ce sentiment de reconnaissance exagéré qui, chez les nations païennes, a fait mettre au rang des divinités les premiers auteurs des découvertes agricoles, la terre arable, l'air qui la féconde, le fumier lui-même et l'animal du labour.

Si des époques fabuleuses nous passons aux temps historiques, il est facile de constater que les pays où l'agriculture a été le mieux honorée sont justement ceux qui ont atteint le plus haut degré de splendeur. Tels ont été, dans l'antiquité, l'Assyrie, l'Égypte, la Chine, la Perse, la plupart des républiques grecques et, plus que tout autre, la Palestine, et la campagne de Rome.

C'est qu'en effet, d'une terre bien cultivée, résulte nécessairement abondance des choses les plus nécessaires ; par suite, développement du travail humain sous toutes ses formes, vaste extension du commerce et de l'industrie, multiplication de toute espèce de richesses. De plus, une population rurale forte et nombreuse, telle qu'elle existe dans un pays où l'agriculture est en honneur, retrempe sans cesse par l'infusion de son sang vigoureux les populations urbaines que des occupations énervantes et le luxe tendraient au contraire à affaiblir.

Les divers rameaux de l'arbre social tirent donc leur séve de l'agriculture humble et cachée, exactement comme les branches d'un chêne sont alimentées par d'énormes racines qu'on n'aperçoit pas. Dès que la terre est négligée, c'est comme si les racines du chêne devenaient malades ; à l'instant tout dépérit et tombe en décadence.

L'histoire de l'agriculture française présente quatre époques principales :

Lors de la première époque, du ve au xe siècle, les

populations rurales ont été presque toujours très-malheu-
reuses, par suite du désordre qui résultait de l'invasion
franque et de la constitution d'un nouvel ordre de
choses. Si la campagne put être cultivée, ce fut souvent à
cause du respect que l'on portait aux propriétés des mo-
nastères et des églises. Les moines, en se livrant de leurs
propres mains au travail des champs, rétablissaient en outre
la production culturale sur beaucoup de points désolés.

Le grand homme de l'époque, Charlemagne, se distingue au point de vue agricole par des mesures d'une
haute sagesse : il protége, jusque sur les points les plus
reculés de son empire, les religieux défricheurs, et il
promulgue, dans l'intérêt de la culture des domaines
impériaux, des capitulaires à jamais célèbres.

Après lui, les pillages des Normands et les guerres in-
testines rendent nos campagnes plus misérables que
jamais. C'est alors que le besoin d'une protection énergique contraint tous les laboureurs à entrer, comme serfs,
dans ce vaste système de défense et de service mutuels
(la *féodalité*), dont le roi constituait le premier degré et
dont le laboureur formait l'étage le plus humble.

Ici commence une seconde époque, qu'on peut appeler
féodale, qui s'est prolongée du xe au xive siècle, et pendant
laquelle l'agriculture française a beaucoup souffert encore
de l'esprit belliqueux de nos aïeux. Le clergé luttait de
toute sa force contre ces dissensions. Grâce à son influence, les pauvres laboureurs furent singulièrement sou-
lagés par la *tréve de Dieu* qui suspendait toute hostilité
pendant plusieurs jours de chaque semaine.

Les croisades qui, pendant deux siècles, entraînèrent
en Orient tout ce que l'Europe renfermait de plus batail-
leur, complétèrent le bienfait. L'agriculture française res-
pira, et parvint même, sur plusieurs points, à un certain
degré de prospérité. Les sages ordonnances de saint Louis
contribuèrent notablement à ce résultat.

La position infime du cultivateur attaché comme serf à
la glèbe n'en constituait pas moins un état de choses
anormal, contraire à la justice et incompatible avec un
progrès avancé. Bientôt, grâce à l'influence libératrice de
l'Évangile, cet état cesse. Nos rois d'abord, les seigneurs
ensuite, rendent la liberté aux populations rurales.

A partir du commencement du xivᵉ siècle, nous entrons ainsi dans une époque de transition qui dura jusqu'à la fin du xviiiᵉ siècle, et fut traversée par beaucoup de crises.

En échange de la liberté qui lui était accordée, il fallut que le cultivateur affranchi supportât diverses charges : droits seigneuriaux, impôts, corvées, dîmes, etc. Ces contributions, souvent excessives, étaient généralement perçues d'une manière vexatoire, ce qui faisait souffrir beaucoup les campagnes, et déterminait des soulèvements dont le plus terrible est connu sous le nom de *jacquerie*. A ce genre de désolation se joignirent des guerres désastreuses, entre autres l'invasion anglaise, au temps des Valois, et plus tard les guerres de religion.

Aidé du ministre Sully, Henri IV guérit les plaies les plus saignantes, et donna une vive impulsion à l'agriculture. Alors parut le célèbre *Théâtre d'agriculture,* composé par Olivier de Serres, que Henri IV appelait son seigneur maître dans l'art de cultiver les champs. Déjà, un illustre ouvrier, Bernard Palissy, avait écrit d'admirables pages sur l'excellence du travail des champs. Enfin, Louis XI, Louis XII, plusieurs ducs de Bourgogne avaient honoré et protégé le premier des arts.

Après Henri IV, commencent de nouveaux malheurs. Les nobles qui, jadis, préféraient à tout autre le séjour du château, délaissent leurs domaines pour le désœuvrement et les fêtes pompeuses de la cour. Afin de subvenir aux besoins d'un luxe croissant, on augmente les charges qui pesaient déjà sur le sol, source première de tout revenu. Au milieu du xviiiᵉ siècle, la pauvreté des campagnes arrive à son comble.

Alors l'excès du mal détermine un retour vers des idées plus saines.

Ici commence une quatrième époque, de *régénération,* laquelle se poursuit actuellement et qui, si rien ne la traverse, conduira la France au plus haut degré de splendeur.

QUESTIONNAIRE.

1. Comment l'agriculture se rattache-t-elle intimement avec l'histoire? — 2. Indiquez les différentes époques de l'agriculture française.

SIXIÈME PARTIE.

PRINCIPES DE CULTURE PARTICULIERS AU JARDINAGE.

CHAPITRE XXXV.

Division de l'horticulture en trois parties ; jardin fruitier.

1. Il est dans l'art de cultiver la terre une branche, l'*horticulture*, à laquelle presque tout le monde peut prendre part. Elle offre de précieuses distractions à l'homme dont les travaux sont sédentaires ; — à la population une masse énorme de subsistances ; — à la France un objet important de commerce extérieur ; — au cultivateur une forte partie de ce qui le fait vivre.

Cet art repose sur les principes généraux que nous avons déjà exposés et sur un certain nombre de règles spéciales, dont la première veut que, au lieu d'associer les uns aux autres, dans un même jardin, les arbres fruitiers, les légumes et les fleurs, on consacre un terrain spécial à chacune de ces cultures ; n'exigent-elles pas des dispositions très-diverses, parfois même des soins opposés ?

Une seule exception concerne les murs, qu'il peut y avoir intérêt à couvrir d'espaliers, en dehors même du lieu particulièrement consacré à la production des fruits.

Partant de là, l'étude qu'il nous reste à faire se divise en trois parties : *jardin fruitier, jardin potager, jardin d'agrément*.

2. Le lieu destiné au jardin fruitier doit être hermétiquement clos, plutôt plat qu'incliné, protégé par des abris contre la bise du nord et contre tel autre vent qui, dans la localité où l'on se trouve, souffle avec le plus de force.

Si on lui donne la forme carrée et si on l'entoure de murs, il convient (afin qu'il n'y ait d'espaliers ni à l'exposition du midi toujours trop chaude, ni à celle du nord qui pèche par un défaut contraire), de diriger chaque angle vers un des points cardinaux sud, nord, est, ouest.

Le sol doit être sain, substantiel, profond, pourvu de calcaire, riche en humus. Pour en corriger les défauts voir ch. XIX, § 1.

3. Afin que l'air et la lumière circulent librement au milieu des arbres, voici un des meilleurs plans qu'on puisse adopter :

— Le long du mur d'enceinte, large plate-bande avec deux séries de cordons horizontaux disposés en gradin ; la série la plus élevée de 1 mètre de haut, distante du mur de 1^m,50 ; la seconde série de 50 centimètres de hauteur, établie à 75 centimètres en avant de la première.

— Parallèlement à cette plate-bande, allée d'enceinte assez large pour permettre le passage des voitures chargées d'engrais.

— Tout l'espace intérieur divisé, du nord au midi, en zones parallèles séparées par des sentiers de 1 mètre de largeur ; au milieu de chaque zone, mur de 2 à 3 mètres de haut avec espalier des deux côtés ; ou bien contre-espalier de 2^m50 de hauteur ; de chaque côté deux séries de cordons disposés comme ceux qui bordent le mur d'enceinte.

— Cordons horizontaux dirigés tous dans le même sens et greffés par approche les uns sur les autres.

— Pour espaliers et contre-espaliers, cordons obliques avec plantations serrées ; et sur les murs d'enceinte, s'ils dépassent 4 mètres de haut, cordons verticaux en forme de serpent.

Ainsi disposé, un jardin fruitier peut être en pleine production au bout de six ans, et rapporter alors en moyenne par are mille fruits de grosse espèce.

Si, au lieu de contre-espaliers et de cordons, on veut former des pyramides et des vases, le milieu de chaque zone doit être occupé par une ligne de pyramides, et chaque côté par une ligne de vases. Les sujets, suivant la force probable de leur végétation, seront espacés de 3 à 4 mètres, et au lieu de les laisser s'élever très-haut, on les contraindra fortement à s'étendre en largeur : les vases par de grands cercles, les pyramides par des liens d'osier attachés à un cadre de bois ou de fer fixé autour de l'arbre à quelques centimètres au-dessus du sol.

4. Avant de planter le jardin fruitier, on défonce, par un beau temps, à 80 centimètres de profondeur, avec la pioche et la pelle plutôt qu'à la bêche, chacune des zones destinées à porter les arbres, et l'on rejette une partie du sous-sol sur les allées, qu'on a préalablement dépouillées de terre végétale. Tout en faisant cette opération, on mélange avec le sol, s'il y a lieu, des amendements et des engrais. On établit ensuite les appuis de fer ou de bois, et les lignes de fil de fer galvanisé, genre de support préférable à tout autre. Puis, on plante les arbres et on couvre le terrain de fumier pailleux.

Aux expositions chaudes, on met les raisins précoces et les raisins tardifs, la plupart des poires d'hiver, les cerises, les pêches et les abricots hâtifs; aux expositions froides, les poiriers précoces, les cerisiers tardifs, les framboisiers, les groseilliers, les pommiers. Les expositions moyennes du sud-est et sud-ouest conviennent d'ailleurs à presque tous les fruits.

Chaque année, au printemps, on donne à la terre une culture peu profonde et une fumure superficielle destinée tout à la fois à nourrir les fruits et à protéger le sol contre la sécheresse. (Voyez, pour les autres soins, chapitre XIX, § 3, 4 et 5.)

5. Parmi les innombrables variétés fruitières, il faut choisir celles qui, dans la région où l'on se trouve, ont le double mérite de la qualité et de la fécondité. De plus, au moyen de proportions convenables, il importe d'assurer un approvisionnement régulier pour toutes les saisons.

Exemple applicable au climat du nord de la France.

Mai et juin : — Cerises *Impératrice Eugénie, anglaise hâtive*. Groseilles *à grappes* et *à maquereaux* des meilleures variétés anglaises; — framboise *belle d'Orléans*.

Juillet : — Cerise *royale, belle de Choisy, belle de Sceaux, Montmorency à courte queue*; — abricot *rouge précoce*; — prune de *Montfort*; — poires *d'épargne* et *doyenné de juillet*; — figue *blanche ronde*.

Août : — Cerise *de Spa*; — poires *beurré Giffard* et *bergamote d'été*; — pomme *pigeon d'été*; — pêche *grosse mignonne;* — abricot *royal;* — prune *de reine-Claude;* — vigne *de la Madeleine.*

Septembre : — Poires *beurré d'Amanlis* et *William;* — pomme *rambourg d'été;* — pêche *reine des vergers;* — abricot *de Versailles;* — prunes *reine-Claude violette* et *mirabelle;* — raisin *chasselas de Thomery* et *chasselas rose.*

Octobre : — Poires *Louise bonne d'Avranches, beurré gris, doyenné blanc, duchesse d'Angoulême;* — pomme *de pigeon;* — pêche *téton de Vénus;* — prune *reine-Claude de Bavay;* — raisin *Frankenthal* et *muscat d'Alexandrie.*

Novembre et décembre : — Poires *doyenné gris, messire-Jean, beurré magnifique, crassane;* — pommes *reinettes du Canada* et *d'Angleterre, fenouillet anisé.*

Janvier à mars : — Poires *Saint-Germain, beurré d'Aremberg, passe-Colmar, doyenné d'Alençon;* — pommes *de calville blanc, api rose.*

Février à mai : — Poires *doyenné d'hiver, bergamote Espéren, bon chrétien d'hiver;* — pommes *reinette de Caux, grise de Granville, reinette franche, pomme-poire.*

Les fruits de garde doivent être cueillis avec précaution lorsqu'il ne fait ni pluie ni rosée; puis rangés sur des tablettes à claire-voie, en lieu obscur, de température basse et uniforme, à l'abri des gelées, le plus sec possible et très-bien fermé.

QUESTIONNAIRE.

1. Quelle est la première règle d'horticulture et quelles sont les diverses branches de cet art? — 2. Dans quelles conditions un jardin fruitier doit-il être établi? — 3. Quel en est le meilleur plan? — 4. Quel en est le meilleur mode d'établissement et d'entretien? — 5. Quelques mots du choix des variétés, ainsi que de la cueillette et de la conservation des fruits.

CHAPITRE XXXVI.

Jardin potager.

1. Le potager doit se trouver dans les mêmes conditions de clôture et d'abri que le jardin fruitier, uni comme une glace, pourvu d'eau, de surface parfaitement horizontale; autrement il serait difficile de bien arroser.

Sol riche en humus, très-profond, contenant le principe calcaire, très-sain, plutôt léger que compacte, et cependant substantiel ; telles sont les conditions à rechercher. Si l'on ne peut choisir, on corrige les défauts du terrain par les travaux ou par les amendements nécessaires (voir ch. 4), en particulier ceux de l'argile par écobuage, chaulage, apport de cendres et de plâtras ; ceux du sable brûlant par apport d'argile ou de vases d'étang.

Des accessoires indispensables sont : 1° un lieu de dépôt pour les engrais ; 2° une cabane où l'on serre les outils ; 3° un hangar pour les tuteurs, les paillassons et autres objets sujets à pourrir ; 4° un lieu obscur, de température basse et à l'abri des gelées, destiné à la conservation des légumes pendant l'hiver.

L'eau est l'âme du potager. Tout doit donc être disposé pour la facilité des arrosages. Supposé le liquide pris dans un puits, on établit tout auprès un premier réservoir, puis sur divers points du potager d'autres bassins qui correspondent avec le premier par des tuyaux de poterie cimentés et placés sous le sol des allées. Les maraîchers de Paris mettent en terre, pour servir de bassins, des tonneaux à huile cerclés en fer, d'une capacité de 5 à 6 hectolitres.

Les sentiers ne doivent occuper que le terrain rigoureusement nécessaire.

2. La culture potagère la plus parfaite, la seule qui paye largement fatigue et dépense, repose sur les principes suivants :

1er principe. — Établir de nombreuses couches, tant pour obtenir certains produits spéciaux et de primeur que pour trouver dans la démolition des couches elles-mêmes les engrais les mieux appropriés aux autres cultures.

Ces engrais sont de deux sortes : 1° Les couches chaudes, par le mélange de la partie terreuse du dessus avec le fumier très-décomposé de la masse entière, procurent un terreau friable dont tous les semis de graines fines doivent être couverts, ce qui maintient ensuite la surface du sol frais et friable, et met en contact avec le végétal naissant quantité de substances alimentaires. 2° Les couches tièdes procurent un fumier à moitié pourri

que, à partir des premières chaleurs, on étend, sous forme
de paillis, entre les choux, les salades et autres végétaux
suffisamment espacés. L'effet en est analogue à celui du
terreau, mais plus puissant encore.

Pour obtenir les terreaux et paillis nécessaires à un are
de potager, on compte qu'il faut réunir et mettre en
couche 700 kilog. de bon fumier et autant de feuilles,
d'herbes et autres débris végétaux. A cet effet, indépendamment des fumiers, qu'il convient d'employer aux couches, s'il est possible, au sortir même de l'étable, on recueille toutes les matières végétales et animales qu'on
peut trouver, et on les arrose chaque jour avec les eaux
ménagères et autres liquides fertilisants. On doit également faire provision de feuilles sèches, amasser enfin des
cendres de bois, de tourbe et de houille pour certaines
cultures spéciales. Pour la confection des couches et
l'usage des cloches, des châssis, des paillassons, nous
renvoyons au chapitre 9.

3. *2e principe. — Varier les productions et établir des
assolements raisonnés, comme on le fait en grande culture.*

Exemple : Assolement de quatre ans conseillé comme
l'un des meilleurs.

Première année : Avec le secours des paillis provenant
de la démolition des couches tièdes, culture des végétaux
les plus avides d'engrais, chou, poireau, pomme de terre,
laitue, romaine, céleri, épinard, artichaut, chicorée sauvage.

Deuxième année : Apport de terreau très-abondant et
culture des plantes qui exigent surtout beaucoup d'humus : carotte, oignon, panais, navet, fraisier, radis, tomate,
endive, escarole.

Troisième année : Sans fumier ni terreau, mais avec
application de cendres, culture des végétaux dont le produit, consistant en graines, manquerait souvent si le terrain était trop engraissé ; tels sont les pois, haricots,
fèves, lentilles et tous les légumes destinés à procurer les
semences.

Quatrième année : Couches et pépinières de jeunes
plants.

Ces quatre soles peuvent être égales. Un cinquième espace sera consacré aux asperges qui, destinées à vivre

20 à 30 ans, occuperont successivement les divers carrés. Dans chaque sole et chaque année, la terre doit donner plusieurs récoltes. Pour faciliter ces combinaisons, on repique souvent sur la même planche deux légumes différents qui doivent être enlevés l'un après l'autre. C'est ce qu'on appelle *contre-planter*. — Exemple :

PREMIÈRE SOLE DU JARDIN AMÉNAGÉ SUIVANT L'ASSOLEMENT CI-DESSUS.

1° En février, repiquage de choux d'York et contre-plantation de laitues d'hiver destinées à être mangées avant les choux; en juin, repiquage de choux-fleurs et contre-plantation de romaines.

2° En février, choux-fleurs avec semis d'épinards; en juin, repiquage de poireaux et semis de mâches.

3° En février, plantation de pommes de terre hâtives contre-plantées de laitues d'hiver; en juin, céleri contre-planté de romaines ou romaines seules; en novembre, oignon blanc repiqué pour l'année suivante.

DEUXIÈME SOLE.

1° Après la récolte de l'oignon blanc, repiquage de chicorées endives, puis semis de mâches.

2° En février, semis d'oignon rouge ou de carotte avec radis rose; en juillet, navets.

3° En février, repiquage de fraisiers contre-plantés d'oignons blancs.

TROISIÈME SOLE.

1° En février, pois nains hâtifs contre-plantés de légumes porte-graines, carottes, oignons, navets; ou fèves contre-plantées de pois nains précoces; en été, haricots verts.

2° En avril, après récolte de mâches, haricots hâtifs contre-plantés de légumes porte-graines; en été, pois tardifs.

4. 3° *principe*. — *Ne jamais laisser le potager souffrir de la sécheresse.*

A cet effet, terreautage, paillis, binage, dès que le sol se serre; surtout arrosages abondants. Le mieux est de distribuer l'eau à l'aide d'une petite pompe portative du

genre des pompes à incendie. On dirige la lance en l'air ;
le liquide retombe sous forme de pluie fine, après s'être
adoucie et chargée d'oxygène dans l'atmosphère. Afin
que la terre s'humecte mieux, on opère à trois reprises
pour chaque partie du jardin.

A défaut de pompe, on emploie l'arrosoir en cuivre
rouge à pomme très-fine. Chaque homme en verse deux
à la fois. On n'arrose par la gueule que très-peu de
plantes, telles que choux-fleurs et autres déjà avancées
en végétation.

Sous le ciel brûlant du Midi, l'irrigation par rigoles devient nécessaire. (Pour ce point, comme pour les règles
générales des arrosages, voir chap. 7.)

5. *4e principe. — N'adopter que des variétés parfaites ;
n'employer que des semences très-pures et des plants
bien préparés ; prévenir toute souffrance au moment de
la transplantation.*

Dans ce but, il importe de récolter soi-même la plupart de ses graines, en prenant, pour le perfectionnement des espèces, les soins indiqués ch. 1, § 3. Quant aux
plants de bonne qualité, on les forme par des repiquages
successifs. (Voir Transplantations, chap. 8.)

6. *5e principe. — Très-rapidement enlever toute mauvaise herbe et éclaircir les semis.*

Plus les plantes inutiles ou nuisibles sont petites,
mieux elles s'arrachent et moins elles font de mal. En
temps sec, on arrose avant d'esserber.

*6e principe. — Grande perfection dans la culture du
sol.*

Ainsi, premier défoncement lors de la création du potager ; puis, chaque année, au printemps, bêchage de 25 à
30 centimètres de profondeur ; après chaque récolte, culture moins profonde ; chaque fois, la terre ameublie par
de vigoureux coups donnés avec le plat de l'instrument.

Pour procéder à un bêchage de jardin, on divise en
deux parties, dans le sens de la longueur, l'espace qu'il
s'agit de cultiver. A l'extrémité de l'une des deux, on
ouvre une large jauge dont on rejette la terre sur l'extrémité voisine de la seconde partie, puis on se met à bê-
cher. Parvenu à l'autre bout, on remplit la cavité avec la
terre que procure la jauge de la seconde partie, jauge

qui à son tour sera remplie à la fin du travail par la terre mise en dépôt dès le commencement.

Il importe que les bêches soient pourvues d'acier, légères et de force proportionnée à celle des travailleurs.

Si le sol s'ameublit difficilement, on forme à l'automne, par un bêchage spécial, quantité d'ados élevés et étroits. Au printemps, toute cette terre que la gelée a pénétrée tombe en cendres.

Après chaque bêchage, on ameublit le sol avec un gros râteau à dents de fer, puis avec un second râteau à dents plus serrées. Au moyen de sentiers que tous les ans on change de place, les espaces ensemencés sont divisés en planches de 1^m,30 de large avec rebords de 4 à 5 centimètres de hauteur.

Pour les sarclages, on emploie des binettes légères à lames tranchantes, les unes de 15 centimètres de largeur, les autres de 7 à 8. Celles-ci, appelées *serfouettes,* présentent à l'opposé du tranchant deux pointes fort commodes en une foule de cas.

Le tassé du sol et le tracé des lignes peuvent se faire avec les pieds, suivant la méthode des maraîchers de Paris.

7. Six ares de potager parfaitement tenu suffisent à l'approvisionnement complet de trois personnes. Les principaux légumes à fournir sont :

SALADES DE DIVERSES SORTES.

Pour janvier, février, mars, *laitues* et *romaines d'hiver* semées à la fin de l'été, puis repiquées sur couche tiède ; pour avril et mai, ces mêmes laitues repiquées en pleine terre, à exposition chaude ; pour tout l'hiver, *mâches* semées en pleine terre au mois d'août, ou bien pousses de *chicorée sauvage* dont les racines arrachées ont été mises sur couche en lieu obscur ; ou bien encore laitues semées très-dru sur couche et cueillies tendres ; pour le printemps, laitues et romaines semées et repiquées sur couche ; pour l'été, ces mêmes légumes cultivés en pleine terre ; pour la fin de l'été, l'automne et l'hiver, *endives* et *escaroles* semées, repiquées et liées successivement. Les dernières sont arrachées en motte et conservées sous châssis ou en cave.

CHOUX.

Avril et mai, *choux d'York* semés à la fin de l'été précédent et repiqués à l'exposition la plus chaude; juin et juillet, autres variétés d'hiver moins précoces, *pain de sucre, cœur de bœuf, cabus d'hiver*. Pour les consommations suivantes, variétés printanières, telles que chou *conique de Poméranie, gros milan*, etc.; pour l'hiver, les choux précédents conservés en fosse, et d'autres qui, semés fin de juin, peuvent supporter la gelée, *petit milan, chou de Vaugirard, chou de Bruxelles*.

CHOUX-FLEURS.

Première saison, *Brocoli-Mammouth*, qui, semé à la fin d'août et repiqué en pleine terre à exposition chaude, se récolte à Paris dès le mois d'avril; seconde saison, *chou-fleur tendre*, semé au commencement de septembre, mis sous châssis en hiver et transplanté en pleine terre dans le mois de mars. Été et automne, *choux-fleurs dur* et *demi-dur*, semés au printemps et fortement arrosés lors des sécheresses. Suspendus la tête en bas en cave aérée, les derniers récoltés se conservent tout l'hiver avec peu de soins.

CAROTTES.

Pour première saison, carotte *courte hâtive*, semée sur couche; ensuite carotte *demi-longue* semée en pleine terre. Pour l'hiver, racines mises en cave après la section du collet entier.

NAVETS.

Pour l'été, l'automne et l'hiver, semis successifs depuis le milieu de juin jusqu'en août. Conservation hivernale en cave dans le sable.

OIGNONS.

Pour première saison, mai et juin, *oignon blanc*, semé en août et repiqué en octobre; pour l'approvisionnement du reste de l'année, *oignon rouge*, semé en février et en mars, récolté en été et conservé au grenier.

POIREAUX.

Pour le printemps et l'été, semis sur couche tiède en

décembre; dans le mois de mars, repiquage en pleine terre; pour l'automne et l'hiver, semis en mars et avril.

POIS VERTS.

Pour première récolte en février, mars et avril, à partir de novembre, semis de pois nain très-hâtif en pleine terre, sous châssis avec réchaud de fumier autour des coffres; couchage et pincement des pieds. Pour seconde saison, semis des mêmes variétés à exposition chaude sans châssis. Pour l'été et l'automne, semis successif des variétés tardives à rames, telles que le *Clamart,* le *ridé,* le *gros vert normand,* etc.

HARICOTS VERTS.

Pour récolter en mars et avril, semis en février, sur couche tiède, sous châssis, de variété naine très-hâtive; puis repiquage sur seconde couche tiède sous châssis. Pour seconde saison, même culture, sauf que le repiquage, au lieu de se faire sur couche tiède, a lieu en pleine terre, sous châssis. Pour le reste de l'été, culture sans abri des meilleures variétés à rames, *Soissons, beurre d'Alger, Prague jaspé,* etc.

SALSIFIS ET SCORSONÈRE.

Pour consommer en automne et en hiver, semis du *salsifis* au printemps de la même année, semis de la *scorsonère* l'été de l'année précédente.

CÉLERI.

Pour l'automne et l'hiver, semis à l'ombre en mai des deux espèces, l'une *à grosses côtes,* l'autre (*céleri-rave*) à racines charnues; repiquage en été; à l'automne, buttage à deux reprises de la variété à côtes. Quant aux racines du céleri-rave, elles se rangent en cave.

RADIS.

Pour avoir en tout temps de petits *radis roses,* semis çà et là de quelques graines dans les planches d'oignons, de carottes, etc. Pour les *gros radis* à consommer l'été, l'automne et l'hiver, même culture que celle des navets.

CONCOMBRES ET POTIRONS.

Au printemps, semis sur couche froide des uns et des autres; pour l'hiver, conservation des potirons sur tablettes, en lieu sec, à l'abri des gelées.

MELONS.

Pour première saison, celle de mai : 1° semis en février de variétés précoces (*noir des Carmes, petit Prescott*) sur couche chaude; 2° repiquage presque immédiat sur seconde couche chaude, alors pincement de la pousse centrale à un centimètre au-dessus du second œil; 3° transplantation à demeure sur troisième couche chaude, puis pincement des deux branches au-dessus de 5, 6 ou 7 boutons. Quand les fleurs ont noué, pincement de chaque pousse pourvue de fruit à une ou deux feuilles au-dessus.

Pour seconde, troisième et quatrième saison, même culture commencée plus tard, partant moins difficile; emploi des couches tièdes; variétés à choisir : *gros Prescott, sucrin de Tours, cantaloup d'Alger,* etc.

ARTICHAUTS.

Afin d'avoir ce légume à diverses saisons, ce qu'on ne peut obtenir des plantations à demeure (voir ch. 13, § 4), on plante dès l'automne de forts œilletons dans de grands pots que l'on range, pour passer l'hiver, en fosse couverte de châssis. Ces pieds, mis en terre au printemps, fructifient en première saison, puis sont détruits. On récolte les artichauts de seconde saison sur des pieds qui, à l'automne, ont été arrachés, placés en cave, puis remis en place au printemps; enfin les artichauts d'automne sont pris sur des sujets provenant d'œilletons que l'on a détachés des pieds précédents et que l'on a plantés au mois de mars.

ASPERGES.

A ce qui a été dit ch. 13, § 4, nous ajoutons que dans la culture perfectionnée de ce légume, au lieu de recharger de terre les griffes, suivant la méthode habituelle, ce qui les détermine à remonter afin de chercher de l'air, il faut au contraire les déchausser en automne, les couvrir alors de fumier sans cependant cacher le collet; puis au printemps butter chaque touffe jusqu'à une hauteur de 30 à 40 centimètres.

FRAISES.

Pour en avoir tout l'été, il convient de cultiver surtout les variétés remontantes, dites de *Gaillon* et *des Alpes,* puis quelques variétés à gros fruits et à époques de maturité successives, telles que *Keen's seedling, Queen Victoria* et du *Chili.* Quant aux primeurs, on les obtient surtout de pieds de deux ans de la *Princesse royale* , repiqués en novembre par planches qu'on couvre de châssis avec réchauds de fumier tout à l'entour.

8. Indépendamment de ces légumes principaux, le potager doit fournir quelques pommes de terre hâtives et diverses plantes d'assaisonnement : *cerfeuil, persil, oseille, petite ciboule, ail, échalote, tomate, panais,* etc. (voy. ch. 13).

Enfin on doit y mettre quelques plantes médicinales, en particulier la *guimauve,* aux racines et aux fleurs émollientes ; la *marjolaine,* la *menthe,* la *camomille romaine,* la *mélisse,* l'*absinthe,* végétaux très-aromatiques ; la *violette de Parme* aux fleurs pectorales. Ces plantes qui sont vivaces se multiplient par éclats de pied. Il convient d'y joindre encore la *bourrache* pour ses fleurs sudorifiques, et le *pavot blanc* pour ses capsules dont la décoction porte au sommeil.

QUESTIONNAIRE.

1. Dans quelles conditions un jardin potager doit-il être établi, et quelle en est la meilleure disposition ? — 2. Dites quelques mots de l'utilité des couches. — 3. Des successions de cultures. — 4. De l'arrosage. — 5. Des transplantations et du choix des semences. — 6. Des sarclages et de la culture du sol. — 7. Des principaux légumes et de leurs diverses saisons. — 8. De quelques plantes accessoires.

CHAPITRE XXXVII.

Jardin d'agrément.

1. Pour que l'amour de la campagne se propage au sein des classes supérieures et pénètre en particulier

dans l'âme des jeunes filles bien élevées, il est nécessaire qu'en culture l'agréable se joigne à l'utile. Considéré à ce point de vue, le jardin d'agrément est d'une importance très-sérieuse.

Dans les dispositions qui s'y rapportent, le plus simple et le moins dispendieux est de chercher à imiter la nature, en s'attachant à réunir sur le point qu'on veut orner plusieurs des beautés qu'elle présente éparses.

Suivant cet ordre d'idées, voici quelques règles générales, les seules que puisse comporter le plan de ce livre.

— Éviter les allées droites et les contours rectilignes, ainsi que les sinuosités excessives et la multiplicité des sentiers. Chaque allée doit être motivée par un but, comme le sont les chemins des champs et des bois.

— Aux surfaces planes préférer les accidents de terrain, pourvu qu'ils ne présentent rien de heurté ni de disgracieux.

— Faire en sorte que l'espace consacré à l'agrément paraisse le plus grand possible et qu'il se termine de tous côtés par quelque coup d'œil agréable, rideau de verdure, échappées pittoresques : ici vers un château, là dans la direction d'une usine, ailleurs vers une rivière, une montagne, la mer.

— Près de la maison, afin que sur ce point l'air et la lumière abondent, développer les pelouses et les corbeilles de fleurs; plus loin les massifs d'arbres; entre ceux-ci ménager des clairs par où le regard puisse s'étendre; dissimuler les contours par des bosquets touffus. On couvre les murs de plantes grimpantes, lierre, clématites, rosiers, jasmins, glycine de Chine; ou bien, on les masque par des arbres à feuillage persistant, if, thuya, lauriers, etc.

— Proscrire les mares; en revanche utiliser précieusement toute eau courante, comme le plus bel ornement qu'on puisse trouver.

— Ménager d'agréables surprises, telles que banc de mousse, cabinet rustique, etc.; mais s'abstenir de toute décoration mal faite ou de mauvais goût.

— Proportionner à l'étendue de l'espace la nature et la hauteur des végétaux. Ainsi, depuis la violette jusqu'au chêne, tout convient aux vastes jardins. Quant au simple parterre, il lui faut des fleurs et des arbustes d'un port modeste.

— Multiplier les contrastes et varier les nuances. Le vert des pelouses ne paraît-il pas plus agréable lorsqu'on voit çà et là au milieu d'elles des plantes ornementales à grand feuillage, rhubarbe, maïs, cannas et des corbeilles de fleurs de couleur vive?

Un vaste jardin comporte deux genres de massifs forestiers: les uns formés d'une seule espèce d'arbres, *épicéa, mélèze,* etc.; les autres composés d'espèces variées, et s'étageant, pour la hauteur, du pourtour au centre. Du milieu d'une pelouse surgit d'ailleurs avec majesté un *cèdre,* un *marronnier,* et tel autre arbre d'un port remarquable.

Les corbeilles de fleurs sont également de deux sortes : ici, par un heureux mélange, plusieurs se succèdent du printemps à l'automne. Là au contraire, on n'aperçoit qu'une seule et même plante à floraison très-prolongée, *verveine, pétunia, pensée, géranium.*

En tous cas, il est essentiel que, soit sur un même point, soit à places diverses, de jolies fleurs se montrent presque toute l'année : dès février, *perce-neige, primevère, pâquerette, violette, hépatique, crocus, jacinthe,* etc.; en mai et juin, *renoncules, anémones, œillets, iris, lupins, pieds d'alouette, pivoines, glaïeuls* et tant d'autres; en été, *dahlias, balsamines, reines-marguerites, campanules, belles de jour* et *de nuit, flox, mufliers,* etc.; en automne, innombrables variétés de *chrysanthème.*

Quel que soit le mérite de ces fleurs et de tant d'autres, le *rosier* l'emporte sur toutes; quelle richesse, quelle grâce, quelle diversité, quel parfum!

La plupart des fleurs aiment le soleil. Pour les lieux ombragés et froids, on en a cependant d'admirables, le *rhododendron,* l'*hortensia,* l'*azaléa,* etc.

Les plus belles pelouses se sèment en *ivraie vivace.* Pour les entretenir, il faut les faucher souvent, les arroser en temps sec, en serrer la surface le plus possible.

On fait de charmantes bordures avec le *thym,* l'*œillet mignardise,* les *rosiers nains,* la *spergule filiforme,* le *gazon d'Espagne,* le *lierre.*

Sous les arbres on plante heureusement la *pervenche,*

le *lierre*, le *muguet;* dans les rocailles plusieurs *fougères.*

Quelque soin qu'on ait pris pour créer le jardin d'agrément, il ne répond à son but que s'il est parfaitement entretenu : contours des gazons et des corbeilles nets et bien tranchés; aucune mauvaise herbe; engrais abondants et appropriés à la nature des végétaux; arrosages copieux : enlèvement rapide de tout ce qui est passé ou languissant.

Enfin dans le choix des plantes, il convient de se montrer très-difficile. La plus belle rose n'exige pas plus de soins que la plus médiocre.

Pour l'agrément comme pour l'utile, *ce que tu fais, fais-le bien.*

QUESTIONNAIRE.

1. Quelles sont les principales règles qui doivent présider à la confection des jardins d'agrément?

CHAPITRE XXXVIII.

Animaux nuisibles à l'horticulture.

1. L'horticulture compte dans le règne animal un grand nombre d'ennemis dangereux, entre autres plusieurs insectes déjà nommés ch. 16, savoir :

La *courtilière*, hideuse bête qui creuse en terre une multitude de galeries horizontales et coupe tout sur son passage; — les larves du hanneton ou *vers blancs*, et certaines chenilles appelées *vers gris*, qui rongent la racine des salades, des fraisiers, etc.; — les *altises*, insectes sauteurs qui détruisent, à l'état naissant, choux, navets, radis; — les *blaniules*, qui dévorent le germe de plusieurs graines, pois, haricots, etc.; — le *sitone rayé*, qui mange la jeune feuille des divers légumes secs; — les petites *limaces grises*, qui attaquent la plupart de nos plantes, et les détruisent parfois complétement lorsqu'elles sont tendres; — les *limaçons* et les grosses limaces, qui se rendent coupables des mêmes délits et qui, de plus, entament les fruits. Nous devons indiquer encore les chenilles des choux; — le *théridion*, petite araignée qui pique les carottes à la sortie de terre et les fait mourir; — les *pucerons*, qui sucent la sève d'une multitude de végétaux; assez semblables à un

11

duvet blanchâtre, le plus redoutable, appelé *lanigère,* détermine ce qu'on nomme le *blanc du pommier;* — lé *ver de terre* qui, sans manger les plantes, les tourmente cependant beaucoup lorsqu'elles sont jeunes; — le *cryocère,* qui ronge les feuilles de l'asperge; — la *guêpe* et la *fourmi,* avides de tous les fruits sucrés; — le *perce-oreille,* qui dévore en outre diverses graines à maturité; — le *tigre,* insecte presque imperceptible, dont la larve vit immobile sur l'écorce des arbres fruitiers et en suce la séve; — le *coupe-bourgeon,* charançon de couleur verdâtre qui tranche les jeunes pousses des arbres fruitiers; — diverses *chenilles,* le fléau des arbres; — les *loirs,* si redoutables aux fruits d'espaliers'; — la *taupe,* qui peut être considérée comme utile aux prairies dont elle détruit les vers, mais qui n'en est pas moins nuisible aux jardins par la quantité de terre qu'elle remue; — les *moineaux,* terribles voleurs de cerises et de raisins; — plusieurs insectes, entre autres le *scolyte destructeur,* qui, logés sous l'écorce des arbres, leur font un mal infini.

2. Pour se préserver de dégats si funestes, il faut, aux moyens généraux indiqués ch. 16, en joindre, pour l'horticulture, quelques-uns de particuliers, savoir :

Mettre dans les jardins, si ce n'est des crapauds, comme on le fait à Londres, du moins un certain nombre de grenouilles, attendu que ces reptiles mangent quantité d'insectes nuisibles.

Arroser, s'il est possible, avec de l'urine ou du purin d'étable, les planches infestées de lombrics. Aussitôt, on voit sortir tous les vers; alors, un peu de poussière de chaux jetée sur eux en achève la destruction. Cette même poussière tue infailliblement les petites limaces.

Lorsqu'on voit uné plante se flétrir sans cause apparente, chercher à tuer dans la racine le ver blanc ou gris qui la blesse.

Pour faire fuir les altises, répandre sur les semis de choux, de navets et de radis, de la sciure imprégnée de goudron des usines à gaz, et saupoudrer à la rosée leurs feuilles naissantes avec de la cendre.

Écheniller attentivement les arbres et les choux; détruire en outre les œufs de papillons, tant sur les feuilles des choux qu'autour des branches d'arbres.

Asperger plusieurs fois par jour les pêchers attaqués par le puceron.

Pour préserver le pommier du puceron *lanigère* et les autres arbres du *tigre*, en gratter l'écorce au printemps et la peindre avec de l'eau de chaux; si le mal existe déjà, employer des liquides plus caustiques, par exemple : eau de lessive, 4 litres; savon noir, 500 grammes; chaux vive, 1 kilogr.; ou bien encore, l'eau saturée d'hydrogène et de goudron des usines à gaz.

Détruire par le soufre enflammé ou par l'eau bouillante tous les nids de guêpes qu'on peut découvrir.

Effrayer les moineaux par des coups de fusil et par de petits miroirs suspendus.

Tenir les murs en parfait état, afin qu'il ne s'y loge ni loirs, ni limaçons.

Avec des pots à fleur renversés, établir au pied des murs des fourmilières artificielles; lorsque les fourmis s'y sont logées, verser sur elles de l'eau bouillante.

Dans un lieu peuplé de courtilières, mettre en terre çà et là ces mêmes pots dans la position inverse. Les courtilières y tombent et ne peuvent en sortir; répandre, si on le peut, sur les planches infestées, soit de l'eau ammoniacale des usines à gaz, soit de l'urine, soit des eaux de savon.

Faire aux taupes une chasse assidue, et écraser les limaçons.

Enlever toute la vieille écorce des arbres attaqués par le scolyte.

QUESTIONNAIRE.

1. Quels sont les insectes et autres animaux les plus redoutables à l'horticulture? — 2. Indiquer les principaux moyens de se préserver de leurs dégâts.

MAXIMES

ET

PROVERBES AGRICOLES

L'utilité de la terre s'étend sur tout. Le roi est le serviteur du champ. *(Proverbes* de SALOMON.)

Aime les travaux pénibles et l'agriculture créée par le Très-Haut. *(Ecclésiastique.)*

Tu travailleras pendant six jours, et tu cesseras le septième, afin que ton bœuf et ton âne se reposent et pour que le fils de ta servante, ainsi que l'ouvrier étranger, se rafraîchissent de leurs sueurs. *(Deutéronome.)*

Si, à la moisson, tu as oublié quelque gerbe, ne retourne pas la chercher: elle sera pour l'étranger, pour l'orphelin et pour la veuve, afin que Dieu bénisse le travail de tes mains. *(Deutéronome.)*

Tu n'auras pas dans ta maison deux mesures, une grande et une petite. *(Deutéronome.)*

Travail, abondance; bavardage, pauvreté. *(Proverbes* de SALOMON.)

A cause du froid, le paresseux ne labourait pas. Aussi mendiera-t-il en été et on ne lui donnera rien. *(Proverbes* dé SALOMON.)

Celui qui cultive sa terre trouvera l'abondance. *(Proverbes* de SALOMON.)

Ne touche pas à la borne du champ de l'orphelin et respecte son héritage. *(Proverbes* de SALOMON.)

L'abondance des moissons est dans la force du bœuf.
(*Proverbes* de SALOMON.)

———

Pas de bœufs, grange vide; bœufs vigoureux, moissons abondantes. (*Proverbes* de SALOMON.)

———

Examine avec soin ton bétail et mets ton affection à tes troupeaux. (*Proverbes* de SALOMON.)

———

C'est dans les villes que se crée le luxe. Le luxe produit la cupidité; la cupidité fait naître l'audace. De là, toute espèce de crimes qui ne peuvent prendre origine dans les habitudes sobres et laborieuses de la vie agricole. L'agriculture enseigne l'économie, le travail, la justice.
(CICÉRON.)

———

Il en est du champ comme de l'homme : quand il gagnerait beaucoup, s'il dépense trop, il ne reste rien.
(CATON.)

———

Que le père de famille soit le premier levé et le dernier couché. (CATON.)

———

Que le père de famille soit vendeur et non acheteur.
(CATON.)

———

Caton, à qui l'on demandait un jour ce qui donne le profit le plus certain, répondit : C'est un bétail bien nourri. Que mettez-vous en seconde ligne? lui demanda-t-on. C'est encore le bétail, quand il serait moins bien nourri.
(COLUMELLE.)

———

Le champ se trouve mal lorsque ce n'est pas le maître qui dit au serviteur ce qu'il faut faire, mais que c'est le serviteur qui l'apprend au maître. (COLUMELLE.)

———

Trop heureux les cultivateurs s'ils connaissaient toute l'étendue de leurs biens. (VIRGILE.)

Rien n'est meilleur que l'agriculture, rien n'est plus beau, rien n'est plus fécond, rien n'est plus doux, rien n'est plus digne d'un homme libre.   (CICÉRON.)

Applique-toi à avoir un grand tas de fumier. (CATON.)

En agriculture les choses sont telles que si tu fais tard un seul ouvrage, tu te mets en retard pour tout. (CATON.)

Sème moins d'étendue et prépare mieux ta terre.
        (CATON.)

Loue la grande ferme et cultive la petite. (VIRGILE.)

Tels fourrages, tels bestiaux.   (VIRGILE.)

La science de l'économie rurale consiste à faire beaucoup avec peu.   (SCHWERTZ.)

Améliorer l'agriculture, c'est une gloire qui vaut toutes les autres.   (Maréchal BUGEAUD.)

Si tu laboures mal, tu moissonneras pis.
       (Proverbe italien.)

Aime ton voisin, cependant n'abats pas sa haie.
       (Proverbe anglais.)

Chaque chose à sa place économise le temps.
       (Proverbe flamand.)

Le ménage mal tenu mange le produit des meilleurs champs.   *(Proverbe flamand.)*

Une poignée de paille donne une pelletée de fumier qui produit quatre jointées de blé.   (JACQUES BUJAULT.)

Une mauvaise herbe tue trois pieds de froment et prend
la place d'un quatrième.   (JACQUES BUJAULT.)

——

Pauvres paysans, pauvre royaume.
Pauvre royaume, pauvres paysans.
    (*Mots que Quesnay décida Louis XV à écrire de
    sa propre main.*)

——

Ce n'est pas ce qu'on sème qui rapporte; c'est ce qu'on
soigne.

——

Qui fait aimer les champs fait aimer la vertu.
        (DELILLE.)

——

La terre se délecte en la mutation des semences.
        (OLIVIER DE SERRES.)

——

Remettez en honneur le soc de la charrue,
Repeuplez la campagne aux dépens de la rue;
Grevez d'impôts la ville et dégrevez les champs,
Ayez moins de bourgeois et plus de paysans.
        (ÉMILE AUGIER.)

——

Sans fumier, pas de bonnes terres;
Avec du fumier, pas de mauvaises.
        (JACQUES BUJAULT.)

——

Pour néant plante qui ne clôt.

——

Le meilleur engrais de la terre est le pied du propriétaire.

——

A faible champ, fort laboureur.

——

Ne va aux foires et aux marchés que pour tes affaires;
il y aura toujours assez de fainéants, d'ivrognes et de
gourmands sans toi.   (JACQUES BUJAULT.)

Aie soin de tes instruments. Le soleil et la pluie gâtent tout ; ensuite, il faut du bois, du fer, du travail, de l'argent.   (JACQUES BUJAULT.)

C'est l'agriculture qui enfante les armées ;
C'est dans les champs couverts d'épis que germe la victoire.   (THOMAS, de l'Académie française.)

Si tu veux du blé, fais des prés. Un pré nourrit le bétail, le bétail donne du fumier, le fumier du grain et le grain de l'argent.   (JACQUES BUJAULT.)

Le cultivateur qui n'a pas d'enfants n'a pas de force.
          (*Maxime orientale.*)

C'est le berger qui fait et défait son troupeau.
          (*Proverbe champenois.*)

Les mauvaises herbes sont de la famille des mauvais cultivateurs.   (JACQUES BUJAULT.)

Ne sème pas en raison de la terre que tu as, mais du fumier que tu fais.   (JACQUÈS BUJAULT.)

Double ton fumier ; tu doubles ton champ.
          (JACQUES BUJAULT.)

Si tu veux faire ton affaire, va toi-même ; si tu veux qu'elle ne soit pas faite, envoie.   (FRANKLIN.)

Si tu veux avoir un serviteur fidèle, sers-toi toi-même.
          (FRANKLIN.)

Ne point surveiller ses ouvriers, c'est livrer sa bourse à leur discrétion.   (FRANKLIN.)

De laide vache, veau plus laid.
Bétail jeune doit sauter.

Nourriture passe nature.

Diligence passe science.   (OLIVIER DE SERRES.)

Patience et prudence, voilà la devise du cultivateur.
                              (MATHIEU DE DOMBASLE.)

On perd souvent plus dans un jour par négligence,
qu'on ne gagne dans une semaine par le travail.
                              (JACQUES BUJAULT.)

Il n'y a pas de code de législation ou de morale, excepté
la religion, qui contienne autant de moralisation qu'un
champ qu'on possède et qu'on cultive.   (LAMARTINE.)

Le législateur doit tout faire pour fixer dans les champs
le plus grand nombre possible de citoyens.
                              (DE SISMONDI.)

Le fermier qui s'enrichit
Au maître aussi porte profit.

Tant vaut l'homme, tant vaut la terre.
                    (*Proverbe chartrain.*)

Le labourage et le pastourage, voilà les vraies mines et
trésors du Pérou.   (SULLY.)

Assurez à un homme la propriété d'un rocher nu, il en
fera un jardin.   (ARTHUR YOUNG.)

La femme fait ou défait la maison. (OLIVIER DE SERRES.)

Qui emprunte pour bâtir bâtit pour vendre.
                    (*Proverbe chinois.*)

L'application des sciences à l'agriculture est une nécessité de notre temps.   (LÉONCE DE LAVERGNE.)

______

Avec quelle espérance on enfonce le soc dans le sillon après avoir imploré celui qui dirige le soleil et qui garde dans ses trésors les vents du midi et les tièdes ondées.

(CHATEAUBRIAND.)

______

Tout fleurit dans un État où fleurit l'agriculture.

(SULLY.)

______

Ce n'est pas seulement du blé qui sort de la terre labourée, c'est une civilisation tout entière.   (LAMARTINE.)

______

Pour faire mieux que les simples cultivateurs, il faut d'abord faire comme eux.   (MATHIEU DE DOMBASLE.)

______

Les villes doivent songer aux champs sans lesquels elles n'existeraient pas.

(FRANÇOIS DE NEUFCHATEAU.)

______

La science sans usage ne sert à rien, et l'usage ne peut être asseuré sans science.   (OLIVIER DE SERRES.)

______

Nos neveux s'étonneront un jour que, dans un pays comme la France, où tout vit de la terre, on n'ait pas commencé par enseigner aux enfants, après les remercîments au Créateur, l'art de la cultiver et d'y vivre heureux.   (BLANQUI, de l'Institut.)

______

Un homme qui fait produire au blé deux épis au lieu d'un, est plus grand à mes yeux que tous les génies politiques.   (NAPOLÉON Iᵉʳ.)

______

De l'amélioration ou du déclin de l'agriculture datent prospérité et la décadence des empires.

(NAPOLÉON III.)

APPENDICE.

SEMENCE ET PRODUIT DES PLANTES LES PLUS CULTIVÉES.

Céréales.

Noms des plantes.	Poids moyen de l'hectolit. de grain.	Quantité de semence par hectare.	Produit en grain par hectare.		Produit en paille.
	Kilo.	Litres.	Ordin. Hectol.	Maxim. Hectol.	Kilo.
Blé d'automne......	76	120 à 250	16	40	2000 à 6000
Grande épeautre ...	41	350 à 450	32	80	2000 à 5000
Seigle.......... ...	72	180 à 240	15	35	1500 à 3500
Orge d'automne (escourgeon)........	63	200 à 250	25	45	1500 à 3500
Orge de printemps (pamelle)........	62	200 à 250	20	35	1200 à 2500
Avoine...........	45	220 à 300	20	65	1500 à 5000
Sarrasin..........	58	50 à 80	15	35	1200 à 2500
Maïs............	68	30 à 40	30	60	
Millet............	70	20 à 30	25	35	1200 à 3000

Légumes secs.

Noms des plantes.	Poids moyen de l'hectolit. de grain.	Quantité de semence par hectare.	Produit en grain par hectare.		Produit en paille.
Féveroles..........	80	80 à 150	25	40	1200 à 2000
Haricots à rames...	76	80 à 100	30	45	1200 à 1500
Haricots nains......	76	80 à 100	20	30	1000 à 1200
Pois.............	78	100 à 150	18	35	1500 à 2500
Lentilles..........	85	100 à 120	15	25	1000 à 2000
Petite gesse (lentille d'Espagne).......	78	100 à 150	15	25	1200 à 2000
Grande gesse(jarosse)	80	150 à 200	20	35	1500 à 2500
Lupin blanc........	80	100 à 150	20	35	1200 à 2000

Principaux légumes verts.

Noms des plantes.	Quantité de semence par hectare.		Produit par hectare en tubercules et racines.		Quantité de foin naturel équivalente à 100 kilo. de tubercules ou de racines.
	Litres.	kilo.	Ordin. kilo.	Maxim. kilo.	kilo.
Pomme de terre.......	1500		16000	35000	40
Topinambour.........	1500		12000	25000	35
Betterave...........		6 à 8	30000	80000	30
Carotte blanche à collet vert............		4 à 5	30000	50000	35
Panais long.........		4 à 5	20000	30000	38
Navet-turneps et gros radis..............		3 à 4	35000	60000	25
Chou-navet et chou-rave repiqués...........		1 à 2	25000	50000	35

APPENDICE.

Principales plantes fourragères.

Noms des plantes.	Quantité de semence à employer par hectare.		Produit par hectare.				Quantité de foin naturel de 1re qualité équivalente à 100 kilo.
			Fourrage vert.		Fourrage sec.		
			Ord.	Max.	Ord.	Max.	
	kilo.	Litres.	kilo.	kilo.	Kilo.	Kilo.	Kilo.
Trèfle violet....	18 à 25				5000	8000	90
Trèfle blanc....	10 à 12				3500	5000	100
Trèfle hybride..	10 à 12				4500	7000	80
Trèfle incarnat..	20 à 25				3500	5000	75
Luzerne........	20 à 30				5000	15000	110
Sainfoin à deux coupes......		400 à 500			4500	7000	110
Lupuline.......	12 à 15				2500	5000	110
Vesce.........		140 à 160			3500	5000	90
Lentillon......		120 à 140			2500	5000	110
Pois gris.......		140 à 160			3000	5000	100
Ivraie vivace...	50 à 60				3000	6000	100
Ivraie d'Italie...	50 à 60				5000	10000	90
Chou cavalier...	2		50000	80000			25
Ajonc coupé tous les deux ans..	20 à 25		12000	20000			35

Plantes oléagineuses.

Noms des plantes.	Quantité de semence à employer par hectare.		Produit en graine par hectare.		Rendement de 100 kilo. de graine	
			Ordin.	Maxim.	en huile.	en tourteau.
	Kilo.	Litres.	Litres.	Litres.	Kilo.	Kilo.
Colza d'hiver semé sur place............	7 à 8		2000	4500	32 à 35	64 à 67
Navette d'hiver......	5 à 6		1800	3000	26 à 30	69 à 73
Navette d'été........	5 à 6		1500	2500	24 à 28	71 à 75
Cameline..........	3 à 4		1500	2500	24 à 28	71 à 75
Œillette...........	2 à 3		1800	3000	32 à 34	64 à 67

Plantes textiles.

Noms des plantes.	Quantité de semence à employer par hectare.		Produit en filasse par hectare.		Produit en graine par hectare.		Rendement de 100 kilo. de graine	
			Ord.	Max.	Ord.	Max.	en huile.	en tourteau
	Kilo.	Litres.	Kilo.	Kilo.	Kilo.	Kilo.	Kilo.	Kilo.
Chanvre de Touraine.	250 à 300		800	1200	300	400	22 à 23	76 à 77
Lin de Riga.	200 à 300		400	600	350	500	24 à 25	74 à 75

SPÉCIMEN D'ÉCRITURES DE LA COMPTABILITÉ RURALE.

LIVRE DE CAISSE.

Entrée ou *Recettes.*			*Sortie* ou *Dépenses.*		
Dates.		Fr.	Dates.		Fr.
1er janvier.	Reçu de Paul pour la vente de la vache noire............	300	1er janv.	Payé le gage de Jean	250

LIVRE DE MAGASINS.

Entrée.			*Sortie.*		
Dates.		Litres	Dates.		Litres
8 janvier.	Battu à la machine, blé.....	1750	8 janvier.	Mis au moulin pour le ménage, blé..	400

LIVRE DES TRAVAUX.

Dates.	Nature du travail.	Chevaux.	Bœufs.	Charretiers.	Manœuvres.
		Heures de travail.			
3 mars.	Labour du champ nº 1......	20		10	
	Labour du champ nº 2......		40	20	
	Curage du fossé champ nº 3.				40

LIVRE DES RÉCOLTES.

Céréales.

Dates.	Pièces de terre.	Blé.	Orge.	Avoine.
		Gerbes de 8 kilo.		
15 juillet.	Champ nº 1..............	700		
25 »	Champ nº 4.............		800	
15 août.	Champ nº 10.............			1500

Fourrages.

Dates.	Pièces de terre.	Bottes de 5 kilo.
15 juin.	Champ nº 11, trèfle violet..	1000

Légumes verts.

Dates.	Pièces de terre.	Tombereaux de 1000 kilo.
30 novembre.	Champ nº 14, betteraves...	20

APPENDICE.

LIVRE DE CONSOMMATION ET DU PRODUIT DES ANIMAUX.

Vaches.

Dates.	Consommation.						Produit.		
	Foin naturel.	Trèfle sec.	Luzerne.	Betteraves.	Carottes.	Tourteau.	Lait.	Veaux vendus.	
	Bottes de 8 kil.			Kilo.	Kilo.	Kilo.	Litres.		
1er janvier.	5	5	5	150	200	15	110	1	Vendu 50 fr.

COMPTABILITÉ EN PARTIES DOUBLES.

Exemple d'un article porté au débit d'un compte et au crédit d'un autre.

Vaches.

Débit ou *Doit* (ce qui veut dire *ont reçu*.)	*Crédit* ou *Avoir* (ce qui veut dire *ont donné*).
	Par Laiterie (ce qui veut dire *il est dû aux vaches par la laiterie*): 3000 litres lait à 15 centimes le litre.................... 450 »

Laiterie.

A Vaches (ce qui veut dire *il est dû aux vaches par la laiterie*) : 3000 litres lait à 15 centimes le litre.................... 450 »	

Exemple d'un compte complet ouvert à une branche de l'exploitation.

Vaches.

Débit.		*Crédit.*	
Valeur des vaches portée à l'inventaire du 1er janv. 1860..	4500	Valeur des vaches portée à l'inventaire du 31 déc. 1860...	5100
A Fourrages en magasin......	540	Par Laiterie...............	3300
A Légumes verts...........	432	Par Caisse............. ..	150
A Herbage...............	360	Total......	8550
A Serviteurs (gage et entretien du vacher)...............	550		
A Frais généraux...........	100		
Total.....	6482		
Bénéfice.......	2068		

TABLE

PARIS — J. CLAYE, IMPRIMEUR, RUE SAINT-BENOIT, 7.